水利水电工程合同管理案例分析

水发规划设计有限公司 编著

黄河水利出版社
·郑州·

图书在版编目(CIP)数据

水利水电工程合同管理案例分析/水发规划设计有限公司编著. —郑州:黄河水利出版社,2020.4
ISBN 978 -7 -5509 -2638 -7

Ⅰ.①水… Ⅱ.①水… Ⅲ.①水利工程-经济合同-管理-案例 Ⅳ.①TV512

中国版本图书馆 CIP 数据核字(2020)第 064479 号

组稿编辑:李洪良 电话:0371 -66026352 E-mail:hongliang0013@163.com

出 版 社:黄河水利出版社 网址:www.yrcp.com
地址:河南省郑州市顺河路黄委会综合楼 14 层 邮政编码:450003
发行单位:黄河水利出版社
发行部电话:0371 -66026940、66020550、66028024、66022620(传真)
E-mail:hhslcbs@126.com
承印单位:虎彩印艺股份有限公司
开本:787 mm×1 092 mm 1/16
印张:13.75
字数:318 千字 印数:1—1 000
版次:2020 年 4 月第 1 版 印次:2020 年 4 月第 1 次印刷

定价:80.00 元

《水利水电工程合同管理案例分析》

编 委 会

前　言

工程合同是工程建设质量控制、安全控制、进度控制、投资控制的主要依据。在市场经济条件下,建设市场主体之间的权利和义务关系主要是通过合同确立的,而且合同管理贯穿于整个工程实施的全过程和工程实施的各个环节,对整个工程项目的有效实施起到了总体控制和保障作用,因此加强工程合同管理具有十分重要的现实意义。

国家住房和城乡建设部、水利部历来高度重视建设领域的合同管理工作,针对新的形式及市场发展,不断推进合同管理法制化、规范化进程。随着我国法制建设的不断完善和水利水电工程建设管理体制改革的不断深化,经过有关部门和广大合同管理工作者的共同努力,水利水电工程合同管理水平有了较大的提高。在现行的水利水电工程建设管理体制下,发包人与承包人之间、发包人与代建之间、发包人与监理人之间、发包人与供货人之间、发包人/承包人与供货人之间等均通过合同加以约束,通过合同关系调整各方之间的关系。

虽然目前我国的建筑市场体系、建筑业体制、行政审批制度、市场监管机制等各方面建设日趋完善,但由于长期以来受行政命令手段及习惯性做法等的影响,水利水电工程合同管理现状与要求相比,发包人、承包人、监理人等建设市场主体缺乏强烈、敏锐的合同法律意识,主要表现在合同签订双方订立合同流于形式,对合同条款的研究不深入、不细致,对违约责任、违约条件的约定不明确,合同内容简单,形式不规范,责、权、利不清晰。由于合同规定不详细、不全面、不规范,合同主体履行合同过程中在法律知识、合同管理意识、合同管理理念、合同管理能力、合同管理水平、合同争议的防范预警等各方面的不重视,导致工程建设过程中“扯皮”、违约不断,为合同纠纷留下隐患,直接导致参建各方的利益受损,最终影响水利水电建设工程市场的健康发展。

作为水利水电工程项目管理的重要组成部分的合同管理,本书分一、二、三、四章,分别从相关法律法规、水利水电工程标准施工招标文件(2009年版)、水利水电标准施工招标文件技术标准和要求(合同技术条款:2009年版)和建设项目工程总承包合同等在现实工程建设合同管理中常见的重要规定、约定等,以实际案例的形式予以分析解答,尽量做到有所侧重、避免重复、语言简练、重点突出。本书突出以下特点:

(1)操作性强。针对水利水电工程合同管理中存在容易引起争议、纠纷的主要问题,给出了解决问题的参考答案、评析以及需要注意的事项,在参阅借鉴的同时,能更新合同管理理念,相对提高合同实际管理水平。

(2)针对性强。针对目前水利水电工程合同管理在法律法规及合同文件等规定、约定存在的常见主要问题,重点论述了解决问题的理论知识和法律依据,提出相应的对策、见解、建议。

(3)直观性强。始终以提高合同管理应用能力为宗旨,在收集、引用他人案例、观点、评论的同时,结合水利水电工程合同管理实际情况和存在的问题编写了大量的案例,使理论与实际能够紧密结合,做到学与用相统一、便于探讨交流。

笔者一直从事水利水电工程施工、造价咨询、建设管理等方面的工作,在水利水电工程合同管理方面具有一定的理论知识和实践经验。编著此书意在通过对自身经历予以总结,在进一步提高自身管理水平的同时,也为广大水利水电工程建设管理者提供参考,并通过探讨,希望能更好地在解决目前我国水利水电工程合同管理方面存在的问题、促进水利水电工程合同管理水平的提高等方面,起到抛砖引玉的作用。本书在编写过程中,编者参考了一些专家、学者的研究成果和许多相关文献、资料,在此一并表示感谢。

本书由水发规划设计有限公司编著,全书由李鸿亮统稿。本书可供从事水利水电工程项目合同管理方面的人员参考,具体包括发包人、代建人、承包人、监理人、咨询人、审计人及政府其他部门的相关人员等。由于笔者在水利水电工程合同管理方面的理论水平和实践经验有限,书中难免有不足及有失偏颇之处,敬请同行专家和读者给予批评指正。

编著者

2019 年 12 月

目 录

第一章　法律法规

第一节　工程合同主体资格

《中华人民共和国合同法》(简称《合同法》)第二条:【合同定义】本法所称合同是平等主体的自然人、法人、其他组织之间设立、变更、终止民事权利义务关系的协议。

《中华人民共和国民法总则》(简称《民法总则》)相关规定,法人应具备以下四个条件:

(1)必须依法成立。

(2)有必要的财产和经费或者经费来源。

(3)有自己的名称、组织机构和场所。

(4)满足法律规定的其他条件。

法人具有以下一般特征:

(1)法人不是人,是一种社会组织,是一种集合体,是法律赋予法律人格的集合体。

(2)有民事权利能力和民事行为能力。

(3)依法独立享有民事权利和承担民事义务。

(4)独立承担民事责任。

依据《合同法》的相关规定,虽然法人、自然人都是民事主体,但法人是集合的民事主体,即法人是一些自然人的集合体。

《合同法》第二百六十九条:【定义】建设工程合同是承包人进行工程建设,发包人支付价款的合同;建设工程合同包括勘察、设计、施工合同。

《中华人民共和国建筑法》(简称《建筑法》)第十三条规定:从事建筑活动的建筑施工企业、勘察单位、设计单位和工程监理单位,按照其拥有的注册资本、专业技术人员、技术装备和已完成的建筑工程业绩等资质条件,划分为不同的资质等级,经资质审查合格,取得相应等级的资质证书后,方可在其资质等级许可的范围内从事建筑活动。

作为建设工程合同的发、承包人的资格受法律限制,发包人只能是经国家有关主管部门批准建设工程的法人或其他经济组织,自然人及其他组织既不能成为发包人,也不能成为承包人。

一、发包人主体不合格

水利水电工程建设合同主体发包人(建设单位)主体不当,是指发包人不具备相应的资格,承包人与其签订合同,很容易造成因事实行为而成为纠纷主体。

【案例1】　背景资料:

某国企投资建设一大型应急调水工程,工程总占线35 km,跨两个地市,其中上游地市境内工程占线8.1 km,主要工程包括提水泵站、引水干渠(改造)、节制闸、分水闸、调蓄水库(扩建)、加压泵站、DN2400输水管道等,概算投资12.38亿元,资金来源为30%地方配套、70%企业自筹资金(银行贷款)。

由于本工程设计可利用的原有设施产权归属当地水利主管部门,相应产权转让手续办理较为复杂,加之工程沿线建设征地移民补偿工作繁重,为确保应急调水工程按期完成,及早发挥工程效益,该国企委托当地人民政府全面代理实施辖区内全部工程建设任务。为此当地市人民政府组建工程建设指挥部(临时机构),由指挥部作为该工程项目的发包人进行了招标工作,并与各中标单位签订合同,作为建设单位负责工程建设实施管理。

问题:

发包人是否具备合同主体资格?如企业融资不到位,承包人存在什么风险?

参考答案:

(1)该工程建设指挥部是当地政府为工程建设管理而设置的临时机构,不能进行登记注册,依据《合同法》的相关规定,该指挥部不具备法人资格,也就不具备发包人主体资格。

(2)该工程投资较大,70%属于企业自筹资金,如出现融资不到位,将导致资金链中断,拖欠工程价款,承包人存在欠款无法受偿风险。

二、承包人不具备主体资格

由于承包人是水利水电工程项目的实施者、完成者,直接影响工程项目的质量、工期、效益等,我国《合同法》《建筑法》《建设工程勘察设计管理条例》《建设工程质量管理条例》禁止无资质、超越资质承揽建设工程的规范为禁止性规范中的效力性规范,建设工程承包人必须具备相应的资质等级,并在资质等级范围内承包工程,这是法律通过强制性规范对承包人行为能力的限定,承包人不具备这一行为能力,必将导致建设工程合同的无效。

【案例2】 背景资料:

某县中型平原水库工程项目的建设单位以直接委托方式与××水利工程公司签订了水库办公管理楼施工承包合同,该办公楼设计为三层砖混结构,梁柱板等主要混凝土强度等级为C30,设计建筑面积1 258 m^2,合同总金额375万元。该办公楼主体施工至三层砖砌体砌筑完成准备浇筑构造柱时,第三方检测机构抽检一层构造柱、圈梁、现浇楼板、楼梯混凝土强度,发现圈梁、楼板混凝土平均强度C26,检测结果不满足设计要求,建设单位遂要求施工方拆除重建。施工单位在未通知建设单位情况下,连夜撤出现场。建设单位协调无果诉至法院,要求施工单位做出相应赔偿。

案件审理中发现,该水利工程公司无房屋建筑施工资质,并因长期经营不善濒临破产,无力全部偿还工程损失。法院判决施工方不具备承包人主体资格,合同无效,建设单位对合同无效承担部分责任。

第二节　合同的效力

《中华人民共和国民法通则》(简称《民法通则》)第五十五条规定:民事法律行为应具备下列条件:

(1)行为人具备相应的民事行为能力;

(2)意思表示真实;

(3)不违反法律或者社会公共利益。

《中华人民共和国合同法》第五十二条:【合同无效的法定情形】有下列情形之一的,合同无效:

(1)一方以欺诈、胁迫的手段订立合同,损害国家利益;

(2)恶意串通,损害国家、集体或者第三人利益;

(3)以合法形式掩盖非法目的;

(4)损害社会公共利益;

(5)违反法律、行政法规的强制性规定。

《中华人民共和国合同法》第五十四条:【可撤销合同】下列合同,当事人一方有权请求人民法院或者仲裁机构变更或者撤销:

(1)因重大误解订立的。

(2)在订立合同时显失公平的。一方以欺诈、胁迫的手段或者乘人之危,使对方在违背真实意思的情况下订立的合同,受损害方有权请求人民法院或者仲裁机构变更或者撤销。当事人请求变更的,人民法院或者仲裁机构不得撤销。

依据法律相关规定水利水电合同有效成立的条件须满足以下四个方面:

(1)发包人与承包人应具有相应的主体资格;

(2)发包人与承包人的意思表示真实;

(3)内容要合法;

(4)合同必须采用书面形式,订立过程要符合相关法律的规定。

【案例3】　背景资料:

某省某水利工程建设集团有限公司于2010年12月中标某调水一期工程3标段,中标公示后,发包人向中标人发送了中标通知书。应现场建管局要求,在未签订施工合同的前提下,该企业组织人员、设备于2010年12月27日进驻工地现场。自进场至2011年3月20日,先后组织实施了临时房屋设施建设、施工标段范围内联合地形测量、测桩埋设及部分排水沟开挖等基础工作。

受本标段工程沿线征迁推进滞后因素影响,现场不具备开工建设条件,无法进行合同约定的实体项目正常施工工作。依据现状,在常规的施工组织条件下,必然导致工期延续,无法按期完工。

2011年3月底,建设单位要求施工单位按招标文件专用条款约定提供履约银行保函并签订纸面合同,施工承包合同的实质性内容与招标文件一致。根据现有实际情况,施工单位提出如下要求:①调整合同工期,工期顺延;②如不调整工期,应增加相应赶工费用。

在双方协商未果、工期不调整的前提下，中标单位以无法按期完工为由提出撤离现场，放弃中标资格。

经建设单位与中标单位沟通协商，同意中标单位提出的撤场意见。该公司于2011年3月20日撤离施工现场。后以建设单位责任为由，对2010年12月27日至2011年3月20日进、出场期间，发生的临时工程建设及公司管理费等费用提出索赔补偿报告，申请索赔补偿费用总金额198.94万元。建设单位以双方未签订合同为由，拒绝对其补偿。

问题：

该施工合同是否成立？

参考答案：

依据《合同法》第二十五条“【合同成立时间】承诺生效时合同成立”的规定，中标通知书即为发包人对投标人的承诺，自中标人收到中标通知书时起，合同已经生效。

另根据《中华人民共和国招标投标法》（简称《招标投标法》）第四十六条：“招标人和中标人应当自中标通知书发出之日起三十日内，按照招标文件和中标人的投标文件订立书面合同。招标人和中标人不得再行订立背离合同实质性内容的其他协议”的规定，招标人只要发出中标通知书，施工承包合同即成立。

综上所述，本施工承包合同已经成立，发包人应承担相应责任。

后双方依据招标文件条款约定，委托仲裁机构裁决，出具结果如下：

中标单位在未签约合同前提下进驻现场，积极配合了建设单位的相关要求，并依据现场情况力所能及地开展了部分施工准备、测量测设前期工作。在未达成场地协调处理、约定工期调整一致意见的条件下，双方不再签订施工合同协议书，建设单位同意其退场申请，中标单位放弃中标人资格。依据合同法相关条款，本着公平、公正、诚实信用、实事求是原则，退还中标人投标保证金并对进、退场期间发生的费用给予适当补偿是合理的。

经双方确认达成补偿结果如表1-1所示。

表1-1 补偿费用裁定汇总

序号	项目名称	单位	数量	单价(元)	合价(元)
一	人工费				
1	现场管理工	工时	8 048	6.98	56 175.04
2	技术工	工时	1 888	6.98	13 178.24
3	普工	工时	2 024	4.85	9 816.40
二	材料费				
1	滑石粉	kg	100	0.8	80.00
三	机械费				
1	1 m^3 挖掘机	台时	80	98.00	7 840.00
2	服务车辆	台时	2 064	5.56	11 475.84
四	措施项目费用				

续表 1-1

序号	项目名称	单位	数量	单价(元)	合价(元)
1	临时房屋建筑和公用设施	项	12.91%	388 000	50 090.80
2	水土保持、环境保护措施	项	12.91%	291 000	37 568.10
3	文明施工措施	项	12.91%	97 000	12 522.70
4	施工供水及生活用水	项	12.91%	97 000	12 522.70
5	施工通信	项	12.91%	97 000	12 522.70
6	治安保卫费	项	12.91%	145 500	18 784.05
7	1 m^3挖掘机进、出场	台次	4	4 687.48	18 749.92
五	公司管理费(间接费)	项	1	284 932.75	284 932.75
总计					546 259.24

【案例 4】 背景资料:

某河道除险加固综合治理工程先期对险工段岸坡防护发出招标公告,招标文件中注明防护工程与临近拟新建提水泵站工程平面位置,未明确新建泵站开工建设时间,按投标须知要求发包人不组织踏勘现场,由潜在投标人自行考虑。

发包人(建设单位)通过公开招标选定一家二级水利水电工程承包公司并签订施工合同,工程内容为险工段岸坡 M10 浆砌石重力式挡土墙防护工程,清单工程量 19 000 m^3,合同金额 952 万元,固定单价合同,工程量据实结算,约定工期 4 个月(2017 年 8 月 1 日至 11 月 30 日),合同签订后即可进场施工。合同专用条款第 24 条约定“本合同为固定单价合同,除非合同另有规定,在合同执行期间,价格不做调整;本工程在合同执行期间,由承包人自行采购的材料不考虑调价,由承包人承担材料价格变动风险”。第 12 条 12.2 款约定“由于发包人原因引起的暂停施工造成工期延误的,发包人只予以顺延工期”。

施工单位按约定时间进场施工,工程实施 48 天后,挡墙施工影响了第二批招标开工建设的提水泵站的实施,建设单位要求施工单位暂停施工。理由如下:

(1)泵站基础深度超出挡墙基础 5.5 m,依据批复专项实施方案,深基坑、高边坡采用土钉加喷锚支护,岸坡与基坑底脚最短距离为 4.5 m,为确保安全必须先行实施泵站地面以下部分。

(2)现场场地狭窄,不满足大体积储备生产材料及物资。

施工单位按建设单位要求撤出施工现场。

2019 年 3 月 18 日施工单位接建设单位通知,二次进场组织实施。施工中,施工单位以实际采购石材价格翻倍为由要求建设单位调整结算单价,补偿相应石材价差及税金。建设单位以合同专用条款第 12 条 12.2 款“由于发包人原因引起的暂停施工造成工期延误的,发包人只予以顺延工期”的约定,不予调整石材价格。双方为此发生纠纷,僵持至完工结算。

问题：

施工单位请求是否成立？

参考答案：

根据我国《合同法》的规定，导致合同可变更、可撤销的原因主要包括：因重大误解订立的合同；欺诈、胁迫、乘人之危订立的合同；显失公平的合同。

重大误解订立的合同是指签订合同的乙方当事人由于过错的认识和理解，在违背其真实意思的情况下与对方订立合同，如果按合同履行将会使自己的利益受到巨大损失，根本达不到订立合同的目的，即当事人一方因自己的过失导致对合同内容等发生重大误解而订立合同的行为。

一般认为，构成重大误解的要件包括：

(1)合同的一方当事人对于合同的重要事项发生了认识上的错误。其中主要包括合同性质、合同当事人、合同标的的误解；

(2)该当事人基于误解与对方当事人订立了合同；

(3)误解是由误解一方当事人的过失所造成的，而不是因对方的欺骗或者不正当影响造成的。

本案分析：

(1)潜在投标人自行现场踏勘，无法明确了解临近建筑物的设计及实施方案，更无法推断其开工建设的具体时间；

(2)工程暂停施工非承包人原因所致，推迟施工一年半、石材价格大幅度上涨，超出了一个有经验的承包商可以预测的范围；

(3)建设单位未履行相关告知义务；

(4)施工单位按建设单位要求完成了全部工程建设任务。

结论：

依据《合同法》规定的平等、自愿、公平、诚信原则，为维护承包人合法权益、显示公平，给予石材差价及税金补偿是合理的。

后经双方协商，对2019年二次进场实施部分的人工及主材，采用工程所在地建设期工程造价信息价格与投标期工程造价信息调整相应差价。

第三节　合同与法律的关系

按照《合同法》相关规定，水利水电工程合同必须合法。合法而不能替代法，即按现行法律、行政法规，即使合同显示了发承包双方当事人真实意思的表达，任何的内容、条款及目的约定都不能与法律规定的强制性规定相冲突。

《中华人民共和国标准化法》(简称《标准化法》)第十四条：强制性标准，必须执行。

《合同法》第五十二条：有下列情形之一的，合同无效：……(五)违反法律、行政法规的强制性规定。

《水利工程工程量清单计价规范》(GB 50501—2007)(简称《清单计价规范》)属于国家标准，其中要求以下五个条(款)为强制性条文，必须严格执行：

(1)3.2.2 分类分项工程量清单应根据规范附录A和附录B规定的项目编码、项目名称、项目主要特征、计量单位、工程量计算规则、主要工作内容和一般使用范围进行编制。

(2)3.2.3 分类分项工程量清单的项目编码,一至九位应按照本规范附录A和附录B的规定设置;十至十二位应根据招标工程的工程量清单项目名称由编制人设置,并应自001起顺序编制。

(3)3.2.4 项目名称应按照附录A和附录B项目名称及项目主要特征并结合招标工程的实际确定。

(4)3.2.5 分类分项工程量清单的计量单位应按照附录A和附录B规定的计量单位确定。

(5)3.2.6 工程数量应按照附录A和附录B规定的工程量计算规则和相关条款说明计算。

【案例5】 背景资料:

2010年10月,某大型调水工程进行公开招标,某水利工程公司中标输水明渠段5标段,中标通知公示后,发包人与中标人签订施工合同,本工程施工计划总工期为591天,计划开工时间为2010年12月26日,工程竣工日期为2012年6月30日,合同总金额9 734.27万元。

合同协议书及专用条款约定:工程量据实结算,采用固定单价,施工期间不予调整。其中已标价工程量清单中交通工程堤顶道路设置为见表1-2。

表1-2　交通工程堤顶道路设置

序号	项目编码	工程名称	单位	工程量	单价(元)	合价(元)
1.4.1		堤顶路面工程				
1.4.1.1	500114001047	混凝土路面	m^2	50 666	67.90	3 440 221.40

招标图纸堤顶道路章节明确断面结构形式自下而上为:填土路基、3∶7灰土基层、5%水泥稳定级配碎石、C25混凝土路面面层。

招标文件技术标准及要求(技术条款)其他建筑工程中约定“堤顶道路混凝土路面依据施工图纸设计施工,按有效面层面积以‘m^2’计量计价”。

招标文件第五章工程量清单编制说明明确:投标人编制工程量清单单价时,应与招标文件通用条款及专用条款、招标图纸、《水利工程工程量清单计价规范》(GB 50501—2007)及相关规定等一块阅读。

本工程招标答疑中,未涉及堤顶道路报价的任何答疑。

工程施工中,施工单位认为“该项目未按《水利工程工程量清单计价规范》(GB 50501—2007)附录A.14其他建筑工程:可按项为单位计量”,违背了计价规范的强制性条文规定,导致报价时只填报了混凝土面层价格,未包含灰土、水稳基层价格,参照《建设工程工程量清单计价规范》(GB 50500—2013)相关规定,关于工程价款的约定应系无效约定,要求做清单漏项处理,申请增加价款293.16万元。

问题：

承包人申请理由是否成立？

参考答案：

《合同法》第五十二条规定只有“违反法律、行政法规的强制性规定”的，才能认定合同无效。根据《中华人民共和国立法法》（简称《立法法》）的规定，虽然《清单计价规范》规定了5个条（款）为强制性条文，但该5个条（款）均不是法律、行政法规规定的强制性规定，其不属于法律、行政法规、地方性法规，也不属于部门规章。所以不能因为违反《清单计价规范》的强制性规定而认定合同无效或部分无效。

发布《建设工程工程量清单计价规范》的《住房城乡建设部关于发布国家标准〈建设工程工程量清单计价规范〉的公告》仅仅是建设部的一份规范性文件，不属于部门规章，更不是法律、行政法规的强制性规定，故也不能因为违反该公告规定的“强制性条文、必须严格执行”而认定合同无效。

《标准化法》第十四条规定的“强制性标准，必须执行”不是效力性强制性规定。首先，《标准化法》对违反第十四条的行为规定了明确的法律后果。该法第二十条规定：生产、销售、进口不符合强制性标准的产品的，由法律、行政法规规定的行政主管部门依法处理，法律、行政法规未做规定的，由工商行政管理部门没收产品和违法所得，并处罚款；造成严重后果构成犯罪的，对直接责任人员依法追究刑事责任。也即，违反《标准化法》第十四条要承担的法律责任是行政责任。该条没有规定违反第十四条的民事责任，也即没有规定合同无效的法律效果。其次，强制性标准成百上千，如果认定违反强制性标准而判定合同无效的话，则意味着可以制定国家标准的部门有权制定等同于“法律、法规强制性规定”的规定，这严重扰乱了各层级立法部门的立法权限。这使得一个连部门规章效力尚且不及的行业规范，具有了法律、行政法规的权限，是错误的。

清单计价规范不能作为判定合同效力的依据。违反清单计价规范的强制性规定也仅仅在行政法律部门内，接受行政机关的处理、处罚，不能用以调整民事法律关系。

综合上述：本项目设置符合道路工程对路面工程的定义，即道路路面包括路面面层、基层、垫层等，招标文件技术标准和要求对于本项目计量约定明确，另招标（施工）图纸中已明确路面断面结构形式及做法，施工单位报价是其自主行为，已经投标并中标即视同为对道路结构的全面综合报价，不存在漏项问题，承包人申请理由不成立。

第四节 招标文件约定与合同签订

《中华人民共和国招标投标法》第四十六条：招标人和中标人应当自中标通知书发出之日起三十日内，按照招标文件和中标人的投标文件订立书面合同。招标人和中标人不得再行订立背离合同实质性内容的其他协议。

《中华人民共和国招标投标法实施条例》（简称《招标投标法实施条例》）第五十七条：招标人和中标人应当依照招标投标法和本条例的规定签订书面合同，合同的标的、价款、质量、履行期限等主要条款应当与招标文件和中标人的投标文件的内容一致。招标人和中标人不得再行订立背离合同实质性内容的其他协议。

《最高人民法院关于审理建设工程施工合同纠纷案件适用法律问题的解释(二)》(简称《司法解释》)最高人民法院《建设工程施工合同纠纷案件适用法律问题的解释二》(法释〔2018〕20 号)第三条:【背离中标合同实质性内容的认定】当事人依据《最高人民法院关于审理建设工程施工合同纠纷案件适用法律问题的解释》第二十一条规定,请求以备案的中标合同作为结算工程价款根据的,人民法院应当综合另行订立的合同是否变更了备案的中标合同实质性内容,当事人就实质性内容享有的权利义务是否发生较大变化等因素,依据诚实信用原则和公平原则予以衡量,并做出裁决。

按照最高人民法院《建设工程施工合同纠纷案件适用法律问题的解释二》(法释〔2018〕20 号)第一条解释,《招标投标法》第四十六条规定的 "合同实质性内容",主要指有关工程范围、建设工期、工程质量、工程造价等约定内容。

【案例 6】　背景资料:

某水利水电引水泵站枢纽工程,招标文件专用条款第 16 条价格调整中约定"本合同采用固定单价合同,价格不予调整。承包人承担施工期间的材料、设备价格变化风险"。投标单位中标后,发包人与承包人在约定期限内签订施工承包合同,并在合同专用条款调差条款中约定"根据市场变化情况,对主要材料、设备价格予以调整"。

工程实施中,建设主管部门对本项目进行稽查,并以此做出"对签订合同条款与招标文件约定不一致的予以整改,并对合同双方处以合同金额千分之五的罚款"的决定。

问题:

分析处以双方罚款的法律依据。

参考答案:

潜在投标人递交的投标文件是以订立合同为目的、相应招标文件的全部条款的意思表示行为,一经发出就会产生一定的法律效果,属于订立合同的要约。发包人签发的中标通知书是同意投标书的意思表示,一经发出,合同即宣告成立,对双方具有法律约束力,按《招标投标法》相关规定,双方必须按照招标文件、投标文件签订《建设工程承包合同》。

本合同签订对"价格调整条款"做了修改,违背了《招标投标法》《招标投标法实施条例》中关于"签订书面合同主要条款应当与招标文件和中标人的投标文件的内容一致"的规定,并违背了合同签订的"合法性原则"。

依据《招标投标法》第五十九条:"招标人与中标人不按照招标文件和中标人的投标文件订立合同的,或者招标人、中标人订立背离合同实质性内容的协议的,责令改正;可以处中标项目金额千分之五以上千分之十以下的罚款"的规定,工程建设主管部门对合同双方做出的处理决定是合法的。

【案例 7】　背景资料:

2016 年 9 月,某地市黄河河务工程有限公司中标某水利大型管道输水工程 7 标段,发承包双方按招标文件约定及时签订《施工承包合同》,合同总金额 3 837.25 万元,约定施工期 1 年。合同文件相关信息为:

(1)合同协议书本标段工作内容为:招标文件工程量清单及招标图纸包含的全部工作内容;

(2)合同专用条款 1.1.1.1 约定"合同文件:指合同协议书、中标通知书、投标函及投标函附录、专用合同条款、通用合同条款、技术标准和要求、图纸(招标图纸、施工图纸)、已标价工程量清单,以及其他合同文件";

(3)招标图纸管线平面布置图及结构剖面图中设计为:DN3 000 穿河顶进钢筋混凝土套管内安装 DN2 660×30 钢管;

(4)招标投标文件工程量清单未单独设置 DN3 000 钢筋混凝土套管子目;

(5)招标答疑中投标单位未对此项目设置提出疑问;

(6)其中投标文件已标价工程量清单中顶管报价见表1-3。

表1-3 顶管报价

序号	项目名称	单位	数量	单价(元)	合价(元)
1	输水管道工程				
1.1	DN2 660×30 穿河钢管顶进	m	1 800.00	15 185.84	27 334 512.00

施工过程中,施工单位提出工程量清单设置漏项,钢管顶进单价报价中 15 185.84 元/m 中不包含 DN3 000 钢筋混凝土套管的价格。发承包双方经市场调查分析计算,按图纸完成套管顶进及管内钢管安装综合单价应为 23 638.27 元/m,与投标报价的差价为 8 452.43元/m。经协商一致,双方签订补充协议,协议约定"因清单设置漏项,调整增加工程量清单项目,项目名称为 DN3 000 钢筋混凝土套管顶进,单价为 8 452.43 元/m,并以此作为计量、结算单价"。

问题:

此补充协议是否成立?

参考答案:

(1)招标文件总则 1.9.4 条规定:"招标人在踏勘现场中介绍的工程场地和相关的周边环境情况,供投标人在编制投标文件时参考,招标人不对投标人据此做出的判断和决策负责"、《投标人须知》招标范围"工程量清单及图纸中包含的所有工作内容"。

(2)潜在投标人购买的纸质版招标文件包括:招标文件、招标图纸,并依据招标文件《投标人须知》自行踏勘了施工现场,了解工程建设地点、水文地质、交通道路、地方政府相关要求及周边环境等,投标截止日前并未提出对本项目的疑问,按约定时间递交投标文件,经评标委员会评标中标,发包人发放中标通知书,合同成立。

(3)本合同属于固定单价合同,投标人分项单价报价总价中标,投标人有存在不平衡报价的可能。

综合上述:招标文件约定工作内容清晰,投标、开标、评标、中标通知发放符合法律、合同约定,中标结果有效,合同成立。

合同双方协商调整分项工程单价并签订补充协议,与原合同实质性内容发生冲突,违背了《招标投标法》等法律、法规的规定,违反了合同订立"公平"原则,损害了国家利益,本补充协议不成立。

【案例8】 背景资料:

2012 年 10 月,某水利工程承包公司通过公开招标投标中标某调水工程续建配套工程 PCCP 输水管道安装工程，双方按招标文件、投标文件订立《建设工程施工合同》后，并报建设主管部门予以备案。

承包人进场，工程开工后，发包人就招标前该公司“如我单位中标，将让利中标额的5%”口头承诺，要求承包方重新签订合同，并以此作为计量、结算依据。承包人为考虑长远利益并碍于当事人情面，双方签署了用于公开使用的另一份合同。

施工过程中，由于承包人组织管理不善，导致部分工程返工并拖延工期。完工结算时，承包人为减少自身损失，要求按备案合同约定进行结算，两份合同结算金额相差375.42万元。发包人以此拒绝，双方产生纠纷，半年后承包人将发包人起诉至人民法院。

经法院审理，判定承包人胜诉。

问题：

请分析法院判决结果的依据。

参考答案：

承发包双方签订的备案合同及实际使用合同，属于实践中的“黑白合同”或“阴阳合同”。

根据《山东省高级人民法院关于建设工程施工合同纠纷会谈纪要》（鲁高法〔2011〕297 号）中的规定：审判实践中曾经出现了当事人双方请求按照“黑合同”作为工程款结算依据的情形，对此，会议认为，“白合同”是依据招标投标这一法定形式确认的，虽然“黑合同”可能是当事人的真实意思表示，但由于合同内容规避法律规定、合同形式不合法，不能代替“白合同”即中标备案的效力。

本案当事人双方签订的另一份合同，对“工程价款”这一实质性内容进行了调整，违背了《招标投标法》第四十六条、《招标投标法实施条例》第五十七条关于“招标人和中标人不得再行订立背离合同实质性内容的其他协议”的规定，另根据《司法解释二》第三条：【背离中标合同实质性内容的认定】，当事人就实质性内容享有的权利义务发生了较大变化，依据诚实信用原则和公平原则予以衡量，法院做出的裁决是准确的。

为贯彻落实党中央、国务院关于深化“放管服”改革和优化营商环境的部署要求，推动政府职能转向减审批、强监管、优服务，促进市场公平竞争，2018 年 5 月 14 日国务院办公厅发布《关于开展工程建设项目审批制度改革试点的通知》（国办发〔2018〕33 号）。

其中：

（二）试点地区。北京市、天津市、上海市、重庆市、沈阳市、大连市、南京市、厦门市、武汉市、广州市、深圳市、成都市、贵阳市、渭南市、延安市和浙江省。

（三）改革内容。改革覆盖工程建设项目审批全过程（包括从立项到竣工验收和公共设施接入服务）；主要是房屋建筑和城市基础设施等工程，不包括特殊工程和交通、水利、能源等领域的重大工程；覆盖行政许可等审批事项和技术审查、中介服务、市政公用服务以及备案等其他类型事项，推动流程优化和标准化。

（八）精简审批事项和条件。取消不符合上位法和不合规的审批事项。取消不合理、不必要的审批事项。对于保留的审批事项，要减少审批前置条件，公布审批事项清单。取消施工合同备案、建筑节能设计审查备案等事项。社会投资的房屋建筑工程，建设单位可以自主决定发包方式。

随着我国政府职能的进一步改革，一定范围内的水利水电工程“黑白、阴阳合同”将退出历史舞台。

通过上述案例，对于广大的招标人来说是一种深刻的警示、教训，在招标前对投标人的资信考察、审查要严谨，避免官司上身。同时也希望在招标投标过程中都要坚持“合法、公开、公平、公正、合理、诚信”的原则去执行，只有坚持良性的竞争，才能使双方达到共赢的目的，才能使双方避免产生纠纷和争议，从而使双方处在合理的平衡点上共同合作。

第五节　合同审计与法律的关系

一、相关审计的术语解释

水利审计部门：各级水利主管部门设立的内部审计机构或履行内部审计职责的机构；

国家审计：国家审计机关对建设项目的财务收支和建设管理行为进行的审计监督和评价；

社会审计：社会审计机构接受委托对建设项目进行有偿审计活动；

造价审计：水利审计部门或受委托的社会审计机构对建设项目合同履行相关的工程价款结算进行审核的行为；

跟踪审计：指审计机构接受委托，旨在提高被审计对象的绩效，也指被审计对象的合规性、合法性等，对被审计对象进行适时评价、持续监督和及时反馈的一种审计模式。

二、相关规定

（一）相关法律法规

国家审计基本原则：国务院和县级以上的地方各级人民政府设立审计机关，审计机关依照法律规定独立行使审计监督权。任何其他国家机关、社会团体、组织和个人都无权行使这项权力。第二条：“国家实行审计监督制度。国务院和县级以上地方人民政府设立审计机关。国务院各部门和地方各级人民政府及其各部门的财政收支，国有的金融机关和企业事业组织财务收支，以及其他依照本法规定应当接受审计的财政收支、财务收支，依照本法规定接受审计监督。”

（1）《中华人民共和国审计法》（简称《审计法》）第二十条规定：“审计机关对政府投资和以政府投资为主的建设项目的预算执行情况和决算，进行审计监督。”

（2）《中华人民共和国审计法实施条例》第二十条规定：“审计法第二十二条所称政府投资和以政府投资为主的建设项目，包括：

（一）全部使用预算内投资资金、专项建设基金、政府举借债务筹措的资金等财政资金的；

（二）未全部使用财政资金，财政资金占项目总投资的比例超过 50%，或者占项目总投资的比例在 50% 以下，但政府拥有项目建设、运营实际控制权的。审计机关对前款规定的建设项目的总预算或者概算的执行情况、年度预算的执行情况和年度决算、单项工程结算、项目竣工决算，依法进行审计监督；对前款规定的建设项目进行审计时，可以对直接有关的设计、施工、供货等单位取得建设项目资金的真实性、合法性进行调查。”

由以上法律、法规条款规定可知：审计机关可以对工程项目的预算执行情况和决算进行审计监督，并未规定审计结果可以作为工程价款结算的依据。

（二）部门规章、办法

（1）《建筑工程施工发包与承包计价管理办法》第十八条：工程完工后，应当按照下列规定进行竣工结算：

（一）承包方应当在工程完工后的约定期限内提交竣工结算文件。

（二）国有资金投资建筑工程的发包方，应当委托具有相应资质的工程造价咨询企业对竣工结算文件进行审核，并在收到竣工结算文件后的约定期限内向承包方提出由工程造价咨询企业出具的竣工结算文件审核意见；逾期未答复的，按照合同约定处理，合同没有约定的，竣工结算文件视为已被认可。

（2）财政部、建设部以财建〔2004〕369 号印发《建设工程价款结算暂行办法》，其中第十四条第一款第 2 项规定：工程完工后，双方应按照约定的合同价款及合同价款调整内容以及索赔事项，进行工程竣工结算。

1. 单位工程竣工结算由承包人编制，发包人审查；实行总承包的工程，由具体承包人编制，在总包人审查的基础上，发包人审查。

2. 单项工程竣工结算或建设项目竣工总结算由总（承）包人编制，发包人可直接进行审查，也可以委托具有相应资质的工程造价咨询机构进行审查。

三、相关解释

2015 年 6 月 16 日全国人大常委会法工委对中国建筑业协会做出的回复《关于对地方性法规中以审计结果作为政府投资建设项目竣工结算依据有关规定提出的审查建议的复函》：地方性法规中直接以审计结果作为竣工结算依据和应当在招标文件中载明或者在合同中约定以审计结果作为竣工结算依据的规定，限制了民事权利，超越了地方立法权限，应当予以纠正。

例如：2017 年 9 月 22 日通过的《北京市人民代表大会常务委员会关于修改〈北京市审计条例〉的决定》将第二十三条修改为：政府投资和以政府投资为主的建设项目纳入审计项目计划的，建设单位可以与承接项目的单位或者个人在合同中约定，双方配合接受审计，审计结论作为双方工程结算的依据；依法进行招标的，招标人可以在招标文件中载明上述内容。

例如：2017 年 11 月 23 日通过的《上海市人民代表大会常务委员会关于修改本市地方性法规的决定》对《上海市审计条例》的修改，将第十四条第三款修改为：政府投资和以政府投资为主的建设项目，按照国家和本市规定应当经审计机关审计的，建设单位或者代建单位可以在招标文件以及与施工单位签订的合同中明确以审计结果作为工程竣工结算的依据。审计机关的审计涉及工程价款的，以招标投标文件和合同关于工程价款及调整的约定作为审计的基础。

四、结算依据

(1)《最高人民法院关于审理建设工程施工合同纠纷案件适用法律问题的解释》第二十条规定:当事人约定,发包人收到竣工结算文件后,在约定期限内不予答复,视为认可竣工结算文件的,按照约定处理。承包人请求按照竣工结算文件结算工程价款的,应予支持。

(2)《水利水电工程标准施工招标文件》(2009年版)第17.5.2款第(1)项规定:监理人在收到承包人提交的完工结算付款申请单后的14天内完成审查,提出发包人到期应支付给承包人的价款送发包人审查并抄送承包人。发包人应在收到后14天内审核完毕,由监理人向承包人出具经发包人签认的完工付款证书。监理人未在约定时间内核查,又未提出具体意见的视为承包人提交的完工付款申请单已经监理人审查同意;发包人未在约定时间内审核又未提出具体意见的,监理人提出发包人到期应支付给承包人的价款视为发包人同意。

【案例9】 背景资料:

某水利承包公司承建的新建平原水库枢纽工程2标段,合同金额1.14亿元,固定单价合同,约定工期26个月。合同专用条款第17.5款约定"本工程竣工验收合格,经审计审核后,按实际发生有效工程量款的95%支付,余款在全部工程两年质保期满后28日内支付剩余部分"。

本工程于2015年9月8日竣工,同年12月通过验收。依据合同约定,发承包双方共同委托第三方工程造价咨询机构对承包人提报、监理人审查的完工结算书进行了审核,经过对接,由建设单位、监理单位、施工单位、第三方造价咨询单位四方在完工结算审核结果表上对审核结论联合签署认证,核定结算总金额1.297 3亿元。按核定结果,建设单位拨付工程款至95%。

2016年2月该工程所在地国家审计署特派办对上述工程进行竣工结算复核,审计人员查阅所有结算资料,对变更项目中"穿河倒虹因施工条件发生变化增加临时道路修建拆除、降排水等措施费用189.37万元"以支撑性材料依据不足不予认可,审查期间建设单位未给出合理解释,于是审计人员出具审计意见,要求对结算结果进行调整。最后特派办出具设计意见单结论为:按合同专用条款第17.5款"本工程竣工验收合格,经审计审核后,按实际发生有效工程量款的95%支付……"的约定,完工结算结果应以审计局审计结果为准,"穿河倒虹因施工条件发生变化增加临时道路修建拆除、降排水等措施费用189.37万元"不成立,施工单位应退回多支付的189.37万元。

于是建设单位以合同专用条款第17.5款"本工程竣工验收合格,经审计审核后……"的约定,最终结算结果应以行政审计为最终结果,并要求施工单位对结算结果予以调整。对此施工单位以"完工结算已经第三方核定并联合签署认证"为由,拒绝对结算结果调整。

问题:

施工单位该不该退回相应工程价款?

参考答案：

（1）合同双方当事人、监理人对第三方造价机构出具的审核报告进行联合签署确认，该审核报告已经得到了本工程合同双方当事人的认可，即使与审计局审计结论存在差异，根据本工程《工程承包合同》《中华人民共和国合同法》相关规定，双方当事人依据合同结算约定并实际履行的行为，是合同双方真实意思的表达，其结果对合同双方具有法律约束力，是有效的。

（2）合同专用条款第17.5款约定“本工程竣工验收合格，经审计审核后……”中涉及的“审计”，并没有明确是“国家审计”“发包人内部机构审计”还是“社会审计”，依据《建筑工程施工发包与承包计价管理办法》第十八条规定，通常指工程造价咨询企业（第三方造价机构），该建设单位以此约定“审计”以解释推定的方式定格为“行政审计”，认为当事人应接受行政审计。显然审计机关要求按其的审计结论作为结算依据的主张，缺乏事实和法律依据。

（3）根据《审计法》的规定及其立法宗旨，法律规定审计机关对政府投资和以政府投资为主的建设项目的预算执行情况和决算进行审计监督，目的在于维护国家财政经济秩序，提高财政资金使用效益，防止建设项目中出现违规行为。因此，国家审计机关的审计是对工程建设单位的一种行政监督行为。

依据《合同法》《中华人民共和国民法通则》（简称《民法通则》）的相关规定，本工程发承包双方依据工程合同进行工程款的结算，属于平等民事主体之间的民事法律关系。

审计人与被审计人之间因国家审计发生的法律关系与本案当事人之间的民事法律关系性质不同。

综合上述：本合同涉及工程款的结算，与法律规定的国家审计的主体、范围、效力等，属于不同性质的法律关系问题，即无论本工程是否依法须经国家审计机关审计，均不能认为：国家审计机关的审计结论可以成为确定本案双方当事人之间结算的当然依据。在双方当事人已经通过结算协议确认了工程结算价款并已基本履行完毕的情况下，国家审计机关做出的审计报告，不影响双方结算协议的效力。承包人不该退回相应工程价款。

建议：在工程承包民事合同中，当事人对接受行政审计作为确定民事法律关系依据的约定，应当具体明确，而不能通过解释推定的方式，认为合同签订时，当事人已经同意接受国家机关的审计行为对民事法律关系的介入。

【案例10】　背景资料：

某水利工程一级企业承建一大型输水调水管道工程1标段，计划合同工期2017年1月1日至12月31日，固定单价合同。其中合同专用条款第17条17.3款工程进度付款约定“承包人在每月月末向发包人、监理人提交当月完成工程量，由监理人审核后报发包人确认，验收合格后，由项目法人拨付至进度款的50%，工程完工验收合格后拨付至有效合同价款的80%，完成结算审计后拨至审定工程总造价的95%，余款5%作为质保金”。

工程开工后，发包人通过公开招标与中标的第三方造价咨询机构签订《建设工程造价咨询合同》，其中合同协议书约定主要条款为：

第二条：服务范围及工作内容：对本工程1标段承建范围内工程实施过程中跟踪审计及完工结算审计，并出具合格的完工审计报告。

第六条：酬金及计取方式：

(1)跟踪审计基本收费：工程结算造价 ×1.5‰。

(2)跟踪审计效益收费：按审减额的5%计取，该部分费用由原造价编制单位(承包人)在咨询人出具《结算审核报告》后直接支付给咨询人。

施工过程中及工程完工后结算时，承包人对第三方造价机构工作开展给予了积极的配合，但对第三方的要求并未做出任何承诺。

问题：

1. 第三方造价咨询合同以上约定是否合理?

2. 第三方造价咨询合同对承包人是否具有约束力?

参考答案：

问题1：

为维护建设市场秩序，促进建设工程造价服务行业的健康发展，2007年9月30日，山东省建设厅发布《关于继续执行新增建设工程造价咨询服务收费标准的通知》(鲁价费发〔2007〕205号)(简称《通知》)，部分收费标准见表1-4。

表1-4　山东省建设工程工程量清单编制等计价项目造价咨询服务收费标准(部分)　(‰)

序号	咨询项目	收费基数	工程类型	≤100万元部分	≤1 000万元部分	≤2 000万元部分	≤5 000万元部分	>5 000万元部分
四	施工阶段全过程造价控制(含预结算)	建安工程造价	建安工程	10	8	7	6	5

《通知》注一：工程造价审核，其各项核增、核减金额相抵后最终差额不超过5%的，咨询服务费由委托单位支付；最终差额超过5%的，超过部分由原工程造价编制单位支付。

《通知》注六：施工阶段全过程造价控制服务内容包括：

(1)确定工程造价控制目标，制定控制实施细则。

(2)参加与造价控制有关的会议。

(3)根据工程进度编制工程用款计划；审核施工单位报送的完成工作量月报表，并提供当月付款建议书，经业主同意后作为支付当月进度款的依据。

(4)及时核定分阶段完工的分部工程结算。

(5)协助业主审核因涉及变更、现场签证等发生的费用，相应调整造价控制目标；并及时向业主提供造价控制动态分析报告。

(6)承发包双方提出工程索赔时，为业主提供咨询意见。

(7)汇通业主办理工程竣工结算，提供结算报告书。

(8)与工程造价有关的其他服务。

依据《通知》规定，本咨询合同存在以下几个问题：

(1)本合同约定跟踪审计属于施工阶段全过程造价控制服务，其基本取费按最终完工结算价款的1.5‰计取，严重偏离了《通知》的计费标准，既保证不了服务的质量，也不利于造价服务行业的健康发展,更可能由此导致不正当恶性竞争,扰乱了工程造价的服务市场,降低工程造价服务企业的信誉。

(2)本合同约定服务效益收费“按审减额的5%计取并由承包人支付”,超出了《通知》注一的解释,审核过程中,为追求利益最大化,咨询人员有可能弱化“公平、公正、合理、诚信”的审计原则,可能伤及承包人合法权益。从承包人的角度看,为维护自身利益,可能采取极端行为手段,最终损害国家、社会利益。

(3)《通知》属于行业办法,其本身不具备法律的强制性;本合同咨询服务又属于发包人单方委托,合同约定涉及承包人利益的主要价款并非承包人的“意思表示”。

(4)“完工结算审核”属于跟踪审计业务的范围,本合同把“跟踪审计”与“完工结算”作为服务内容,造成了实际工作内容的交叉冲突,存在重复收费的审计风险。

结论:

第三方造价咨询合同以上约定不合理。

问题2:

(1)发包人在工程施工承包招标文件中未约定双方共同委托相关跟踪审结及完工结算相关事宜,发包人单方委托第三方造价审核机构也并未履行告知义务,咨询合同签订后,施工单位也没有对造价单位的服务做出任何承诺。

依据《合同法》相关规定,合同是平等主体的自然人、法人、其他组织之间设立、变更、终止民事权利义务关系的协议。本工程发包人单方委托第三方造价机构对工程进行造价审核,是审价服务合同的当事人,施工单位仅仅是为了配合审价工作提供结算报告等资料,施工单位非审价服务合同的当事人。

(2)山东省建设厅发布的《关于继续执行新增建设工程造价咨询服务收费标准的通知》(鲁价费发〔2007〕205号)文件系行业规范性文件,且属行政管理性规范范畴,这些规范性文件不具有强制适用的效力,对本合同不具有约束力。如果产生诉讼,不能因此而强制当事人成为服务合同的一方主体。只有在双方有合同关系的前提下,才能予以参照适用。

(3)依据《合同法》相关规定,价款或者报酬不明确的,按照订立合同时履行地的市场价格履行;依法应当执行政府定价或者政府指导价的,按照规定履行。而本合同中,建设单位(发包人)单方委托造价咨询单位对工程价款进行审价,施工单位虽对审价单位的审价工作予以配合并认可相关的工程造价,但并不能因此推断与审价单位签订了委托审价合同,双方既不存在服务合同关系,也没有承诺支付服务费等约定行为。

综合上述:第三方造价咨询合同对承包人不具有约束力。

第六节　擅自提前使用工程与法律的关系

法律给工程发包方(建设单位)设定的禁止性义务——禁止在工程竣工验收合格前使用工程。

《建筑法》第六十一条:交付竣工验收的建筑工程,必须符合规定的建筑工程质量标准,有完整的工程技术经济资料和经签署的工程保修书,并具备国家规定的其他竣工条件。建筑工程竣工经验收合格后，方可交付使用；未经验收或者验收不合格的，不得交付使用。

《合同法》第二百七十九条：建设工程竣工后，发包方应当根据施工图纸及说明书、国家颁发的施工验收规范和质量检验标准及时进行验收。验收合格的，发包方应当按照约定支付价款，并接收该建设工程。建设工程竣工经验收合格后，方可交付使用；未经验收或者验收不合格的，不得交付使用。

发包方违反了上述禁止性义务后，相应的法律后果如下：

(1)民事后果。

①转移占有建设工程之日为竣工验收合格日。《最高人民法院关于审理建设工程施工合同纠纷案件适用法律问题的解释》(法释一)第十四条第三项：建设工程未经竣工验收，发包方擅自使用的，以转移占有建设工程之日为竣工日期。

②发包方不得以工程存在质量问题为由拒绝支付工程款。《最高人民法院关于审理建设工程施工合同纠纷案件适用法律问题的解释》(法释一)第十三条：建设工程未经竣工验收，发包方擅自使用后，又以使用部分质量不符合约定为由主张权利的，不予支持。

(2)行政后果。

国务院颁布的《建设工程质量管理条例》第五十八条：违反本条例规定，建设单位有下列行为之一的，责令改正，处工程合同价款百分之二以上百分之四以下的罚款；造成损失的，依法承担赔偿责任：

(一)未组织竣工验收，擅自交付使用的；

(二)验收不合格，擅自交付使用的；

(三)对不合格的建设工程按照合格工程验收的。

对于发包方提前使用未经竣工验收合格的工程的行为，法律未规定承包方(施工单位)承担不利的法律后果，相反，由发包方承担全部法律责任。即使发包方与承包方就工程提前使用、日后择日竣工验收达成协议，该协议因违反法律、法规的强制性规定而无效，也因为损害公共利益而无效，依然不能改变发包方提前使用工程的违法性质。

综上所述，只要发包方在工程未经竣工验收合格之前，擅自提前使用，就违反了上述法定禁止性义务，要承担提前使用工程的法律后果。

【案例 11】 背景资料：

由某国有水利水电一级资质企业中标承建某地市调水续建配套工程 3 标段，主要工作内容包括：提水、加压两座泵站，南北两条输水管线。其中，提水泵站包括：进水管线工程、压力池工程、泵室工程、出水管工程、配电系统工程及房屋建筑工程、水土保持工程。水泥采用 42.5 MPa 普通硅酸盐水泥，混凝土型号除基础垫层为 C15 混凝土外，其余均为 C30 混凝土，抗冻等级 F150，抗渗等级 W6。其中：房屋建筑工程包括提水泵站管理楼、配电房、泵房及相应室外配套。本工程合同总金额 8 423.31 万元，固定单价合同。本工程施工计划总工期为 14 个月，拟定开工时间为 2013 年 9 月 1 日，工程竣工日期为 2014 年 10 月 31 日。本工程施工实际开工时间为 2013 年 9 月 4 日。

2015 年 5 月 13 日，提水泵站主副厂房、管理房、南供水干线完工；受工程沿线征迁因素影响，北干线供水管道工程推迟，全部工程实际完工日期为 2015 年 12 月 31 日，竣工验收日期为2017年7月20日。

应当地用户要求，为及早发挥效益，建设单位在未组织验收的情况下，于2015年7月18日进驻提水泵站并开机实施南干线供水。使用过程中出现机组震动过大、泵室混凝土墙体渗漏、屋面水泥瓦大面积松动脱落、苗木死亡率过半等质量缺陷，建设单位多次要求施工单位进行修复、更换处理，施工单位以专业工作人员撤出现场为由予以拖延，经多次交涉，双方达成口头协议，由建设单位委托第三方处理，相关费用按合同条款执行，最终处理费用共计121.08万元。

2017年8月，施工单位申报完工结算，经第三方造价机构审核，核定结算金额9 763.01万元，施工单位按合同约定申请支付时，建设单位要求施工单位现行支付或代扣缺陷处理费121.08万元。

问题：

施工单位是否可拒绝此要求？

参考答案：

本工程提水泵站及相关管理设施完工后，在竣工验收前，施工单位具有对已完工程的保护义务。工程验收合格后，合同双方才可办理移交手续。

本案例中建设单位未等到竣工验收，擅自提前使用，不管合同双方是否达成任何协议，建设单位的行为违背了《建筑法》《合同法》的相关规定。

依据《最高人民法院关于审理建设工程施工合同纠纷案件适用法律问题的解释》（法释一）第十三条、第十四条规定，建设单位2015年7月18日占有建设工程之日为本泵站竣工日期，期间发生的因质量缺陷修理而引发的费用，建设单位主张由施工单位承担的，无法律依据。

由此：

（1）如因此产生纠纷诉讼至人民法院，施工单位可拒绝支付或代扣；

（2）如合同双方按约履行、关系协调，为维护双方合同权益，施工单位可在确认由于自身施工原因导致的缺陷基础上，履行自身口头承诺。

第七节　农民工工资与法律、规定的关系

一、相关规定

由于工程基本建设领域属于劳动密集型产业，建设市场违法违规行为时有发生，一些项目劳动用工管理不规范，保障农民工工资支付工作形势不容乐观。为维护建筑业的健康发展，确保社会安定团结，保障农民工合法权益，特别是工资报酬权益，强调要保护劳动所得，完善工资支付保障制度，从根本上解决拖欠农民工工资问题目标任务和制度性安排，国家劳动和社会保障部、建设部、水利部及各省市人民政府等自2004年起相继出台各项部门规章及规范性文件。

主要部门规章和其他规范性文件摘录如下：

（1）劳动和社会保障部、建设部联合印发《建设领域农民工工资支付管理暂行办法》

(劳社部发〔2004〕22号):"业主或工程总承包企业未按合同约定与建设工程承包企业结清工程款,致使建设工程承包企业拖欠农民工工资的,由业主或工程总承包企业先行垫付农民工被拖欠的工资,先行垫付的工资数额以未结清的工程款为限。""工程总承包企业不得将工程违反规定发包、分包给不具备用工主体资格的组织或个人,否则应承担清偿拖欠工资的连带责任。"

(2)《国务院办公厅关于切实解决企业拖欠农民工工资问题的紧急通知》(国办发明电〔2010〕4号):"因建设单位或工程总承包企业未按合同约定与建设工程承包企业结清工程款,致使建设工程承包企业拖欠农民工工资的,由建设单位或工程总承包企业先行垫付被拖欠的农民工工资。""因工程总承包企业违反规定发包、分包给不具备用工主体资格的组织或个人,由工程总承包企业承担清偿被拖欠的农民工工资责任。"

(3)国务院办公厅《关于切实解决企业拖欠农民工工资问题的紧急通知》(国办发明电〔2010〕4号)规定:"督促企业落实清偿被拖欠农民工工资的主体责任。各类企业都应依法按时足额支付农民工工资,不得拖欠或克扣。建设工程承包企业追回的拖欠工程款应当优先用于支付被拖欠的农民工工资。因建设单位或工程总承包企业未按合同约定与建设工程承包企业结清工程款,致使建设工程承包企业拖欠农民工工资的,由建设单位或工程总承包企业先行垫付被拖欠的农民工工资。因工程总承包企业违反规定发包、分包给不具备用工主体资格的组织或个人,由工程总承包企业承担清偿被拖欠农民工工资责任。"

(4)《国务院办公厅关于全面治理拖欠农民工工资问题的意见》(国办发〔2016〕1号):"招用农民工的企业承担直接清偿拖欠农民工工资的主体责任。在工程建设领域,建设单位或施工总承包企业未按合同约定及时划拨工程款,致使分包企业拖欠农民工工资的,由建设单位或施工总承包企业以未结清的工程款为限先行垫付农民工工资。""建设单位或施工总承包企业将工程违法发包、转包或违法分包致使拖欠农民工工资的,由建设单位或施工总承包企业依法承担清偿责任。"

(5)住房和城乡建设部《关于督促做好2016年春节前建筑和市政工程项目工程款和农民工工资支付工作的通知》(建市电〔2016〕3号):对有拖欠农民工工资的项目,按照"总包负总责"和"谁用工、谁负责"的原则,落实工资支付等用人单位主体责任和监督责任,督促总承包企业对所承包工程的农民工工资支付全面负责。

(6)水利部办公厅《关于进一步做好保障水利工程建设领域农民工工资支付工作的通知》(水明发〔2017〕3号):"对发生拖欠行为的建设单位和施工企业的市场行为进行认真核查,对存在违法发包、转包、违法分包和挂靠等违法违规行为的,依法给予罚款、停业整顿等行政处罚。"

(7)水利部办公厅《关于切实解决水利建设领域拖欠农民工工资问题的通知》(办建管函〔2017〕1504号):"要督促项目建设单位和施工单位规范规程价款结算,明确施工总承包单位对所承包项目的农民工工资支付负总责。对因建设单位拖欠工程款导致拖欠农民工工资的,由建设单位以未结清的工程款为限先行垫付农民工工资。"

综上所述,相关部门规章和政策性文件从行政管理角度为解决拖欠农民工工资问题,对施工单位提出了较高的要求,其一方面是由于施工单位在项目施工过程中对各参与施工方负有不可推卸的协调和管理责任,另一方面则是行政机关基于社会管理职能的需要。

二、分析

鉴于建筑市场的复杂性,实际中拖欠农民工工资的情形禁而不止,上访、投诉、诉讼时有发生。《建设领域农民工工资支付管理暂行办法》属于部门规章,行政机关颁发的政策指导性文件均属于其他规范性文件,不具备法律的强制执行力;在民事案件司法审判中,部门规章仅属于"参照"之列,法院在其裁判观点中可以进行引用和评述,但不宜作为判决的"依据";现实中农民工讨薪往往采取集结上访,最终通过政府行政干预手段得到解决。行政机关基于对农民工利益的保护,从行政管理角度对建设单位、施工单位的农民工工资支付责任进行了规定,其出发点是良好的,但随之产生了相当多的法律问题,比如:

其一:施工单位由于民工讨薪事件造成工地停工而产生窝工损失,导致工期拖延,并可能因此支付违约金;

其二:民工讨薪群体性事件可能造成施工单位在工程所在地面临市场准入限制、投标资格丧失、社会信用降低或行政处罚;

其三:总包单位对于分包方下属民工的身份、欠薪是否属实、民工工资的结算条款等情况并不清楚,如分包方不配合,总包单位在支付之后与分包方结算时,极易出现分包方"扯皮"、不认账等情况,令总包单位难以追偿。

其四:由于劳务分包合同或工程承包合同签订不严谨,导致分包责任人携款逃离,发包人可能被讨薪民工作为连带责任人诉讼,导致发包人不应有的损失,并受到行政主管部门的相关处罚。

目前无相关法律、法规适用于保护农民工合法权益,作为民事合同范畴的农民工工资,依靠不具备法律强制性的部门规章及相关政策性文件予以制约,难以从根本上得到解决,行政干预是把双刃剑,其作用的双面性显而易见。

三、建议

(1)通过修订或完善相关法律、行政法规,或通过司法解释的方式,将施工总包单位欠付分包工程款或违法分包、转包情况下,对农民工工资支付责任的承担进行明确规定,健全农民工法律援助机制,积极贯彻落实《中华人民共和国劳动合同法》(简称《劳动合同法》)。

(2)按照"先落实资金,后立项建设"的原则,明确资金筹措方案,严格项目审查,对没有资金来源或资金不落实的,一律不批准立项,从源头防止拖欠农民工工资行为的发生。

(3)加快水利建设领域信用体系建设,将企业支付农民工工资情况计入其信用档案,并作为水利建设市场主体信用评价的重要指标。

(4)招标人在招标文件中明确约定关于农民工工资保障的条款,合同签订时承包人同时提交农民工工资承诺书。

(5)严格农民工工资支付管理,规范劳动用工,全面实行农民工实名制管理,推行银行代发工资制度,落实工资保证金制度,建立农民工工资专用账户,专项用于支付农民工工资,确保专款专用。

【案例 12】 合同约定案例：

某水利建设承包合同专用条款补充条款。

农民工工资管理制度：

(1)实行农民工工资与工程款分账管理。实行工程建设项目费用与其他工程款分账管理，在工程项目所在地银行开设农民工工资(劳务费)专用账户，专项用于支付农民工工资。专用账户应向工程所属水行政主管部门备案，由水行政主管部门委托开户银行负责日常监管，确保专款专用。开户银行发现账户资金不足、被挪用等情况，应及时向水行政主管部门报告。施工总承包单位要每月向所属水行政主管部门及项目法人报送所在项目务工人员工资发放明细(银行发放记录)。

(2)实行农民工实名制管理。施工总承包企业应配备劳资专管员，留存每名农民工身份证、劳动合同书等复印件；健全农民工进退场、考勤计量、工资支付等管理台账，实现信息化实名制管理。应按照规定，在施工现场公示工程建设项目基本情况、农民工考勤计量及工资支付情况、维权投诉渠道等各类信息。

(3)实行总承包企业直接代发工资制度。劳务、分包企业负责为招用的农民工申办银行个人工资账户并办理实名制工资支付银行卡，并负责将工资卡发放至农民工本人手中，每月考核农民工工作量并编制工资支付表，经农民工本人签字确认后，交施工总承包单位委托银行通过其设立的农民工工资专用账户，直接将工资划入农民工个人工资支付银行卡。

(4)关于该项目农民工工资保证金的要求。

根据鲁水建字〔2018〕3 号文件，为避免随意拖欠农民工工资现象的发生，该项目实行农民工工资保证金制度。若工程建设过程中发生欠薪或施工企业逾期未支付农民工工资的，项目法人可动用中标人缴纳的农民工工资保证金，支付被拖欠工资。保证金动用后，中标人应在项目法人支付被拖欠工资之日起 7 日内补足农民工工资保证金。

农民工工资保证金以银行保函的方式缴纳，金额为本标段中标价的 2%，此保证金以银行保函的方式出具，在签订合同时签交至招标人，否则不予签订施工合同。待项目完工且该标段的农民工工资支付确保完毕后 14 日内，招标人将无息退还招标人的农民工工资保证金。

关于该项目农民工工伤保险的要求：

根据潍人社办发〔2018〕39 号文件，为维护企业职工特别是农民工的工伤权益，按建设项目参加工伤保险，中标人按中标标段的建筑安装工程费为基数，按 0.8‰的比例缴纳工伤保险。在签订合同前提交农民工工伤保险证明，否则不予签订合同。

第八节　总承包服务费与总承包管理费、总承包配合费的关系

一、总承包管理费

《中华人民共和国建筑法》第二十九条：

(1)建筑工程总承包单位可以将承包工程中的部分工程发包给具有相应资质条件的

分包单位;但是,除总承包合同中约定的分包外,必须经建设单位认可。

(2)施工总承包的,建筑工程主体结构的施工必须由总承包单位自行完成。

(3)建筑工程总承包单位按照总承包合同的约定对建设单位负责;分包单位按照分包合同的约定对总承包单位负责。总承包单位和分包单位就分包工程对建设单位承担连带责任。

(4)禁止总承包单位将工程分包给不具有相应资质条件的单位。禁止分包单位将其承包的工程再分包。

本条第三款规定了建设单位、总承包单位、分包单位之间的关系:

(1)在总包与分包相结合的承包形式中,存在总承包合同与分包合同两个不同的合同关系。总承包合同是建设单位与总承包单位之间订立的合同,总承包单位应就总承包合同的履行向建设单位承担全部责任,即使总承包单位根据合同的约定或经建设单位认可,将总承包合同范围内的部分建设项目分包给他人的,总承包人也得对分包的工程向建设单位负责。对此,国际上广泛采用的《土木工程施工合同条件》中也明确规定,分包"不应解除合同规定的承包商的任何责任或义务,承包商应将任何分包商、分包商的代理人、雇员或工人的行为、违约或疏忽,完全视为承包商自己及其代理人、雇员或工人的行为、违约或疏忽一样,并为之负完全责任"。这就要求总承包单位应当慎重选择分包人,并加强对分包项目的管理。

(2)分包合同是总承包合同的承包人(分包合同中的发包人)与分包人之间订立的合同,分包人与建设单位(总承包合同的发包人)之间并不存在直接的合同权利义务关系,通常来说,分包人仅就分包合同的履行向总承包人负责,并不直接向建设单位承担责任。因分包工程出现的问题,总承包人在向建设单位承担责任后,可以根据分包合同的约定向分包人追偿。但为了维护建设单位的权益,适当加重分包单位的责任,本条规定,总承包单位与分包单位应就分包工程对建设单位承担连带责任,即因分包工程出现的问题,建设单位既可要求总承包单位承担责任,也可以直接要求分包单位承担责任。

依据以上规定,所谓总承包管理费即是当总承包人要求发包人同意其分包时,发包人往往要求总承包人同意由其直接与分包人结算,并约定以分包工程价款的一定比例向总承包人支付总承包管理费。

二、总承包配合费

《中华人民共和国合同法》第二百八十三条:发包人未按照约定的时间和要求提供原材料、设备、场地、资金、技术资料的,承包人可以顺延工程日期,并有权要求赔偿停工、窝工等损失。

【解释】:本条是关于发包人未按约定的时间和要求提供原材料、设备、场地、资金、技术资料的违约责任的规定。

如果工程承包合同中约定由发包人提供原材料、设备、场地、资金、技术资料的,发包人应当按照约定的原材料、设备的种类、规格、数量、单价、质量等级和提供时间、地点的清单,向承包人提供建设所需的原材料、设备及其产品合格证明。承包人与发包人应当一起对原材料和设备进行检验、验收后,由承包人妥善保管,发包人支付相应的保管费用。对于必须经过试验才能使用的材料，承包人应当按照约定进行测燃、毒性反应等测试。不具备测试条件的，可以委托专业机构进行测试，费用由发包人承担。如果经检验发包人提供的原材料、设备的种类、规格、型号、质量等级与约定不符合的，承包人有权拒绝接收保管，并可以要求发包人运出施工现场并予以更换。如果发包人未按照约定时间提供原材料、设备的，承包人可以中止施工并顺延工期，因此造成承包人停工、窝工损失的，由发包人承担损害赔偿责任。

由发包人提供场地的，发包人应当按照合同约定向承包人提供承包人施工、操作、运输、堆放材料设备的场地，以及建设工作涉及的周围场地（包括一切通道）。具体工作包括：

(1)发包人应当在承包人工作前及时办理有关批件、证件和临时用地等的申报手续，包括工程地址和临时设施范围内的土地征用、租用，申请施工许可证和占道、爆破及临时铁道专用岔线许可证。

(2)确定建设工程及有关道路、线路、上下水道的定位标桩、水准点和坐标控制点。

(3)发包人在提供场地前，应当清除施工现场内一切影响承包人施工的障碍，并向承包人提供施工所需水、电、热力、电信等管道线路，保证承包人施工期间的需要。发包人未能提供符合约定、适合工作的场地致使承包人无法开展工作的，承包人有权要求发包人排除障碍、顺延工期，并可以暂停工作，因此造成承包人停工、窝工损失的，承包人可以要求发包人承担损害赔偿责任。

由发包人提供工程建设所需资金的，发包人应当按照约定的时间和数额向承包人支付。这里的资金一般是指工程款。由发包人提供的工程款包括预付工程款和按工程进度支付工程款两种，具体可由双方当事人在建设工程合同中约定。如果建设工程合同约定由发包人预付工程款的，发包人应当按照约定的时间和数额向承包人预付工程款，开工后按合同约定的时间和比例逐次扣回。发包人未按照合同约定预付工程款的，承包人可以向发包人发出预付工程款的通知，发包人在收到通知后仍不能按照要求预付工程款，承包人可以停止工作并顺延工期，发包人应当从应付工程款之日起向承包人支付应付款的利息，并赔偿因此造成承包人停工、窝工的损失。如果建设工程合同约定发包人按工程进度付款的，发包人应当按照合同约定的进度支付工程款。完成约定的工程部分后，由发包人确认工程量，以构成合同价款相应项目的单价和取费标准计算出工程价款，经发包人签字后支付。发包人在计算结果签字后的合理期限内仍未能按照要求支付工程款的，承包人可以向发包人发出支付工程款的通知，发包人在收到通知后仍不能按照要求支付工程款，承包人可以停止工作并顺延工期，发包人应当从应付工程款之日起向承包人支付应付价款的利息，并赔偿因此造成承包人停工、窝工的损失。

由发包人提供有关工程建设技术资料的，发包人应当按照合同约定的时间和份数向承包人提供符合约定要求的技术资料。这里的技术资料主要包括勘察数据、设计文件、施工图纸以及说明书等。因为根据法律、行政法规的规定，承包人必须按照国家规定的质量标准、技术规程和设计图纸、施工图等技术资料进行施工，如果发包人未能按照约定提供技术资料，承包人就不能正常进行工作，在这种情况下，承包人可以要求发包人在合理期限内提供建设工作所必须的技术资料并有权暂停工作，顺延工期，有权要求发包人承担承包人因停工、窝工所造成的损失。

由以上可知，发包人采取总包加平行发包模式时，也就是平常所说的由发包人指定直接发包的专业工程项目，其施工条件往往需要总承包人配合才能满足，此时发包人会与总承包人签订就总包人提供的配合工作（例如脚手架、道路、线路使用等）而约定双方的权利与义务。总承包人在切实提供了这些配合工作后，向发包人收取一定的费用，这些费用实质上为总承包管理费。

总承包服务费：

依据中华人民共和国《建设工程工程量清单计价规范》（GB 50500—2013）第 2.0.21 款“总承包服务费：总承包人为配合协调发包人进行的专业工程发包，对发包人自行采购的设备、材料等进行保管以及施工现场管理、竣工资料汇总整理等服务所需的费用”的规定，可见工程总承包服务费即是在工程建设的实施阶段实行工程施工总承包时，当招标人在法律法规允许的范围内对工程进行分包和自行采购供应部分材料、设备时，要求工程总承包人提供相应服务，以及对施工现场进行协调和统一管理、对竣工资料进行统一汇总整理等所需的费用。

《建设工程工程量清单计价规范》（GB 50500—2013）规定的总承包服务费，从提供的服务内容上来看，覆盖了总包管理费与总包配合费。

【案例 13】　背景资料：

2018 年 6 月，某调水公司（简称甲公司）与某工程建设集团公司（简称乙公司）签订《建设工程施工总承包合同》，合同中约定由乙公司作为施工总承包单位承建由甲公司投资建设的一大型调水管道工程项目，其中管道穿越引黄渠道顶管专项部分由甲公司直接发包，合同同时约定由乙公司履行渠道顶管穿越专业工程项目的施工配合义务，由甲公司按顶管专业工程项目竣工结算价款的 3% 向乙公司支付总包管理费。

穿越引黄渠道顶管专业工程由某水利水电基础处理公司（简称丙公司）承建施工。施工过程中，在总包工程已完工的情况下，由于丙公司的原因，导致顶管工程迟迟不能完工，且对已完部分存在较多的质量问题。

工程自开工以来，甲公司按合同约定及时支付工程进度款。为按期完工及时发挥调水效益，甲公司在多次催促乙公司履行总包管理义务和丙公司履行专业施工合同所约定的要求未果的情况下，按合同约定，甲公司提出索赔要求并以乙公司、丙公司为被告提起诉讼，诉讼请求为：

（1）请求乙、丙公司共同连带向原告承担由于工期延误所造成的实际损失；

（2）请求乙、丙公司共同连带承担施工质量的返修义务。

问题：

乙公司收取的“总包管理费”实质是什么？如乙公司在履行配合义务中存在瑕疵，是否承担连带责任？

参考答案：

（1）依据《建筑法》第二十九条、《合同法》第二百八十三条规定，甲、乙公司在施工总承包合同中约定的“总包管理费”实质为“总包配合费”。

（2）本案的焦点在于发包人以施工总承包单位乙公司收取“总包管理费”，却没有履行总包管理之责,而要求与丙公司共同承担连带责任;而乙公司则以丙公司签订的专业工程项目合同当事人并非乙、丙公司而拒绝承担连带责任,从而产生纠纷。

依据本案相关合同,穿越引黄干渠顶管专项工程部属于乙公司总承包的范围内,是由甲公司直接发包丙公司承建的,因此对丙公司,乙公司没有总包管理的义务,即乙公司应只就配合义务承担相应法律责任。当专业工程项目出现质量等问题时,则总承包人仅对履行配合义务的瑕疵承担责任,而不存在与专业工程施工单位共同向发包人承担相应连带责任。

第九节 工程保修期、缺陷责任期与质量保证金

建设工程实务中关于保修期、缺陷责任期和质量保证金(工程实务中又叫质保金)的规定:

建设工程实务中的“两期一金”是指建设工程的质量保修期、缺陷责任期和质量保证(保修)金,在实践中比较容易混淆。

一、质量保修期

我国法律确立了建设工程质量保修制度,并明确了相关项目的最低质量保修期限。《中华人民共和国建筑法》第六十二条规定:“建筑工程实行质量保修制度。建筑工程的保修范围应当包括地基基础工程、屋面防水工程和其他土建工程,以及电气管线、上下水管线的安装工程,供热、供冷系统工程等项目;保修的期限应当按照保证建筑物合理寿命年限内正常使用,维护使用者合法权益的原则确定。具体的保修范围和最低保修期限由国务院规定。”

国务院《建设工程质量管理条例》(2019 年修正)第三十九条第 1 款规定:建设工程实行质量保修制度。第四十条规定:在正常使用条件下,建设工程的最低保修期限为:

(一)基础设施工程、房屋建筑的地基基础工程和主体结构工程,为设计文件规定的该工程的合理使用年限;

(二)屋面防水工程、有防水要求的卫生间、房间和外墙面的放渗漏,为 5 年;

(三)供热与供冷系统,为 2 个采暖期、供冷期;

(四)电气管线、给排水管道、设备安装和装修工程,为 2 年。其他项目的保修期限由发包方与承包方约定。建设工程的保修期,自竣工验收合格之日起计算。

《房屋建筑工程质量保修办法》第七条、第八条也做出了与《建设工程质量管理条例》基本相同的规定。

二、缺陷责任期

《建筑法》《建设工程质量管理条例》并未从法律层面上确立缺陷责任期制度。我国工程实务中“缺陷责任期”这一概念和术语是借鉴国际工程承包的惯例和菲迪克(FIDIC)合同文本中的规定确立的。《建设工程质量保证金管理暂行办法》(建质〔2005〕7 号)这一部门规章的出台,在工程实务中引进了“缺陷责任期”的概念。同时,《中华人民共和国

标准施工招标文件》(2017年版)第十九条也引入了“缺陷责任期”这一概念,从而在工程实务中确立了缺陷责任期制度。根据《建设工程质量保证金管理暂行办法》第二条第3款的规定,缺陷责任期一般为六个月、十二个月或二十四个月,具体由发承包双方在合同中约定。

三、质量保证(保修)金

我国《建筑法》《建设工程质量管理条例》对质量保证(保修)金没有做出明确的规定,质保金的规定是在《建设工程质量保证金管理暂行办法》(简称《办法》)这一部门规章中。该《办法》第二条第1款规定:“本办法所称建设工程质量保证(保修)金是指发包人与承包人在建设工程承包合同中约定,从应付的工程款中预留,用以保证承包人在缺陷责任期内对建设工程出现的缺陷进行维修的资金。”

四、质量保修期与缺陷责任期的联系和区别

从《建筑法》《建设工程质量管理条例》《建设工程质量保证金管理暂行办法》的规定可以看出,质量保修期与缺陷责任期属于既有联系又有区别的两个法律概念,不能混淆。

二者的联系主要体现在:

(1)缺陷责任期包含于质量保修期,缺陷责任期属于质量保修期的一个时间段。

(2)除少数专业工程质量保修期有特别规定外(比如城市道路工程的质量保修期从工程交付之日起算),通常情况下两者都是从工程竣(交)工验收合格之日起计算。

(3)两者的主要内容都是承包人对工程的缺陷进行维修并承担维修费用。

二者的区别是:

(1)质量保修期是法定的,缺陷责任期是约定的;法定质量保修期是最低的保修期。就是说,当事人双方可以约定比法定保修期更长的保修期限,但不能低于法定最低保修期;否则,该约定无效。而缺陷责任期则可以由发承包双方在六个月、十二个月和二十四个月三者之间自由选择确定。

(2)质量保修期一般要大于缺陷责任期,特别是对于大型工程。

(3)质量保修期对应的是保修责任,缺陷责任期对应的是缺陷责任。保修责任主要是通过保修、维修来体现;缺陷责任主要是通过扣除预留的质保金来体现的。因此,缺陷责任期内可以预留质保金、到期后返还或者双方通过合同约定质保金的返还期限,而质量保修期内则不存在预留质保金的问题。

从法律意义上来说,保修责任属于合同责任,缺陷责任属于违约责任,两者有所不同。承担了缺陷责任并不能免除保修责任,同时,承担缺陷责任也可能同时承担保修责任。

【案例14】　背景资料:

《水利水电工程标准施工招标文件》(2009年版)第四章合同条款及格式通用合同条款关于缺陷责任期的描述:

第1.1.4.5款缺陷责任期:即工程质量保修期,指履行第19.2款约定的缺陷责任期的期限,包括根据第19.3款约定所做的延长,具体期限由专用条款约定。

第19款缺陷责任与保修责任:缺陷责任期(工程质量保修期)的起算时间:除专用条

款另有约定外，缺陷责任期（工程质量保修期）从工程通过合同工程完工验收后开始计算……

问题：

文本中把“工程缺陷责任期”定义等同为“工程质量保修期”是否合适？

参考答案：

依据以上描述，“工程缺陷责任期”与“工程质量保修期”既相互区别又相互联系，二者的法律地位及规定时限不同。

依据山东省水利厅《山东省水利水电工程设计概（估）算编制办法》（鲁水建字〔2015〕3 号）第三章项目组成及划分的第一节项目组成，工程项目由建筑工程、机电设备及安装工程、金属结构设备及安装工程、临时工程、独立费用共五部分组成。其中第一部分建筑工程中规定“一、枢纽工程：指水利枢纽建筑物、大型泵站、大型拦河闸和其他大型独立建筑物；二、其他水利工程：指引水工程堤防及河湖整治工程、灌溉田间工程”，水利水电工程包含了房屋建筑、道路交通、水工建筑等建筑内容。

国务院《建设工程质量管理条例》（2019 年修正）第二条规定：凡在中华人民共和国境内从事建设工程的新建、扩建、改建等有关活动及实施对建设工程质量监督管理的，必须遵守本条例。

由此，对于水利水电工程的质量保修期应按照相关的法律、法规有关规定执行，《水利水电工程标准施工招标文件》（2009 年版）关于“缺陷责任期”的概念描述，混淆了“工程质量保修期”的规定，显然是不合适的。

【案例 15】　背景资料：

某水利一级施工总包单位承建新建水库枢纽工程，按招标文件合同约定，在征得发包人同意的条件下，总承包单位把管理用房建筑工程分包给具有相应资质的专业施工单位施工，双方在分包合同中约定分包企业在工程款中预留 3% 的质保金，待工程竣工验收合格之日起 1 年内一次性无息返还。

后因双方结算问题产生纠纷，结算一拖再拖。总承包单位自竣工验收合格之日起 3 年后仍然没有与分包单位进行结算，并没有按合同约定返还相应质保金。分包单位要求结算并支付工程款、返还质保金，但总承包单位以“屋面防水工程的质量保修期最低为 5 年”为由，提出“原合同对于双方约定质保金 1 年后返还的规定是无效的，质保金必须在质量保修期届满后才能返还”要求并拒绝分包单位诉求。

问题：

总承包单位说法是否合理？

参考答案：

总承包单位的说法混淆了“质保金期限”和“质量保修期限”约定及规定，返还质保金并不是完结质量保修期，而是根据合同约定（如设有缺陷责任期）履行义务，同时，返还质保金后，保修人应该履行的保修责任仍然在保修期限内存在。因此，不应该把质保金期限和质量保修期限进行“捆绑处理”、混淆应用。

第十节　代建制推行与合同约定履行

长期以来，“政府投资项目”实行“财政出资，部门管理”的单一模式，即“投资、建设、管理、使用”四位一体，“项目开了搭班子，工程完了散摊子”，“只有一次教训，没有二次经验”，“三超”工程（超规模、超标准、超概算）普遍存在，同时“三低”（低水平、低质量、低效益）现象相伴而生，投资失控、工期拖延、质量不保等现象屡有发生，“钓鱼工程”“豆腐渣工程”“腐败窝工工程”等问题禁而不止。传统的政府投资工程管理模式亟待改革。

我国传统的政府投资项目管理模式通常有以下类型：

（1）临时性管理机构。特点是建立工程项目指挥部，作为政府的项目业主，负责对项目的全过程管理，即通常所说的“一次性业主”。项目竣工后移交有关部门或单位管理。

（2）部门常设性管理机构。政府部门或事业单位成立项目管理机构代行业主职责，“建、管、用合一”，通常由各个行政部门或者一些工程项目较多的单位的基建处等常设管理机构负责管理。

（3）项目法人制度。这种方式是应原国家计划委员会《关于实行建设项目法人责任制的暂行规定》（计建设〔1996〕第673号）的要求，一般在经营性的项目中，由国有或国有控股公司承担项目法人职责，非经营性项目可参照执行。这类法人既承担项目建设管理职责，又承担项目建成后的营运管理职责。

传统项目管理模式为我国传统体制下的政府投资项目管理做出了贡献，但在实践中弊端也日益显露：

①临时性管理机构。一是专业知识缺乏，工程隐患多；二是机构设置重复与人才浪费严重；三是“三超”问题突出；四是腐败滋生蔓延。

②部门常设性管理机构。其“分散性、自营性”与经济发展规律的“社会化、专业化”方式相违背，此外，建、管、用不分，容易导致投资失控，“三重超”现象大量产生，“钓鱼工程”难以避免，也容易发生挪用资金行为。

③项目法人责任制。所有者代表缺位，产权不清晰，仍然存在“投资、建设、管理、使用”四位一体的现象，政府在项目实施过程中仍缺乏很好的过程控制。

2004年7月16日，《国务院关于投资体制改革的决定》（国发〔2004〕20号）（简称《决定》）提出：“对非经营性政府投资项目加快实行‘代建制’，即通过招标等方式，选择专业化的项目管理单位负责建设实施，严格控制项目投资、质量和工期，竣工验收后移交给使用单位”。至此，“代建制”这一投资体制改革的重要举措正式登台亮相。根据该《决定》的精神，代建单位在代建期间按照合同约定代行项目建设的投资主体职责，“代建制”的核心也正是代建单位按照合同约定代理项目建设的法人责职。从制度设计者的角度来看，“代建制”的基本架构大致如下：一是运用市场竞争机制，以招标为手段，确定专业代建单位，并通过高度专业化的管理体系保证投资效率和项目建设质量；二是在出资人、代建人、使用单位之间建立起市场合约关系，以法律为手段使合约主体间的权利、责任、义务形成刚性约束，从而使投资概（预）算等成为刚性指标；三是赋予代建人项目法人地位，使其为出资人补位，从而化解所有者缺位的矛盾，这是使“代建制”行之有效的根本保证。

这就是说,“代建制”突破了旧有的管理方式,使现行的“投资、建设、管理、使用”四位一体的管理模式,转变为“各环节彼此分离,互相制约”的模式。

《水利部关于印发水利工程建设项目代建制管理指导意见的通知》(水建管〔2015〕91号)中将代建制定义为:是指政府投资的水利工程建设项目通过招标等方式,选择具有水利工程建设管理经验、技术和能力的专业化项目建设管理单位(简称代建单位),负责项目的建设实施,竣工验收后移交运行管理单位的制度。

依据国务院、水利部相关文件,建设项目代建指政府或企业、民间投资的水利工程建设项目通过直接委托或竞争方式,选择具有水利工程建设管理经验、技术和能力的项目建设管理单位,负责水利建设项目的投资管理和组织实施,直至通过竣工验收后交付运行管理单位使用的建设管理模式。

代建依据委托时段分为全过程代建和建设实施代建。

(1)全过程代建:委托人在项目建议书或可行性研究报告批复后选定代建单位,由代建单位按合同约定组织实施建设管理。

(2)建设实施代建:委托人在项目初步设计批复后选定代建单位,由代建单位按合同约定组织实施建设管理。

实践经验指出,与现行政府投资项目管理体制相比,实行公开招标方式选择代建单位具有明显的优势,即能够充分发挥市场竞争的作用,从机制上确保防止“三超”行为的发生:一是代建单位通过招标产生,能够降低政府投资项目总体成本,体现了市场竞争意识。二是代建单位具有丰富的项目专业管理经验,有助于提高政府投资建设项目管理水平。三是代建单位与政府、使用单位三方签订代建合同,通过合同约束三方的行为,有利于排除项目实施中的各种干扰(主要是项目单位提出的“三超”要求),符合法制理念。四是代建单位须依照代建合同的约定,向政府缴纳一定比例(10% ~30%)的履约银行保函,为从经济上制约代建单位的违规行为提供了保障。五是对项目竣工验收后决算投资低于批准投资的,可按财政相关规定,从节余资金中给予代建单位进行提成奖励,从机制上鼓励代建单位加强管理、降低成本。与政府常设性代建机构模式如设立工务局进行政府投资项目专项管理的设想相比,公开招标方式确定代建单位的优势非常突出:一是更符合国家投资体制改革方向。二是体现了市场竞争意识,避免搞垄断。三是不需要增设新的机构,避免了机构、职能重叠。四是能够从机制上防止超概算行为的发生。

任何一项制度都有其利弊二重性,代建制也不例外,关键在于怎样权衡利弊轻重,充分发挥制度的优越性,克服局限性和薄弱环节。在起步阶段,特别要避免业主越权干预管理的问题,而代建机构缺乏经验和应有的素质,也是试行代建制的一道难题。随着代建制的逐渐推广,一些深层次的问题也不断显现,各地的实践表明,我国的代建制还有一系列的问题有待研究和探索。

我国建设工程管理体制是伴随着市场经济的发展而逐步变化的,加上建设行政管理体制上的条条分割情况,便产生了一些具有条条分割特征的管理制度和机制形式,如工程咨询管理制度、工程监理制度、设计咨询制度,以及建设工程质监、审计、审价、稽查等其他各类细分的工程建设中介服务制度等。这些制度和机构组织的业务不仅具有同性质的重叠性,还与政府部门的行业管理职能关联,通过各自的资质、资格管理及业务范围的划分而形成相对封闭的运行机制，导致建设工程的中间管理服务环节过多，不仅造成资源浪费，管理低效等问题，还一定程度上阻碍了建筑领域的市场经济发展步伐，现在，又要在政府投资领域建设项目上再实行一个代建环节，是否会因增加一个中间环节而影响工程建设效能，也是客观存在的一个问题。

目前，水利工程代建制一直处于探索阶段，在相关法律、法规上没有相应的条文，各行业内部缺少统一的代建合同标准范本，很多代建单位工作范围，与项目法人双方的权利、义务、违约责任等都缺少统一的明确规定，对其工作的理解和解释存在一定程度的争议。再者，代建单位代表项目法人对工程的质量、安全、进度、资金和合约进行管理和控制与监理工作存在重复、交叉现象，不利于双方工作的实施，也让很多代建工作职责划分不清晰，代建费用管理以及与监理单位的分工上面存在诸多争议。根据国家法律、法规规定，监理单位在工程建设过程中，应当承担工程质量、进度、投资控制义务和对项目的合同管理、信息管理，以及工作协调责任。而目前的代建制度，代建人在工程实施过程中所承担的权利与义务也大致如此。如果不能有效地处理好两者之间的关系，可能会对工程建设产生副作用。国家及地方部门也相继出台了多个指导意见，在一定程度上缓解了这种矛盾的加剧，但是代建工作究竟应该怎么做，代建费用应该怎样定，在代建工作的是实际履约过程中，依然在很大程度上依附于代建合同中的约定，代建合同的起草和签订就显得尤为重要，代建合同应该如何起草、签订和管理？在这个过程中需要注意哪些问题？下面就某一水利工程代建合同进行案例分析，希望对读者有所启发。

【案例16】　背景资料：

某咨询管理公司中标一中型水利工程全过程代建标，在约定时间内委托人、受托人双方签署了代建合同。合同约定计划工期2018年9月20日至2019年9月20日，该项目批复概算5.45亿元，代建合同总金额526万元（包干价）。本工程在项目立项后招标，采用设计+施工一体化总承包模式。部分代建合同条款摘录如下：

（1）“协议书”第三条：“项目管理范围和内容”中第2款代建项目内容约定“对本工程从初步设计批复后开始至竣工验收通过之日止的全过程代建建设管理（含施工期环境监测、环境管理、环境保护设施竣工验收、环境保护宣传及技术培训、水土保持监测、水土保持设施验收及相关报告编制、评审等费用）。”

（2）合同专用条款第十三条约定：“代建费包括工程服务期内所有的技术咨询、投资咨询、检查审计、各项验收、文明工地创建、人员费、设施设备购置和使用费、管理费、利润、税金等。”

问题：

本代建合同以上条款约定是否合理？

参考答案：

依据《山东省公益性水利工程代建制试行办法》（鲁水建字〔2014〕12号）第十七条：“项目代建费（建设管理费）实行概算管理，纳入初步设计概算。全过程代建的，将代建费用纳入初步设计概算，代建费用控制在建设管理费之内，由项目代建单位组织编报；建设实施代建的，按批复的建设管理费列支”的规定，代建咨询服务费属于批复概算中建设单位管理费范畴。

依据《水利工程设计概(估)算编制规定》(水总〔2014〕429 号)、《山东省水利水电工程预算定额及设计概(估)算编制办法》(鲁水建字〔2015〕3 号)关于建设单位管理费、经济技术服务费的规定,两者包括的范围及内容如下:

(1)建设单位管理费:指建设单位在工程项目筹建和建设期间进行管理工作所需的费用,由建设单位开办费、建设单位人员经常费和项目管理费三项组成。

其中:建设单位开办费指新组建的工程建设单位,为开展工作所必须购置的办公设施、交通工具等,以及其他用于开办工作的费用。

建设单位人员经常费指建设单位从批准组建之日起至完成该工程建设管理任务之日止,需开支的建设单位人员费用。主要包括工作人员的基本工资、辅助工资、职工福利费、劳动保护费、养老保险、失业保险费、医疗保险费、工伤保险、生育保险费、住房公积金等。

项目管理费指建设单位从筹建到竣工期间所发生的各种管理费用,包括工程建设过程中用于资金筹措、召开董事(股东)会议、视察工程建设所发生的会议和差旅等费用,建设单位进行项目管理所发生的土地使用税、房产税、印花税、合同公证费等,工程宣传费,审计费,施工期所需的水清、水温、泥沙、气象监测费和报讯费、工程验收费。

另外,还包括在工程建设过程中,派驻工地的公安、消防部门的补贴费以及其他工程管理费用;建设单位人员的教育经费、办公费、差旅交通费、会议费、交通车辆使用费、技术图书资料费、固定资产折旧费、另行固定资产购置费、低值易耗品摊销费、工具用具使用费、维修费、水电费、采暖费等;其他管理性开支。

(2)经济技术服务费:由招标业务费和经济技术咨询费组成。

其中:招标业务费指建设单位组织项目招标业务所发生的费用,包括建设单位委托招标代理,组织工程设计、监理、施工、设备及其他招标的代理费用,组织招标设计评审等业务及相关环节的费用。

经济技术咨询费:指建设单位根据国家有关规定和项目建设管理的需要,委托具备资质的机构或聘请专家对项目建设的安全性、可靠性、先进性、经济性等有关技术、经济和法律等方面进行专项报告编制、咨询、评审和评估所发生的费用。包括勘察设计成果咨询、评审和评估费,工程安全鉴定、验收技术鉴定、节能与安全专项评价,劳动安全和工业卫生专项评价、测试与评审,建设期造价咨询,防洪影响评价,水资源专题论证、社会稳定风险分析评估与评审、地震安全性评价等专项工作的编制、咨询、评审和评估所发生的费用。

依据《水利工程设计概(估)算编制规定》(水总〔2014〕429 号)、《山东省水利水电工程预算定额及设计概(估)算编制办法》(鲁水建字〔2015〕3 号)关于工程分类及工程概算组成规定,环境保护工程、水土保持工程属于专项工程,在概算中单独计列。

综上所述,本合同对于以上条款的约定存在以下问题:

(1)协议书不应把属于环境保护、水土保持专项的"施工期环境监测、环境管理、环境保护设施竣工验收、环境保护宣传及技术培训、水土保持监测、水土保持设施验收及相关报告编制、评审等费用"列入代建项目内容;

(2)专用条款不应把属于经济技术服务费的"技术咨询、投资咨询"列入代建费;

(3)本合同中协议书、专用条款主要条款约定不一致。

本合同混淆了概算中分别单独计列的"建设单位管理费""经济技术服务费"与专项

费用，很可能引起合同履行受阻、产生纠纷，对代建人而言存在承担不合理费用支出的风险。由此，本合同约定不合理。

为便于理解，特引用山东省水利厅正在编制的代建规程（试行）中的代建合同协议书及通用条款以供参考。

第一部分　代建合同协议书

委托人：________________________

代建人：________________________

根据《中华人民共和国合同法》《中华人民共和国建筑法》《中华人民共和国招标投标法》《中华人民共和国招标投标法实施条例》《建设工程质量管理条例》《水利部关于印发水利工程建设项目代建制管理指导意见的通知》（水建管〔2015〕91 号）、《山东省公益性水利工程代建制试行办法》（鲁水建字〔2014〕12 号）等国家法律、法规、部门规章及工程所在地的法规、自治条例和地方政府规章等，为保证代建项目的顺利实施，提高建设管理水平和投资效益，确保工程质量，严格控制投资规模，经委托人与代建人双方协商同意，签订本合同。

一、项目概况

项目名称：________________________________

立项（初设）批文：__________________________

项目总投资：______________________________

建设规模：________________________________

工程等别（级）：____________________________

建设内容：________________________________

主要功能：________________________________

建设地点：________________________________

工期：____________________________________

二、代建方式和内容

1　代建方式

（全过程代建/建设实施代建）

2　代建项目管理内容

协助委托人进行项目前期策划，经济分析、专项评估与投资确定；（协助委托方）办理规划许可、批复等有关手续；提出工程设计要求、组织评审工程设计方案、组织工程勘察设计招标、签订勘察设计合同并监督实施，组织设计单位进行工程设计优化、技术经济方案比选并进行投资控制；组织工程监理、施工、设备材料采购招标，签署相关合同并监督实施；提出工程实施用款计划，进行工程竣工结算和工程决算，处理工程索赔，组织竣工验收，向委托方移交竣工档案资料；生产试运行及工程保修期管理，组织项目后评估等工作。

（建设实施代建或分阶段委托，按委托时段相关内容填写）

3　代建服务期限

自签订合同之日起至工程竣工验收通过之日止（含缺陷责任期）的项目管理和服务活动。

三、代建项目管理目标

投资控制目标：已经批准的可研立项估算总额（下浮 10%）/已经批准的初步设计概算总额为控制价。

工程质量标准：工程整体质量达到合格/优良标准。

进度控制目标：开工之日起计至项目通过竣工验收之日，要求施工工期为　　日历天，确保该项目于　　年　　月　　日前完成全部工程。

安全管理目标：严格按照国家《建设工程安全生产管理条例》和地方有关安全法规、安全规范作业，对整个项目安全负责。杜绝发生重大安全事故、重大机械设备损坏事故和重大火灾事故。不发生因管理过错而造成重大责任事故。

缺陷责任期：项目竣工验收通过之日起一/二年。

四、项目经理

代建人项目经理：______________________

五、代建服务费及支付

1　代建服务费

1.1　基本费用

计算基数：已批复立项投资估算/初步设计概算独立费用中计列的建设单位管理费（或概算中单独计列的代建费）或工程造价最终结算总金额作为计算基数。

取费费率：________%（代建期间服务费费率不调整）。

基本费用：（人民币大写）：________万元整（小写：¥________）。

代建期间因变更调整引起的建设管理费/单独计列代建费发生变化，基本费用按约定取费费率予以调整。

1.2　效益费用（结余资金奖励）

效益费用 = 项目结余资金 ×（25% ~30%）（建议：奖励比率）（奖励总额采用限额制，详见专用条款约定）

2　支付

由项目代建人提出申请、委托人核实，按工程形象进度/阶段支付。（详见专用条款约定）

六、合同组成文件的优先顺序

组成合同的各项文件应相互解释，互为说明。除专用合同条款另有约定外，解释合同文件的优先顺序如下：

1　合同协议书、补充协议书；

2　中标通知书；

3　合同专用条款；

4　合同通用条款；

5　投标文件及其附件；

6　可行性研究、初步设计文件及其审查批复文件；

7　标准、规范及有关技术文件；

8　双方确定进入合同的其他文件。

七、本合同中的有关词语含义与本合同通用条款中赋予它们的定义相同。

八、委托人向代建人承诺，遵守本合同中的各项约定，为项目建设提供必要的协商、指导。

九、代建人向委托人承诺，遵守本合同的各项约定，按照代建工作范围和内容，承担代建任务。

十、本合同一式__份，具有同等法律效力，委托人执__份，代建人执____份。

十一、本合同自签订之日起生效。

委托人：（公章）	代建人：（公章）
法定代表人或其委托代理人： （签字）	法定代表人或其委托代理人： （签字）
组织机构代码：	组织机构代码：
地　址：	地　址：
邮政编码：	邮政编码：
法定代表人：	法定代表人：
电　话：	电　话：
传　真：	传　真：
电子信箱：	电子信箱：
开户银行：	开户银行：
账　号：	账　号：
签订日期：　年　月　日	签订日期：　年　月　日

第二部分　合同通用条款

第一章　词语定义、适用的法律法规、语言

第一条　词语定义。下列词语除专用合同条款另有约定外，应具有本条所赋予的定义：

1　“代建项目”是指委托人委托实施代建的项目。

2　“委托人”是指承担投资责任并委托代建管理工作，协助代建人完成项目实施工作任务并在项目建成后接收、使用、运营管理的一方/指定接收、使用、运营管理单位的一方。

3　“代建人”是指按照代建合同约定承担代建项目组织管理工作的一方。

4 “代建项目部”是指由代建人组建实施具体代建工作的现场机构。

5 “项目经理”是指由代建人任命全面履行本合同的负责人。

6 “正常工作”是指双方在合同中约定,委托人委托的代建工作。

7 “附加工作”是指:①委托人委托范围以外,通过双方书面协议另外增加的工作内容;②由于委托人的原因,使代建工作受到阻碍或延误,因增加工作量或持续时间而增加的工作。

8 “额外工作”是指正常工作以外或由于委托人原因而暂停或终止代建业务,其善后工作及恢复代建业务的工作。

9 “日(天)”是指任何一天零时至第二天零时间段。

10 “月”是指根据公历从一个月份中任何一天开始到下一个月相应日期前一天的时间段。

11 “专业工作单位”是指由代建人通过招标等方式依法选择承担本项目施工、材料或设备供应及安装、招标代理等工作,具备相应资质的单位。

12 “不可抗力“是指不可预见、不可避免并不可克服的客观情况,包括战争、动乱、地震、水灾、冰雹等。

13 “现场(或称工地、现场)”指代建项目实施的场所。

第二条 本合同适用的法律是指中华人民共和国法律、行政法规、部门规章,以及工程所在地方的法规、自治条例、单行条例和地方政府规章等。

第三条 本合同文件使用汉语语言文字书写、解释和说明。如专用条款约定使用两种以上(含两种)语言文字,汉语应为解释和说明本合同的标准语言文字。

第二章 合同各方的权利

一、委托人权利

第四条 委托人有权对代建项目各项工作进行监督检查、稽查,对违法、违规、违约行为予以纠正。

第五条 委托人有权对工程设计内容的合理性进行审查,对不符合规定要求的项目设计成果提出变更建议,对因技术、水文、地质等原因造成的设计变更进行核准。

第六条 委托人有权要求代建人赔偿因未能履行代建合同或擅自变更建设内容、规模、标准等,造成工程质量缺陷、工期延误、投资增加的损失。

第七条 当委托人发现代建人项目管理人员不按代建合同履行代建职责,或与承包人串通给委托人或工程造成损失的,委托人有权要求代建人更换不称职的项目管理人员,直到终止合同并要求代建人承担相应的赔偿责任或连带赔偿责任。

第八条 委托人有权参与代建项目的工程验收。

第九条 委托人有权参与并监督代建人组织的施工、监理、设备、材料等招标活动以及代建人与各专业工作单位之间合同签订,参与并监督代建人与有关专业单位商定处理保修、返修内容和费用等活动。

第十条 委托人有权拒绝代建人提出的本合同约定之外的要求。

二、代建人权利

第十一条 代建人依据本合同享有以下项目的组织、管理及协调权:

1　在有关部门的监督下，通过招标等方式依法选择专业工作单位，并受委托人委托组织对有关合同的洽谈和签订，以及负责监督合同履行的全过程。

2　管理各类承包、供货、服务合同，按合同规定处理相关问题。

3　对项目建设资金的使用进行财务管理，按资金需求计划、预算、工程进度，确保价款及时到位。

4　对项目各类承包、供货、服务等合同的责任主体享有管理权；对项目建设质量、进度、投资、安全文明施工等享有管理权。

5　与有关专业工作单位商定处理保修、返修内容和费用。

6　开展项目各参与方的协调工作。

第十二条　代建人应授予其项目经理与技术负责人相应的工作权利，项目经理与技术负责人代表代建人开展工作。

第十三条　代建人有权拒绝委托人提出的本合同约定之外的要求，但合理化要求应予以考虑和接受。代建人对委托人提出的本合同约定之外的工作，有权要求追加项目投资和支付附加工作费。

第十四条　代建人有权取得代建管理费，并有权按本合同专用条款的约定执行。

第三章　合同各方的义务与责任

一、委托人义务与责任

第十五条　委托人应负责协调代建人及与代建项目有关的政府及各行政主管部门的关系。

第十六条　委托人应监督和指导本代建项目的建设实施。

第十七条　委托人应按有关规定向代建人核拨建设资金和本代建项目管理费，保证本项目按期进行。

第十八条　委托人应在专用条款约定时间内就代建人书面提交并要求做出决定的一切事宜给与书面答复。

第十九条　委托人应授权项目联系人负责本项目的联系工作。

第二十条　委托人应在代建工作完成后，组织对代建人进行客观、全面、公正的绩效评价。

第二十一条　委托人应结合委托代建内容及专用条款约定，为代建人提供必要条件。

第二十二条　委托人应对按投资代建项目年度计划和专用条款约定支付款项。

第二十三条　委托人应对代建项目的工程质量、进度、造价进行监督，配合完成工程验收，按有关规定办理项目接收手续。

第二十四条　委托人应维护代建单位工作的独立性，不干涉代建单位正常开展业务，不擅自做出有悖于代建单位在合同授权范围内所做出指示的决定；未经代建单位签字确认，不得支付工程款。

第二十五条　委托人应将投保工程险的保险合同提供给代建人作为合同管理的一部分。

第二十六条　未经代建人同意，不得将代建人用于本工程的代建服务的任何文件直接或间接地用于其他工程建设中。

第二十七条 委托人应对代建人提出的项目运行管理方案进行审查,配合代建人组织运行管理人员的培训工作。

第二十八条 委托人应按代建人上报资金使用计划,经审核确认后 个工作日内,按照财政有关管理办法支付工程建设资金。

第二十九条 委托人应按专用条款相关约定支付代建服务费。委托人对代建人提交的支付申请提出异议的,应当在收到支付申请7个工作日内向代建人发出表示异议的通知,逾期视为同意。

第三十条 委托人应全面、认真、诚实、守信地履行本合同约定的各项义务,任何未按本合同约定履行或未适当履行的行为,应视为违约,应承担相应的违约责任。

第三十一条 因不可抗力或法律、法规、规章行政行为导致本合同不能全部或部分履行时,委托人与代建人协商解决。

二、代建人义务与责任

第三十二条 代建人在履行本合同义务期间,应遵守国家有关法律、法规、规章及规范性文件的规定,负责项目的投资管理和组织实施,保质保量并如期完成代建任务,维护委托人的合法权益,确保项目达到使用功能要求。

第三十三条 代建人应组建能够满足项目建设管理服务需要且与投标文件承诺相一致的项目部,委派具有相应项目管理能力的专业人员组建项目经理部,项目管理组成人员需经委托人同意,切实履行合同中约定的代建项目管理范围内代建工作,并按合同专用条款约定向委托人通报代建工作进展情况。

第三十四条 代建人应授权一名(两名)联系人负责本项目的联络工作。

第三十五条 代建人在签订合同的同时,应按专用条款约定的方式、金额,向委托人提供相应预付款、履约担保。

第三十六条 代建人应严格执行国家有关基本建设管理制度,并接受相关部门及委托人监督。

第三十七条 代建人应按招标投标法律、法规和规章的要求,依法公正择优选定专业工作单位,并自觉接受相关部门、委托人、社会等各方面监督。负责项目实施过程中各项合同的洽谈与签订工作,对所签订的合同实行全过程管理。

第三十八条 代建人应按批准的建设规模、建设内容和建设标准、建设工期实施组织管理,严格控制项目投资,确保工程质量,按期交付使用。

第三十九条 代建期间,代建人应(协助)负责办理与项目有关的审批、许可等手续,负责办理招标备案、开工备案、质量与安全监督、验收申请和资产移交等手续;组织项目实施,抓好项目建设管理,对项目建设工期、施工质量、安全生产和资金管理等负责;依法承担项目建设的质量责任和安全生产责任;配合做好上级有关单位的稽查、审计等工作。

第四十条 代建人不得在实施过程中利用洽商或补签其他合同之机,擅自变更建设规模、建设标准、建设内容和投资额。因技术、水文、地质、使用、功能等原因必须进行设计重大变更时,经项目法人(委托人)同意,由代建人提交相应设计变更方案及投资变化报告,报项目法人(委托人)审核、审批。

第四十一条 代建人负责及时编报项目实施计划和资金使用计划,负责设立代建项目资金专户，根据年度计划和工程进度申请建设资金，并按规定专款专用且接受委托人监督，定期向委托人和主管部门报送工程进度、质量和施工安全，以及资金使用等情况。

第四十二条　按照验收相关规定，组织项目分部工程、单位（合同）工程的完工验收，组织参建单位做好项目阶段验收、专项验收准备工作。组织编制竣工决算并按规定报批。整理汇编工程建设档案，竣工后应将本项目完整的建设档案资料及时移交给委托人。代建人应有保密义务，未经委托人同意不得泄露任何项目信息。

第四十三条　代建人应全面、认真、诚实、守信地履行本合同约定的各项目义务，任何未按本合同的约定履行或未适当履行的行为，应视为违约，应承担相应的违约责任。因代建人失职造成项目建设内容、建设规模、建设标准的变化，由此而导致工期延长、投资增加，或出现质量问题，或导致其他经济损失的，代建人应按本合同专用条款的约定承担相应的赔偿责任。

第四十四条　代建人在项目移交前，组织签订保修服务协议书，监督落实项目移交后的工程保修责任。

第四十五条　因不可抗力或法律、法规、规章、行政行为导致本合同不能全部或部分履行时，代建人与委托人协商解决。

第四十六条　为顺利实施项目，所要履行的其他相关工作。

第四章　项目变更

第四十七条　应委托人或代建人的请求，在不改变本项目的技术标准、功能、建设规模和增加投资的前提下，可对本项目进行适度的变更，被请求一方应积极配合变更。在变更方案经专用条款约定的各方确认并按程序批准后，代建人应将变更方案报委托人备案。

第四十八条　涉及本项目技术标准、使用功能、建设规模和投资规模的变更，以及概算计列的大宗材料、分项工程单价明显低于市场价时，经代建人与委托人协商一致后，由代建人上报委托人核准，按核准后的技术标准、使用功能、建设规模和投资规模，以及建材价格执行。

第四十九条　因技术、水文地质等原因必须进行设计重大变更而造成费用增加和工期延长，则应调整代建人的投资控制目标和工期控制目标。

第五章　合同生效、变更与终止

第五十条　本合同自签订之日起生效。

第五十一条　由于委托人的原因致使代建工作发生延误、暂停或终止，代建人应将此情况与可能产生的影响及时通知委托人，委托人应采取相应的措施。由于委托人未采取相应措施，代建人可继续暂停执行全部或部分代建业务，直至提出解除合同。代建人可视违约情况要求委托人承担相应违约责任。

第五十二条　当代建人未履行全部或部分代建义务，而又无正当理由时，委托人可发出警告直至解除合同，代建人承担违约责任。

第五十三条　当事人一方要求变更或解除合同时，应当在30日前以书面形式通知其他各方。因解除合同使其他各方遭受损失的，除依法可以免除责任的情况外，应由责任方负责赔偿。

第五十四条　代建人与委托人办理完成项目移交手续，除工程质量保修期服务条款仍然有效外，本合同终止。

第六章　争议解决

第五十五条　在本合同执行过程中，发生争议的事项，当事各方应本着友好协商的原则进行解决。经当事各方充分协商未能达成一致共识时，可提请政府有关主管部门协调解决，协调后仍不能解决时，可向项目所在地人民法院提起诉讼。

第十一节　廉政合同的必要性

《中华人民共和国合同法》第三至七条规定，明确了合同双方必须坚持的原则，即平等、自愿、公平、诚信、合法与公序良俗原则。相关规定如下：

第三条　合同当事人的法律地位平等，一方不得将自己的意志强加给另一方。

第四条　当事人依法享有自愿订立合同的权利，任何单位和个人不得非法干预。

第五条　当事人应当遵循公平原则确定各方的权利和义务。

第六条　当事人行使权利、履行义务应当遵循诚实信用原则。

第七条　当事人订立、履行合同，应当遵守法律、行政法规，尊重社会公德，不得扰乱社会经济秩序，损害社会公共利益。

合同必须合法，而不能代替法，即按照现行法律、法规，合同当事人表达自己的真实意思，任何合同的内容和目的都不能违背或替代法律法规的强制性规定。目前，为了防止职务犯罪发生，水利水电工程发包人、承包人和监理人等分别签订廉政合同，合同规定，违反合同的一方，应按工程造价的一定比例承担违约金。所谓廉政合同的“甲方不得在工程建设中收受乙方的贿赂，乙方不得在建筑材料的购销中给予甲方回扣”等约定，都是《中华人民共和国建筑法》（简称《建筑法》）、《中华人民共和国刑法》（简称《刑法》）等国家现行法律明文禁止的行为，对于这些行为是否构成犯罪也都有明确的规定。例如，《建筑法》第五条规定：从事建筑活动应当遵守法律、法规，不得损害社会公共利益和他人的合法权益。第十七条规定：发包单位及其工作人员在建筑工程发包中不得收受贿赂、回扣或者索取其他好处。承包单位及其工作人员不得利用向发包单位及其工作人员行贿、提供回扣或者给予其他好处等不正当手段承揽工程。

《刑法》第二百二十三条的规定：“投标人相互串通投标报价，损害招标人或者其他投标人利益，情节严重的，处三年以下有期徒刑或者拘役，并处或者单处罚金。投标人与招标人串通投标，损害国家、集体、公民的合法利益的，依照前款的规定处罚。”第一百六十四条规定：“投标人为谋取不正当利益，给予公司、企业或者其他单位的工作人员以财物，数额较大的，处三年以下有期徒刑或者拘役；数额巨大的，处三年以上十年以下有期徒刑，并处罚金。单位犯罪的，对单位判处罚金，并对其直接负责的主管人员和其他直接责任人员，依照前述的规定处罚。但是，如果行贿人在被追诉前主动交待行贿行为的，可以减轻处罚或者免除处罚。

《刑法》第三百八十九条：【行贿罪】为谋取不正当利益，给予国家工作人员以财物的，是行贿罪。在经往来中，违反国家规定，给予国家工作人员以财物，数额较大的，或者违反国家规定，给予国家工作人员以各种名义的回扣、手续费的，以行贿论处。

《最高人民检察院 公安部关于公安机关管辖的刑事案件立案追诉标准的规定(二)》第七十六条规定:【串通投标案(刑法第二百二十三条)】投标人相互串通投标报价,或者投标人与招标人串通投标,涉嫌下列情形之一的,应予立案追诉:

(一)损害招标人、投标人或者国家、集体、公民的合法利益,造成直接经济损失数额在五十万元以上的;

(二)违法所得数额在十万元以上的;

(三)中标项目金额在二百万元以上的;

(四)采取威胁、欺骗或者贿赂等非法手段的;

(五)虽未达到上述数额标准,但两年内因串通投标,受过行政处罚二次以上,又串通投标的;

(六)其他情节严重的情形。

对于这些法律、法规规定的强制性义务,发包人、承包人、监理人等必须严格遵守。甲乙双方签订廉政合同,并把法律尤其是明文禁止的行为写进廉政合同,有损于法律的尊严。

【案例17】　背景资料:

在某中型引调水工程,公开招标后,签订承包、委托合同时发包人分别与承包人、监理人、检测人、供货商等各参建单位同时签订廉政协议书,并作为合同文件的组成部分一并装订成册,该廉政合同协议书明确了甲、乙双方在廉洁奉公方面的权利和义务,其中部分约定内容如下:

双方的业务活动坚持公开、公正、诚信、透明的原则(除法律认定的商业秘密和合同文件另有规定外),不得损害国家和集体利益,违反工程建设管理规章制度。

建立健全廉政制度,开展廉政教育,设立廉政告示牌,公布举报电话,监督并认真查处违法违纪行为。

甲方及其工作人员不得索要或接受乙方的礼金、有价证券和贵重物品,不得让乙方报销任何应由甲方或个人支付的费用等。

甲方工作人员不得参加乙方安排的超标准宴请或可能对公正执行公务有影响的其他宴请和娱乐活动;不得接受乙方提供的通信工具、交通工具和高档办公用品等。

甲方及其工作人员不得要求或者接受乙方为其住房装修、婚丧嫁娶活动、配偶子女的工作安排以及出国出境、旅游等提供方便等……

问题:

试分析该廉政合同的实际效力?其存在的实际意义和作用?

参考答案:

为了响应党中央反腐倡廉的号召,各党政机关早就掀起一股“实行廉洁承诺制”的热潮。1997年4月24日,上海市建设委员会和监察委员会就曾联合发布《上海市建设工程承发包双方签订廉洁协议的暂行规定》。根据该规定,从1997年5月1日起,在上海市施工项目中建设工程承发包方在签订建设工程承发包合同的同时必须签订廉洁协议,签订廉洁协议成为工程项目报建、领取施工许可证的条件之一。此后,廉洁(廉政)协议在建设工程合同得到普遍适用,甚至司法实践中关于廉洁协议的争议也日渐增多。

实践证明,廉政合同并不是预防和抵御工程建设腐败的良药,在实际工程建设过程中,廉政合同高估了一些腐败分子的履约能力和"自觉性"。廉与不廉并不是由合同当事人说了算的,而须以司法机关依法定程序来确定。从经济人的角度分析,当不法分子在评估自己的行为时,如果认为被追究的风险远远低于腐败可预期的利益,那么签署再多的廉政合同也无济于事。显然,这种将党纪政纪,甚至刑事犯罪"降格"为民事、经济纠纷的做法,恐怕"有辱"反腐败的政治意义和法律权威。

据此,但结合《合同法》第五条、第六条规定,仍可认定该廉政协议存在效力瑕疵,或者可撤销,或者无效。

一般认为,现代刑法既要保障国家刑罚权的实现,又要维护被害人的权益。因而,从刑法的保护目的来看,故不能以承担刑事责任作为免除民事责任的条件。

第二章　水利水电工程合同条款及格式通用合同条款(2009 年版)

第一节　合同文件的优先解释顺序

组成合同的各项文件应互相解释,互为说明。除专用合同条款另有约定外,解释合同文件的优先顺序如下:

(1)合同协议书;

(2)中标通知书;

(3)投标函及投标函附录;

(4)专用合同条款;

(5)通用合同条款;

(6)技术标准和要求;

(7)图纸;

(8)已标价的工程量清单;

(9)其他合同文件。

通常处理合同文件时采用的为优先次序原则和反义居先原则。两种原则的解释如下:

优先次序原则——当合同不同组成部分出现矛盾时,以处于优先部分的解释为最终解释。

反义居先原则——当项目法人与承包人对合同同一个地方出现不同的解释时,以承包人的解释为最终解释。

在建设工程施工过程中,往往会涉及很多合同文件,如前期的图纸、招标投标文件、施工合同、各项标准和清单等,施工合同履行过程中还可能会签订各类补充协议、签证,由于这些合同文件共同指向同一个标的,所有合同文件均应明确约定所涉事项和条款且应无任何矛盾。但事实上,各个合同文件难免存在一些模糊甚至相互抵触之处,而一旦出现这种约定不一致的情况,难免会发生矛盾、争议,因此必须约定一个十分明确的合同文件优先解释顺序,以便合同当事人按照优先性原则进行解释。

发承包双方在拟定合同文件时,应根据项目工程实际情况以及对合同文件约定内容的把控程度,合理约定将来出现不明事项或最新情况时,是签订补充协议还是另签协议进行完善以及补充协议的效力和解释顺序等事项;同时,在合同履行过程中,对于新签合同文件也应明确其内容性质和所属类别,避免一概通过补充约定在先解释顺序合同文件的形式,进行变相变更原合同文件内容的目的。

【案例1】 背景资料：

某调水工程中，一跨河渠梁式渡槽交叉建筑物全长540 m，槽身段分6跨，每跨长40 m，槽身断面为矩形槽，采用三向预应力钢筋混凝土结构。单槽断面尺寸为13 m×6.62 m。槽身基础结构设计为灌注桩，依据施工图纸、监理单位和承包方现场签认确定工程量，其中直径1.8 m长度60 m的桩共计32根，直径1.8 m长度62 m的桩共计80根，共计6 880 m。

在《施工标招标文件》的工程量清单中，槽身段混凝土工程仅列了桩基C25W6F150工程，即子目编号1.2.1.6.2.5、项目编码500109001020的项为桩基C25W6F150，并以‘m^3’计量。

在投标时，承包人对该梁式渡槽钻孔灌注桩仅申报了桩基C25W6F150混凝土报价（投标文件单价分析表）。在实际施工过程中，发现分类分项工程量清单中该渡槽槽身段混凝土工程仅列桩基C25W6F150工程，并以“m^3”计量，只对混凝土进行了计量，钻孔项目存在漏项。承包人认为该项对应的《招标文件》（技术标准和要求部分）编码为10，为混凝土工程，未含灌注桩钻孔，由此提出变更。

（一）承包人观点

根据技术标准和要求（合同技术条款）计量和支付中19.2.13规定：“（1）钻孔灌注桩已实际完成并经监理人验收后的数量按不同桩径的桩长以‘m’计量，钻孔灌注桩的支付，按‘工程量清单’所列项目的每米单价支付，该单价包括混凝土生产和其他材料的采购、运输、存放、检验、造孔、清孔、泥浆置备、吊放钢筋笼，以及混凝土运输、浇筑、养护、试桩、质量检测、检验和验收所需要的全部人工、材料、使用设备和其他辅助设施等一切费用。”

根据合同协议书中合同文件先后次序，“技术标准和要求（合同技术条款）”优于“已标价工程量清单”，应以“技术标准和要求（合同技术条款）”为准，为此，承包人建议对此项施工进行变更，该渡槽钻孔灌注桩以“m”为计量单位。

因水利定额无1.8 m桩径造孔灌注桩子目，承包人申请按公路定额重新计算单价，投资变化详见表2-1。

表2-1 某渡槽钻孔灌注桩漏项变更投资变化分析

序号	项目名称	单位	工程量	单价（元）	合价（元）	说明
一	原合同项目					
1	桩基C25W6F150	m^3	19 584	344.41	6 744 925	
二	变更项目（17 498 m^3）				27 792 767	
1	钻孔灌注桩，桩径1.8 m（孔深60 m）砂土	m	384	1 603.57	615 771	
2	钻孔灌注桩，桩径1.8 m（孔深62 m）砂土	m	960	1 688.05	1 620 528	
3	钻孔灌注桩，桩径1.8 m（孔深60 m）软石	m	1 536	4 243.82	6 518 508	
4	钻孔灌注桩，桩径1.8 m（孔深62 m）软石	m	4 000	4 759.49	19 037 960	
	增加额（元）=（二）-（一）				21 047 842	

(二)监理人观点

在工程量清单中,子目为 1.2.1.6.2.5 的桩基 C25W6F150 技术编码为 10,而 10 是混凝土工程,不含灌注桩造孔,因此在计量与支付时无相对应项目清单,即属清单漏项,因此构成变更。

变更单价审核意见如下:

(1)60 m 桩:在投标单价(某跨渠公路桥钻孔灌注桩 1.4.3.2.5.2(2 075.23 元/m)的基础上进行修正。水利定额七 -26 冲击钻造灌注桩孔的备注中第 2 项"孔深小于 40 m 时,人工、机械乘 0.9 系数",总说明的十二、1 中又说"只用一个数字表示的,仅适用于该数字本身"。因此,可认为投标时是按小于 40 m 桩长(袁庄南跨渠公路桥桩长为 40 m)进行编制的,也即人工和机械乘了 0.9 的系数,即在原投标单价基础上按 0.9 系数调整人工、机械数量。经计算其单价为 2 214.03 元/m(见单价分析)。扣除灌注桩混凝土单价 344.41 ×0.9 ×0.9 ×3.14 =875.97(元/m);灌注桩造孔单价为 1 338.06 元/m(灌注桩混凝土已在工程量清单中)。

(2)62 m 桩:由于水利定额七 -26 冲击钻造灌注桩孔桩深为 60 m 以内,没有 60 m 以上孔深,无法外延。故采用公路定额 ϕ2500 以内回旋钻机台时数量计算外延系数(桩径 200 cm 以内,软石),以调整后 60 m 灌注桩单价进行外延。水泥定额 40 m 孔深选用 0.9 系数,60 m 孔深为 1.0 系数。

以 1.17 作为外延系数对 62 m 桩在 60 m 桩单价的基础上进行外延(见表 2-2)。

表 2-2　公路定额计算外延系数

孔深(m)	40	60	80	100
ϕ2500 以内回旋钻机台时数量	11.88	14.11	16.45	19.84
系数	0.9	1.0	1.17	1.41

62 m 桩单价为 2 450.19 元/m;扣除混凝土单价 875.97 元/m,62 m 灌注桩造孔单价为 1 574.22 元/m。投资变化分析见表 2-3。

表 2-3　投资变化分析

序号	工程项目	单位	工程量	单价(元)	合价(元)	说明
一	原合同项目					
1	桩基 C25W6F150	m^3	19 584	344.41	6 744 925	
二	变更后					
1	钻孔灌注桩,桩径 1.8 m(孔深 60 m)	m	1 920	1 338.06	2 569 075	
2	钻孔灌注桩,桩径 1.8 m(孔深 62 m)	m	4 960	1 574.22	7 808 131	
	增加额(元) = (二) - (一)				10 377 206	

(3)由于引用了投标单价(某跨渠公路桥钻孔灌注桩 1.4.3.2.5.2),根据招标文件技术条款 19.2.13　钻孔灌注桩计量和支付中第(3)条:开挖、钻孔、清孔、钻孔泥浆、护筒、混凝土、破桩头,以及必要的其他为完成工程的细目,作为钻孔灌注桩的附属工作,不另行计量;第(5)条:除合同另有约定外,承包人按合同要求完成灌注桩成孔成桩试验、成桩承

载力检验、校验施工参数和工艺等工作所需的费用，包含在“工程量清单”相应灌注桩项目有效工程量的每米单价中，发包人不另行支付。因此，不再计算钢护筒及地基承载力试验费。

（三）项目法人审核意见

（1）项目部审核意见。

清单漏项虽属于变更，但承包人在投标阶段未对此提出质疑，也应承担一定的责任，仅对其钻孔费用给予补偿即可。为此，项目部处理意见为：该渡槽桩基工程，承包人合同清单中的桩基混凝土、钢筋等项目正常支付，变更项目仅增列钻孔一项作为补偿，其他不再予以考虑。参考钻孔施工地质柱状图，建议造孔单价依据水利定额 70194 编制。经分析，钻孔单价为 961.16 元/m，增加投资约 661.28 万元。

（2）项目法人最终审定意见。

工程量清单中，该渡槽桩基混凝土列项虽然以“m^3”为计量单位，但无论以“m^3”还是“m”作为计量单位，承包人在结合技术条款、施工图纸和自身经验等基础上，均应考虑到灌注桩钻孔的费用。《投标文件》第二册第七章地基处理加固工程中，“混凝土灌注桩地基处理在该标段的该渡槽工程……”，明确包含有该混凝土钻孔灌注桩的项，并且对该项工程量以及技术方案进行了详细描述。可以看出，承包人已充分理解为完成桩基混凝土工程所需要的全部工作内容，应在混凝土报价中考虑各项工作内容的相应费用。

无资料显示，承包人在投标阶段对桩基混凝土项目内容提出质疑并要求澄清。

工程量清单中，该渡槽桩基混凝土项目编码指向普通混凝土，而又缺少灌注桩钻孔项目，工程量清单设置上也存在一定缺陷。

综上所述，招标人和承包人均应承担相应部分责任，在遵循实事求是、公平合理、责任分摊和风险共担原则的基础上，建议项目法人就桩基钻孔项目费用给予承包人一定补偿，补偿比例为 60%（见表 2-4）。

表 2-4　投资变化分析

序号	工程项目	单位	工程量	单价(元)	合价(元)	说明
1	变更前					
1.1	桩基 C25W6F150	m	6 880	875.97	6 026 674	
2	变更后					
2.1	钻孔灌注桩(含混凝土，桩径 1.8 m)	m	6 880	2 075.23	14 277 582	
3	补偿桩基钻孔费用(60%)(2－1)×60%	元			4 950 545	
4	该项总费用(1＋3)	元			10 977 219	

（四）意见

（1）依据本标段招标文件技术标准和要求（第五章工程量清单 2.6），符合合同规定的全部费用和利润都应包括在已标价的工程量清单计价表所列各项目中，合同规定应由承包人承担而在工程量清单中未详细列出的项目，其费用和利润应认为已分摊在工程量清单的其他有关项目的单价和合价中。

（2）依据招标文件技术标准和要求钻孔灌注桩计量和支付中，钻孔灌注桩的单价包括混凝土生产和其他材料的采购、运输、存放、检验、造孔、清孔、泥浆置备、吊放钢筋笼以及混凝土运输、浇筑、养护、试桩、质量检查、检验和验收所需的全部人工、材料、使用设备和其他辅助设施等一切费用。

(3)依据本合同专用条款,合同文件的优先解释顺序约定为“技术标准和要求”优于“已标价工程量清单”。

(4)承包人在招标答疑时并未对该清单漏项提出疑问。

(5)“不可预见”指一个有经验承包商在提交投标文件那天还不能合理预见的。本案例是一个有经验承包商可预见的。

综上所述,此漏项作为变更不能成立。

【案例 2】　背景资料:

某输水工程中加压泵站枢纽工程,其中工程进、出口 DN1 800/DN1 400TPEP 钢管管道衔接工程:

(一)相关招标投标文件信息内容

(1)招标图纸工程平面布置图中进出口管道水平弯头、垂直弯头、三通等部位标注有“1# ~15#C30 混凝土镇墩、有明确引出方框标志”,平面图说明第 2 条“C30 混凝土镇墩按柔性接口给水管道支墩(10S505)图集做法施工”。

(2)招标文件第五章工程量清单说明中第八条“招标图纸中明确的工作内容未在工程量清单中计列的,视同于包含在相应工程量清单项目中”。

(3)招标文件专用条款补充条款第 1 条约定“工程量清单中未单独计列的项目,视同于包含在相应工程量清单综合单价报价或总价项目中,计量、结算时不做漏项处理”。

(4)招标文件第七章技术标准和要求,管道工程章节钢管管道采购安装计量“钢管安装包括 TPEP 钢管采购、场内二次倒运、焊接、安装、连接管件安装、检测、内外防腐、打压实验等,按有效工程量以‘m’为单位计量”。

(5)投标文件已标价工程量清单设置为表 2-5 的格式。

表 2-5　已标价工程量清单(部分)

序号	项目名称	单位	数量	单价(元)	合价(元)	说明
1.3.1	泵站进出水管衔接工程					
1.3.1.1	DN1 800 mm 钢管铺设 (包含弯头、三通等相关配件)	m	176.81	4 823.99	852 929.67	
1.3.1.2	DN1 400 mm 钢管铺设 (包含弯头、三通等相关配件)	m	71.85	3 704.80	266 189.88	
1.3.1.3	DN1 800 检修阀井	个	3	60 000.00	180 000.00	
1.3.1.4	DN1 400 检修阀井	个	3	50 000.00	150 000.00	
1.3.1.5	DN1 800 检修阀井内阀门及配件购置、安装	项	3	85 000.00	255 000.00	
1.3.1.6	DN1 400 检修阀井内阀门及配件购置、安装	项	3	65 000.00	195 000.00	

(6)招标答疑无相关要求答疑内容。

(7)专用条款合同文件解释顺序约定:执行通用条款。

(二)施工过程

(1)工程开工后,图纸交底会上施工单位提出意见,设计单位在交底记录中答复"工程量清单中未设置镇墩,属于编制清单漏项,相应做法按图纸说明要求"。

(2)工程实施中,承包方按照施工图纸实施了沟槽土方开挖,砂垫层铺设,DN1 800TPEP钢管采购安装,弯头、变径制作安装,C30 混凝土镇墩浇筑(10S505 图集做法),土方回填等全部工作内容。建设单位、监理人、施工单位对 DN1 800/DN1 400 钢管、C30 混凝土工程量进行了现场联合签署认证,其中镇墩 C30 混凝土工程量为1 511.62 m^3。

施工单位依据图纸会审交底记录,以本项目 C30 混凝土镇墩属于清单漏项为由,要求增加 C30 混凝土镇墩的工程价款:640.29 元/m^3(清单输水干线镇墩投标报价)×1 511.62 m^3 =987 875.17 元,并由此提出变更申请。

(三)监理人、建设单位观点

(1)依据合同招标文件约定及招标图纸,本合同明确工程量清单不存在漏项,相关工作内容费用包含在相应综合报价中。

(2)依据《建设工程工程量清单计价规范》(GB 50500—2013)"4.1.2 招标工程量清单必须作为招标文件的组成部分,其准确性和完整性应由招标人负责;9.5.1 合同履行期间,由于招标工程量清单缺项、工程量偏差或因工程变更引起工程量增减时,应按承包人在履行合同义务中完成的工程量计算"的规定,C30 混凝土镇墩属于清单漏项,相应责任应由发包人承担。

(3)施工单位已按标准和要求完成本项目所有工作,工程造价近百万元,不作为漏项处理,对施工方不公平。

综合考虑实际情况及审计风险,阶段计量中本项目作为变更单独列支,单价按使用 C30 商品混凝土价格 480 元/m^3暂行计算,待完工结算时一并处理。

问题:

此漏项变更是否成立?

参考答案:

(1)潜在投标人按约定提交投标文件经评标中标并签订工程承包合同,是合同双方对招投标文件的真实意思表达,依法成立的合同,对当事人具有法律约束力。当事人应当按照约定履行自己的义务,不得擅自变更或者解除合同。依法成立的合同,受法律保护。

(2)招标文件专用条款补充条款第 1 条"工程量清单中未单独计列的项目,视同于包含在相应工程量清单综合单价报价或总价项目中,计量、结算时不作漏项处理"约定,并没有违背法律强制性规定,对双方都有约束力,承包人在报价时应仔细核实工程量及招标图纸。既然在招标答疑阶段未提出相应疑问,凡是漏项、缺项均视为包含在工程量清单报价中,视同于投标人对所有条件的认可和承诺。

(3)施工图纸会审交底可列为合同文件的组成部分,其中对于"工程量清单中未设置镇墩,属于编制清单漏项,相应做法按图纸说明要求"说明,只是表明"(1)未单独列项、(2)招标图纸中已明确其工作内容及做法",是否作为变更处理,应按合同约定处理。

(4)依据合同约定解释顺序,“专用条款”优于“技术标准和要求”,“技术标准和要求”优于“图纸”,“图纸”优于“已标价工程量清单”,组成合同的各项文件又互相解释,互为说明,从前述条件看,虽然“C30 混凝土镇墩”为在工程量清单中单独列项,但各项文件已明确表明了其属于合同内容的工作范围,属于管道制作安装以“ m”为单位综合报价的组成部分。承包人依据自身企业定额、施工经验、施工组织、人员设备资源配置等自主报价,合同约定采用固定单价模式,承包人承担相应报价风险。

(5)本工程属于水利水电工程,按投标文件第五章工程量清单说明要求,其适用于《水利水电工程量清单计价规范》(GB 50501—2007),不适用于《建设工程工程量清单计价规范》(GB 50500—2013)。工程量计价规范的相关规定属于行业规范,《工程建设承包合同》属于民事法律关系范畴,其“强制性规定”不具有法律的强制性执行力。

(6)《最高人民法院关于审理建设工程施工合同纠纷案件适用法律问题的解释》第十六条“当事人对建设工程的计价标准或者计价方法有约定的,按照约定结算工程价款”解释说明,计量、计价原则应为“合同有约定的按约定,没有约定的按法定,没有法定的按交易习惯”。

综上所述:本变更不成立,不做漏项处理,施工单位承担由此造成的报价损失。

(四)目前招标投标文件存在的问题

(1)有些建设项目从立项、初设概算批复,到招标投标实施需要一年甚至几年的时间,期间自然条件,人文环境,物价指数,相关法律、法规部门规章,税率,行政政策等会发生变化,为确保不造成“三超”现象,招标人往往在概算批复的基础上,下浮一定比例作为招标控制价,施工单位为确保中标不得不超过投标控制总价有效范围内编制投标文件。

(2)招标工程量清单、招标控制价一般由招标图纸原设计单位、发包人概预算部门、委托的招标代理机构或第三方造价咨询机构编制,由于编制人员的素质参差不齐,出具的结果差异较大,部分人员往往直接采用概算清单下浮一定比例敷衍了事。由此在初设、招标图纸设计深度不够的情况下,清单存在漏项、缺项、错项,综合价格存在未考虑价格增长变化、税率调整难以避免的风险。

(3)招标文件“技术标准和要求”直接套用类似工程招标文件版本,导致招标文件《技术标准及要求》中约定的工作内容、计量、计价办法与招标图纸及工程量清单设置之间存在差异。

(4)潜在投标人为保证中标,在控制价约定范围内投标,投标前并未对自身存在风险加以预测和防范。

(五)几点建议

(1)潜在投标人在拿到招标文件后,应对所有文件综合分析、研究,结合现场踏勘,对招标文件中存在的理解性偏差、疑问等问题在招标答疑约定时间之内提出疑问,以便减少中标以后合同实施工程中的纠纷。

(2)潜在投标人要秉持对编制投标文件严谨性、整体性、有效性、完整性、真实性负责,综合、全面考虑招标文件约定风险因素,最终报价真实反映企业水平及完成合同约定内容应承担的权利与义务。

(3)结合自身对招标工程本身的了解认知,依据《招标投标法》的相关规定,尽量减少不平衡报价投标技巧的运用，以“求真务实”的态度，在不违背招标文件实质性要求的条件下，编制有利于自身履行合同的投标文件。

【案例3】　背景资料：

某应急调水工程于2016年12月20日公布采购钢管1～4包答疑文件02（如下）：

合同执行期间中厚板（碳素结构钢Q235B）材料价格进行价差调整。调整方法为：

（1）基准价为3 200元/t，据此编制投标报价。投标人在投标文件中应注明板材生产厂家。

（2）在合同规定工期（含发包人延长工期）内，以监理工程师签发供货时间往前推20日为准（比如：监理工程师通知供货时间为2017年1月30日，板材现行价按照2017年1月10日价格为准），由发包人、监理人和承包人共同核定当天本标段中标单位投标文件中指定的板材供货厂家价格，以此为现行价。现行价与基准价比较进行价差调整，调价幅度为现行价与基准价之差。

（3）价差调整不再进入项目单价，只计价差和税金。

（4）在每个结算周期内，调差的材料数量以监理人签发的供货通知书的管材数量计算出材料理论用量及合理损耗为准（加工损耗按3%计入用量）。

工程建设中，为确保合同履行，进一步明确价差调整，各参建方于2018年4月19日召开了“本调水应急工程（××段）钢管1～4包价格调整专项会”，形成会议纪要如下：

（1）根据2016年12月20日公布的采购1～4包钢管价差调整答疑文件和山东省××调水有限公司（××字〔2017〕129号文件）对采购1～4包钢管价差调整是必要的。

（2）在合同规定工期（含发包人延长期）内，钢板采购出厂价格的日期确定，以监理工程师签发的发货通知单要求的供货日期往前推20日为准，出厂价格执行联合考察组确认的价格，以此价格与基准价比较进行价差调整。每次调整工程量以监理工程师签发的发货通知单要求的供货数量为准，调增的总量以进场到货验收单汇总量为准。

（3）价差调整不进入项目单价，只计价差和税金，税金以国家政策为准，见表2-6。

（4）调整的材料数量是按监理工程师签发的发货通知要求的供货数量计算出材料理论用量，依据答疑文件甲供损耗按3%计入用量，并计采购基价、价差、税金。

（5）合同各方就价差调整签订补充协议。

表2-6　钢板价差监理调整

监理下达日期	管材	供货数量	理论质量	钢板质量		前推20天日期	钢板价格				税金	价差合价
		（m）	（t）	损耗量3%	调整总量		供货前20天	基价	差价	合价	17%	（元）

依据答疑文件及会议纪要，实际价格调整中产生两种计算理念：

（1）发包人认为：钢板价差＝联合确定出厂价格－3 200元/t（基准价），出厂价、基准价中不包含钢板运输、采购保管费用。

（2）管道供应商认为：依据原招标答疑文件第2条“由发包人、监理人和承包人共同核定当天本标段中标单位投标文件中指定的板材供货厂家价格”答疑说明,供货厂家价格、基准价应为包含钢板出厂价、运杂费、采购保管费等完全价格,调差公式应为:

钢板价差 = 联合确定到厂落地价格 -3 200 元/t(基准价)

采购供货商提供与钢厂签订的钢板采购合同:合同约定价格为到采购商厂家落地价格××元/t。

由此双方在价差核算基数上产生分歧。

问题:

1. 招标答疑与会议纪要是否存在矛盾?应该采用哪份文件为结算依据有效?

2. 是否应支持供货商理解?

参考答案:

问题1:

双方分歧的焦点在于对“招标答疑”“会议纪要”中约定的“基准价”“出厂价”“供货厂家价格”的理解。

(1)“基准价格”就是一个行业中的产品的一个标准的、最基本的一个价格。基准价的确定方法很多,有以标的物的市场平均价或平均价乘以某一系数后的价格作为基准价的,也有以政府限定的价格作为基准价的(例如药品类价格)。其中,水利水电工程定额基价是按地区建筑安装工人预算工资和基本建设材料预算价格编制的,称为定额直接费。

依据《山东省水利水电工程概(估)算编制办法》(鲁水建字〔2015〕3 号)第五章编制方法及计算标准第二条材料预算价格第 1 款主要材料预算价格之说明:

材料预算价格 =(材料原价 + 运杂费)×(1 + 采购及保管费费率)

其中,①材料原价:按工程所在地区就近大的物资供应公司、材料交易中心的市场成交价或设计选定的生产厂家的出厂价计算。

②运杂费:铁路运输按铁道部现行《铁路货运价规则》及有关规定计算;公路及水路运输,按山东省有关部门现行规定或市场价计算。

③采购及保管费:按材料运到工地仓库价格的 2.5% 计算。

(2)“出厂价”就是一种产品或商品从加工厂加工完之后,根据生产成本(含成本、人工、税务、水电、设备折旧等)卖出去的价格。只含产品的成本再加上合理的应得的利润,不含到市场的任何运费,不存在中间流通环节,所以此价格相对市场售价较低。

(3)“供货商”是指可以为企业生产提供原材料、设备、工具及其他资源的企业。供应商,可以是生产企业,也可以是流通企业。

结合采购合同,由以上可知:

(1)基准价包含钢板的出厂价、运杂费、采购及保管费等在内含税综合价。

(2)“供货厂家价格”可理解为出厂含税价或到达采购厂家的落地含税价。

(3)依据《山东省水利厅关于发布山东省水利水电工程营业税改征增值税计价调整办法的通知》(鲁水建字〔2016〕5 号)的相关规定,按“会议纪要”计算的钢板价差为含增值税价差,按纪要附表“钢板价差监理调整表”属于重复计取增值税销项税。

(4)“会议纪要”第 4 条“调整的材料数量是按监理工程师签发的发货通知要求的供货数量计算出材料理论用量,依据答疑文件甲供损耗按 3% 计入用量,并计采购基价、价差、税金”说明,存在量与价混淆、计价基础混淆,容易造成结算不实、重复计量等。

(5)招标答疑本身属于合同文件的组成部分,“会议纪要”的内容改变了原答疑文件的约定事宜,如再签订补充协议,存在“实质性改变约定内容”,违背法律、法规的相关规定。

结论:综上分析理解“招标答疑”除第4条约定“供货厂家价格”定义不明确外,其他约定都具有很强的可操作性、合理性、合规性。

问题2:

《合同法》第六十一条规定:合同生效后,当事人就质量、价款或者报酬、履行地点等内容没有约定或者约定不明确的,可以协议补充;不能达成补充协议的,按照合同有关条款或者交易习惯确定。

《合同法》第六十二条规定:当事人就有关合同内容约定不明确,依照本法第六十一条的规定仍不能确定的,适用下列规定:

(一)质量要求不明确的,按照国家标准、行业标准履行;没有国家标准、行业标准的,按照通常标准或者符合合同目的的特定标准履行。

(二)价款或者报酬不明确的,按照订立合同时履行地的市场价格履行;依法应当执行政府定价或者政府指导价的,按照规定履行。

(三)履行地点不明确,给付货币的,在接受货币一方所在地履行;交付不动产的,在不动产所在地履行;其他标的,在履行义务一方所在地履行。

(四)履行期限不明确的,债务人可以随时履行,债权人也可以随时要求履行,但应当给对方必要的准备时间。

(五)履行方式不明确的,按照有利于实现合同目的的方式履行。

(六)履行费用的负担不明确的,由履行义务一方负担。

《国际商事合同通则》第4.6条也规定:如果一方当事人所提出的合同条款含义不清,则应做出对该方当事人不利的解释。

反义居先的原则的含义是:当合同文件中有矛盾和含糊不清,引起对合同条款的规定和理解有两种不同的解释时,应该与合同起草一方相反的意图优先解释合同条款,而不是以合同起草方的意图为准。

结论:

应支持管道供货商的理解。

第二节　承包人现场查勘

4.10.1　发包人应将其持有的现场地质勘探资料、水文气象资料提供给承包人,并对其准确性负责。但承包人应对其阅读上述有关资料后所做出的解释和推断负责。

4.10.2　承包人对施工场地和周围环境进行查勘,并收集有关地质、水文、气象条件、交通条件、风俗习惯,以及其他为完成合同工作有关的当地资料。在全部合同工作中,应视为承包人已充分估计了应承担的责任和风险。

值得注意的是,尽管建设工程施工合同示范文本、标准招标文件合同规定发包人对数据资料的真实性及准确性负责,但未对发包人所提供的数据资料的详尽程度即全面性、完整性作严格要求。

依据以上条款可知:在实际可行的范围内(考虑到费用和时间),承包商应被认为已取得了可能对投标文件或工程产生影响或作用的有关风险、意外事故及其他情况的全部必要的资料。同样,承包商也被认为在提交投标文件之前已对现场及其周围环境、上述数据及提供的其他资料进行了检查与审核,并对所有相关事宜感到满意。该条款推定承包人已经取得所有投标必需的数据资料,且将数据的准确性、客观性审查义务转移给承包人。

【案例 4】 背景资料:

某新建明渠调水工程,施工总承包招标文件要求"踏勘现场:不组织",第七章技术标准及要求中 1.1.4 水文地质:勘探期间地下水位受引黄灌溉影响较大,靠近灌溉渠道的位置地下水位较高,总体埋深一般为 2.5 ~4.4 m。含水层渗透系数一般为 1.20 ~8.30 m/d,具中等透水性。据工程沿线县市地下水位资料,地下水位变幅平均为 2.0 ~5.0 m。招标图纸显示渠道纵剖面图标注水位线:渠道桩号 3 +033 ~10 +033,地面平均标高 21.96 m,地下水位埋深 2.02 m,地下水位平均降深 3.69 m。

2011 年 12 月初潜在投标人自行踏勘现场,通过招标投标中标后签订施工总承包合同,投标文件施工组织设计降排水方案描述:"施工期采用管井降水,降水井直径 500 mm、井深 25 m、井间距 30 m、沿渠道中心线布置",其中已标价工程量清单措施项目中报价为:5.1 施工导流及降排水费 90 万元(详见表 2-7)。

表 2-7 施工导流及降排水费

序号	项目名称及工作内容	单位	数量	单价(元)	合价(元)
5.1	施工导流及降排水	项	1.0	900 000.00	900 000.00

该工程地处低洼,工程开工后受周边春季灌溉影响,水位上涨,实测平均水位 1.5 m,地下水位平均降深 5.56 m。为确保工程按期完工,施工单位调整降排水方案,调增井间距为 20 m,增加土方翻晒力度,加快土方填筑,并报监理单位批准实施。

由此施工单位提出补偿要求增加相关费用。

(一)施工单位观点

工程开工后,受周边灌溉影响,地下水位发生变化。对比招标文件及招标图设计文件,地下水位描述差异,同时施工期间,外部条件发生变化,由此造成施工降水、临时便道修建及维护、填筑土方晾晒等费用增加。开工后重新调整的施工组织设计降排水等实施方案已经监理人批复实施,依据合同通用条款"4.11.2 承包人遇到不利物质条件时,应采取适应不利物质条件的合理措施继续施工,并及时通知监理人。承包人有权根据第 23.1 款的约定,要求延长工程及增加费用"的约定,申请增加降水、道路维修、土方翻晒补偿总费用 13 783 734.79 元。

(二)监理人观点

1. 依据招标文件相关约定及实际情况,同意给予相应补偿。

2. 补偿项目定量:

2.1 增加降水井数量:按 × × 建筑设计研究院出具沟渠降水工程设计勘测期间及施工期间降水方案对比增加数量核算。

2.2 增加降水井 2.2 kW 潜水泵有效降水台班:在按施工单元划分,自本单元开工降水(监理确认)→土方开挖(质量评定)→混凝土衬砌→伸缩缝(质量评定后 3 天)→验收期间的有效时间确定(参照施工期间计量核算)的基础上,在不考虑现场征迁等因素影响的条件下,参照呈报 8 + 000 ~ 10 + 033 段的分单元降水总时间,调整确定其他单元开始降水时间。

2.3 临时便道:依据现场实际情况及投标文件,该项目不予单独核算。

2.4 填筑土方翻晒工程量:以完工结算审核确定的影响段落填筑工程量,按增加水位高度影响工程量核算。经核算增加水位部分占原断面开挖总量的 49.65% 。

3. 补偿项目定价:

3.1 降排水费用增加:

3.1.1 降水井成井:呈报采用山东省土地开发整理预算定额 60001、60089,核定降水井成井单价 246.11 元/m。审核:呈报选用定额合适。依据通用条款费用补偿原则,扣减单价组成中包含的利润,核定降水井成井综合单价 230.01 元/m。

3.1.2 降水潜水泵台时单价:呈报采用水利部《水利工程施工机械台时费定额》9038 子目,核定单价 13.66 元/台时。审核:选用定额合适,核定单价 12.10 元。

3.2 填筑土方翻晒:呈报采用水利部《水利建筑工程预算定额》10360、10371 挖土方子目,核定土方挖倒单价 2.75 元/m^3 。审核:选用水利部《水利建筑预算定额》10463 土方翻晒子目,核定单价 5.60 元/m^3。

4. 相关费用:

施工单位呈报增加降水、道路维修、土方翻晒补偿总费用 13 783 734.79 元,监理工程师对呈报项目予以认可,核定综合补偿费用 5 124 675.12 元,核减金额 8 659 059.67 元。

(三)观点

(1)潜在投标人自行踏勘现场,对施工现场周围以及其他为完成合同工作的有关情况已经了解,本工程地处黄河灌区,春季田地灌溉属于季节性常规行为,作为一个有经验的承包商,这是最起码应知道和了解的,非承包人不可预见,不属于合同约定"不利物质条件"的范围。

(2)本合同开挖渠道施工占线长度超过 10 km,依据招标文件明示的水文、地质情况,投标文件降水井按 30 m 间距沿中线单排布置,未经过严格核算其降水能力是否满足施工需求,直接按 90 万元综合报价填报,以常规施工经验推算,报价失常,存在不平衡报价的可能。

(3)依据通用条款 3.1.3"合同约定应由承包人承担的义务和责任,不因监理人对承包人提交文件的审查或批准,对工程、材料和设备的检查和检测,以及为实施监理做出的指示等职务行为而减轻或解除"的约定,虽施工单位依据实际情况重新编制降排水等方案,并经监理单位批复实施,但施工单位应对其投标文件的缺陷负责。

综上所述:本补偿费用要求不成立。

【案例5】 背景资料:

某水利水电调水衬砌明渠工程,发包人通过公开招标投标方式选择承包人,招标文件包括招标图纸,潜在投标人自行组织勘察现场。某水利工程公司中标6标段,发承包双方签订施工承包合同,合同为固定单价合同,施工单位进场后实施了测量放线复核、清表清理工作。

相应招标投标文件信息如下:

(1)招标答疑文件,无相关涉及工程沿线沟渠、池塘、鱼塘等疑问。

(2)已标价工程量清单土方工程部分设置如表2-8所示。

表2-8 工程量清单

序号	项目编码	项目名称	单位	工程量
1.1		土方工程(渠道)		
1.1.1	500101010003	清基土方	m^3	79 072.00
1.1.2	500101003001	渠道土方开挖(可用于筑堤)	m^3	983 963.00
1.1.3	500103001020	筑堤土方压实	m^3	202 778.00
1.1.4	500101010004	衬砌削坡土	m^3	107 870.00
1.1.5	500101004003	排水沟挖土(界沟)	m^3	24 395.00
1.1.6	500101010002	渠道不良地基土方开挖	m^3	61 275.00
1.1.7	500103001018	渠道不良地基土方回填压实	m^3	72 088.00

(3)招标图纸、施工图纸平面布置图、纵向剖面图中明确了工程沿线需要穿越的沟渠、河塘、鱼塘等地表结构物。

(4)招标文件投标人须知、合同协议书、合同专用条款中相应条款约定,本标段需要完成的工作内容为工程量清单以及招标图纸中明确的全部内容。

(5)招标文件第五章工程量清单编制说明:本工程量清单未详细列出的招标图纸中明确的项目,其工程量或费用视同于包含在工程量清单类似项目工程量或其综合单价中,不做漏项或变更处理。

施工中,承包人对工程沿线施工范围内的沟渠、河塘、池塘等的明水进行抽排,对沟底、塘底淤泥进行清理外运弃置,相应工程量经现场业主代表、监理工程师予以确认。

施工单位依据合同通用条款变更范围约定,认为工程施工范围内的沟渠、池塘等的地表水抽排、淤泥的挖装运弃置等内容属于合同新增工作内容,以"已标价工程量清单土方工程中无淤泥挖运子目、措施项目清单中无地表明水抽排子目及相应报价"为由提出变更申请,要求对明水抽排水泵台班、淤泥挖装运及淤泥挖运场内临时便道等相关费用单独计量。

问题:

施工单位申请是否成立?

参考答案:

(1)招标图纸已明确工程沿线施工范围内的沟渠、水塘等的具体分部位置及平面布置，且依据招标文件约定，潜在投标人自行组织进行了现场查勘，即说明对图纸中明确的工程建设范围内的沟渠、池塘等的存在的现状是知情的。

(2)潜在投标人未在招标答疑文件中提出相应疑问，也即说明投标人对所有招标文件的约定是认可认同的。

(3)经过现场查勘及对工程周边环境的了解调查，作为一个有经验的承包商预测到沟渠、池塘底部存在淤泥并如何处理完全在其分内及情理之中。

(4)投标文件施工组织设计场内交通 4.4.2.1 工作范围“负责设计和修建场外公共道路至施工区的施工干线以及至各施工点的全部临时道路(包括延渠道路等)等”、道路布置 4.4.2.3“另外在施工过程中根据实际需要情况临时修建临时施工道路”。

依据合同通用条款及专用条款约定，淤泥应按签证量以工程量清单土方开挖报价单价计量结算；明水抽排属于措施费中施工导流降排水费用范畴，相应费用包含在其综合报价中，不予调整；为降水后淤泥开挖外运而搭建铺设的临时道路属于措施费项目范畴，服务于完成淤泥开挖换填合同内容，不属于合同有效工程量范围。

综合上述，施工单位申请不成立。

第三节　不利物质条件

4.11.1　除专用合同条款另有约定外，不利物质条件是指施工中遭遇不可预见的外界障碍或自然物质条件造成施工受阻。

4.11.2　承包人遇到不利物质条件时，应采取适应不利物质条件的合理措施继续施工，并及时通知监理人。承包人有权根据第 23.1 条的约定，要求延长工期及增加费用。监理人收到此类要求后，应在分析上述外界障碍或自然条件是否不可预见程度的基础上，按照通用条款第 15 条的约定办理。

注意：标准施工招标文件，不利物质条件，除专用合同条款另有约定外，是指承包人在施工场地遇到的不可预见的自然物质条件、非自然的物质障碍和污染物，包括地下和水文条件，但不包括气候条件(2007 年版)。

【案例 6】　背景资料：

某明渠调水工程施工总承包 1 标段，本合同段工程内容主要为自输水渠设计桩号 0 - 095 ~ 10 + 033，全长 10 128 m 范围内渠道开挖、填筑、衬砌；管理道路工程；安全防护工程；渠系交叉建筑物工程 35 座(处)。其中，设计桩号 1 + 148 处设计为穿某高速公路双孔预制钢筋混凝土顶进箱涵。

为确保高速公路正常运行，施工单位采用 DN200 钢管、注浆管棚支护。依据高速公路管理部门要求，施工单位向高速公路管理部门缴纳 50 万元安全保证金。箱涵预制区位于公路左侧、明渠下游方向，沿设计轴线布置，周边设降水井。本箱涵单位工程于 2012 年 3 月 20 日设备进场开工建设，采用 320 t 千斤顶、BZ50 - 100 高压轴向柱塞泵站实施顶进，人工掘进方式，顶进过程中遇不明原因，顶进进尺减慢、刀头上翘、刃角损坏、距离出口侧 2 m 左右位置的路面起拱、面层开裂(开裂长度约 120 m)。

由此施工单位上报监理单位并停止作业，经作业面人工钎探，存在不明硬物，后人工开挖发现为粒径 40 ~ 120 cm 的石灰岩孤石数块。为确保公路运行安全,暂停顶进施工,先行修复路面破损部分。方案确定后,破碎拆除孤石,箱涵于 2012 年 9 月底顶进施工完成。

施工单位以"地质条件不明"申请变更并提出费用补偿要求。呈报增加路面维修、设备维修、孤石破除、停工补偿总费用 1 813 468.79 元,监理工程师对呈报项目予以认可,核定综合补偿费用 1 782 777.79 元。

问题:

此变更是否成立?相应补偿哪些费用?

参考答案:

第三方跟踪审计意见(造价机构):

(一)定性

按道路土方路基填筑要求"路基填土不得使用腐殖土、生活垃圾土、淤泥、冻土块和盐渍土。填土内不得含有草、树根等杂物,粒径超过 10 cm 的土块应打碎"。本标段招标投标文件地质勘探资料中又无公路范围内的相关说明,按常规做法及理解,土方路基中存在不明孤石(平均粒径约 80 cm),是一个有经验的承包商不可预见的,导致本事件的发生属于非承包商原因所致。

依据本标段合同通用条款 4.11.1、4.11.2 及招标文件通用合同条款 15 条第 15.1 款中第(4)项"改变合同中任何一项工作的施工时间"、第(5)项"为完成工程需要追加的额外工作"的约定,"顶进箱涵在施工顶进土方路基过程中,遇到不明孤石导致刃角破损、路面起拱"事件,属于不利的自然条件或障碍因素所致,是承包商无法预见的,由此导致箱涵顶进施工时间改变,同时增加了由此引起的排水、设备修理、路面恢复建设等额外工作。施工单位提出申请、监理人给予认可是合理的。

(二)定量

(1)路面恢复:路面拆除及恢复建设工程量按某省交通厅公路局某高速公路养护科出具认证工程量表确定。

(2)停滞期间工程量:降排水、人员窝工、设备停滞台班等按相应签证核算。

(3)顶进设备维修:按租赁合同约定条款确定。

(4)路面恢复建设措施工程量:按合同约定条款及投标措施项目确定。

(三)定价(部分摘录)

(1)路面复建工程措施费:呈报按提供采购票据核定安全及人员措施费用 38 500 元。

审核:提供票据显示采购期限为 2012 年 6 ~ 9 月,附件资料中无明确道路复建工程专用依据,期间有本标段其他建筑物同时或交叉实施,直接采用采购票据一次性摊销计取,支撑性材料不足。核定按投标措施项目(不含构件预制场、施工导流)占分类分项工程量清单百分比核算道路复建措施费,即:

措施项目费用(4 950 000 - 300 000 - 900 000) ÷ 分类分项清单(107 768 340) × 道路拆除复建(769 834.62) = 326 787.83(元)

依据通用条款费用补偿原则,扣减其措施费综合报价中包含的利润,投标利润 2%,核定计取综合单价 33 826.20 元。

(2)顶进设备刃角维修:呈报综合维修费用5 920元(维修票据)。

审核:依据顶进设备租赁使用合同(甲方:施工单位,乙方:设备出租方)第五条租赁设备的运输、使用、维修、保养和费用之第3款“设备在租赁期间由甲方使用,乙方应做好设备的日常维修、保养,使设备保持良好状态,维修和配料费用由乙方承担”的约定,刃角维修费用包含在顶进设备租赁价格中,不予单独核算,核定不予补偿。

(3)设备停滞补偿:

①顶进设备停止费:呈报按租赁合同价格核算。

审核:经核对投标文件拟投入本标段的主要施工设备表,投标表中无明确顶进设备明细,加之顶进设备属于专项专用设备,参照现有市场施工惯例及签署租赁合同,认可施工呈报设备租赁方式。

依据停滞机械台班索赔补偿方式,同意按租赁价格补偿。经市场咨询,调整租赁合同价格为市场价格,具体见表2-9。

表2-9　设备市场价格

序号	设备名称	规格、型号	合同单价	市场单价
1	高压轴向柱塞泵站	BZ50－100	1 750元/(台·天)	1 400元/(台·天)
2	千斤顶	320T	150元/(台·天)	135元/(台·天)
3	顶铁	轴向抗压400T	8.0元/(m·天)	6.5元/(m·天)

②吊车、挖掘机、拖拉机:呈报按租赁合同价格核算。

审核:依据投标文件自有设备表及施工组织设计约定,按自有设备核算。

依据停滞机械台班索赔补偿方式,按自有设备折旧费补偿。

采用山东省水利建筑工程机械台班定额,核定8 t汽车吊折旧费用58.90元/台班、PC60挖掘机折旧费98.33元/台班、37 kW轮胎式拖拉机折旧费12.16元/台班。

审核结论:

承包单位呈报申请补偿金额1 813 468.79元,监理工程师核定补偿金额1 782 777.79元。

审核:核定顶进涵施工条件变更增加费用总额1 278 312.42元,相对监理核定值核减金额504 465.37元,核减率28.30%。

第四节　补充地质勘探

在合同实施期间,监理人可以指示承包人进行必要的补充地质勘探并提供有关资料。承包人为本合同永久工程施工的需要进行补充地质勘探时,须经监理人批准,并向监理人提供有关资料,上述补充勘探的费用由发包人承担。承包人为其临时工程设计及施工的需要进行的补充地址勘探,其费用由承包人承担。

解析:

(1)现实中存在未勘探就设计、未批复就实施、勘探资料不细致不严谨不完善不准确、同类地区相互套用、工程变更位置或基础处理方案变化未及时补充勘探、委托勘探单位不具备相应资质等现象,由此引发施工中的合同纠纷及费用变化在所难免。从事水利水电建设工程活动,必须严格执行基本建设程序,坚持先勘察、后设计、再施工的原则。建设单位未提前交付地质勘查报告、施工图设计文件未经过建设主管部门审查批准的,应对于因双方签约前未曾预见的特殊地质条件导致工程质量问题承担主要责任。施工单位应秉持诚实信用原则,采取合理施工方案,避免损失扩大。实际处理中,应根据合同约定、法律及行政法规规定的工程建设程序,依据诚实信用原则,合理确定建设单位与施工单位对于建设工程质量、费用、工期等相关问题的责任承担。

(2)临时工程:指为完成合同约定的永久工程所修建的各类临时性工程,不包括施工设备。临时设施:指为完成合同约定的各项工作所服务的临时性生产和生活设施。通用条款第 4 条第 4.1.3 款"除第 5.2 款、第 6.2 款有约定外,承包人应提供为完成合同工作所需的劳务、材料、施工设备、工程设备和其他物品,并按合同约定负责临时设施的设计、建造、运行、维护、管理和拆除"。由此,承包人为其临时工程设计及施工的需要进行的补充地址勘探,其费用由承包人承担。

【案例 7】　背景资料:

某穿水利工程建设标段,按初步设计图纸招标。施工单位进入现场,施工图发放后,建筑轴线发生调整,改后线路与原线路最远距离达 400 m,图纸中采用的水文地质描述与招标图纸一致,即施工图建设线路调整后设计单位未重新实施地勘工作。

其出湖闸闸前疏挖段(开挖、全断面预制板衬砌)于 2008 年 9 月 1 日开工,期间于 2009 年 7 月 13 日发生第一次边坡滑塌。南区建管单位要求设计单位:为保障工程顺利实施,确保工程建设质量,原设计部门必须于 2009 年 7 月底提供补勘中间资料给施工使用,最迟于 8 月 15 日提供正式的补充勘察地质报告。因原设计单位合同履约问题,未按期提供。施工单位在监理单位要求下继续施工,至 2010 年 1 月 17 日间,发生第二次、第三次边坡滑塌,导致工程工期延误及施工单位费用增加。

为确保工期,监理单位通知施工单位进行地质复勘,施工单位委托有资质的勘测单位进行了复勘并出具复勘报告。部分地质报告内容如下:

(1)3.1.4 水文地质:本段地下水主要为第四系空隙潜水,其他地下水埋深离湖水由近至远逐渐加大,水位高程为 39.0 m。

(2)边坡稳定计算分析:通过计算得出边坡的稳定性系数为 0.87,边坡处于失稳状态;滑坡的主要原因:冲湖积软弱层含水率较高,渗透系数小,排水不畅,坡脚和渠底部位处于软塑 - 流塑状态的软弱土层强度很低,且难以在较短时间内固结,再加上坡脚卸荷与渠顶加载共同作用等不利因素组合,造成了滑坡。

(3)3.3.2 处理措施:设计采取以下工程处理措施:加强排水以加快土体固结速率;补强下部软弱土层;将发生滑坡段边坡进行开蹬回填补强措施进行处理。

在复勘地质报告的指导下,施工单位按照施工图设计进行开挖放坡和管井井点降水,渠道开挖后进行地基土的换填、土工膜铺设,之上再做预制混凝土预制块衬砌,工程于 2010 年 6 月 30 日顺利完工,期间施工开挖揭露地层与复勘勘察地层基本一致。2011 年 11 月 2 日通过单位工程验收。

承包人依据招标文件相应条款的规定，对由于边坡滑塌导致的滑坡返工施工引起的降排水增加、坡脚及边坡加固补强等相关增加费用申请补偿，补偿总金额3 079 499.41 元。

问题：

施工单位申请是否成立？如成立，应如何进行补偿？

参考答案：

本项目后委托第三方造价咨询结构进行审核，核定结果如下：

1. 相应文件依据摘录

1.1　施工组组织设计（投标文件）

（1）降排水工程：

①潜水位高程：原状滩地地面高程 40.00 m，右侧潜水位 33.59 m、左侧潜水位 32.74 m，降水按高水位计算取 33.59 m。

②降水井及管井布置分析："深井降水目标高程 32.00 m（基底高程 33.00 m 以下 1.0 m），设定管井 0.5 m"，"闸前疏挖段采用深井降水，在开挖基槽的两侧按间距 25 m 布设降水井，降水井深 25 m，布置在基坑开挖线高程 37.00 m 处（马道平台位置）"。

（2）降水计划：

①出湖闸基坑排水设施及排水："2008 年 8 月 1 日～2009 年 5 月 31 日，工期天数290 天"。

②疏挖段打井、挖沟降排水："2008 年 11 月 1 日～2008 年 11 月 30 日，工期天数 30 天"。

（3）承接本工程的优势：

安全度汛 1.3.1.1：东平湖老湖接纳黄河、大汶河洪水，特别是大汶河洪水具有陡涨陡落、发生概率高、一级汛期来水时间较早的特点，同时，也存在黄河、大汶河洪水相遇的可能。即使出湖闸安排在非汛期施工，也存在着老湖高水位发生时间早和长时间居高不下的不确定性因素。出湖闸破东平湖老湖堤施工，需要跨两个汛期。

1.2　招标文件：技术条款

1.2.2　工程地质条件：本段开挖地层为第四系全新统现代河流冲积层：岩性主要为壤土，夹黏土、砂壤土透镜体薄层，土层自上而下稍湿—饱和，可塑—软塑。该层厚 4～5 m，层底高程 35～36 m。地下水为松散土层孔隙潜水，埋深高程 35.8～39.60 m。

黄河洪水主要发生在汛期 7～10 月，根据黄河位山断面水位流量关系，汛期 5 年一遇、10 年一遇、20 年一遇洪水位（见表 2-10）均高于滩地现状挡水堤埝顶高程。

表 2-10　黄河位山断面 5 年一遇、10 年一遇及 20 年一遇洪水水位

时段	5 年一遇	10 年一遇	20 年一遇
	水位(m)		
非汛期	42.05	42.38	42.73
汛期	45.26	45.54	46.45

1.3　进场降排水专项批复(鲁水监〔2008〕批复049号)

①闸前疏挖段以每300 m长度为一分划段，采用管井降水方式分段降水。降水拟定于2009年2月10日至2009年5月30日。

②潜水位高程:原状滩地地面高程40.00 m,潜水位36.00 m。

③闸前疏挖段采用深井降水，在开挖基槽的两侧按间距40 m布设降水井，降水井深25 m,布置在基坑高程40.00 m(马道平台位置)。

1.4　监理认证降水井初始水位统计表

①桩号0－75至0－1055:井号1#～26#(左、右)平均初始水位38.41 m(2008年9月10日签署)。

②桩号0－535至0－1080:井号27#～38#(左、右)平均初始水位35.32 m(2010年2月8日签署)。

2. 呈报补偿项目定性分析

(1)依据投标、招标及补充疏挖段施工地质复勘报告之地质描述可知，地下潜水位埋深未发生变化。

(2)依据投标施工组织设计及进场降排水专题批复方案、签证单现场加密井布置之设计布置可知，原投标设计降水井间距25 m,与签证间距加密25 m相符;进场批复降排水井位间距40 m,与原投标设计间距不符。由此可知施工单位在施工过程中，实际实施的降排水方案减少了降水管井的布置，影响了降水效果，不利于边坡的稳定。

(3)依据补充地质勘查报告，边坡滑塌主要因素为塌坡处地质土体构造处于失稳状态，其他影响因素为降排水效果、现场施工流程等。总之，在1∶2设计施工边坡的前提下，即使在施工过程中不发生滑塌，工程完工后，随着降水工作的停止及渠道水位、地下潜水位的变化，很可能诱导滑坡发生。由此得出，外界因素是造成边坡滑塌的条件，软弱地质构造是造成滑塌的根本。

设计变更线路调整后，未及时提供相应补充地质勘查资料，同时在工程实施过程中现场设代、监理未及时发现并对开挖后揭露的地质做出分析论证及处理方案，属于发包方应承担的责任;施工中采取不利降水方案、开挖后未及时对滑坡处不稳定土体提出建设性意见、施工组织流程不合理，属于承包方应承担的责任。

根据以上依据及分析，本着公平、公正、实事求是、责任明确的原则，对施工过程中出现的3次边坡滑坡所造成的承包方滑坡换填、完工衬砌结构恢复建设等损失，给予适当补偿是合理的。

3. 呈报补偿项目定量

(1)核算原则:

①遵循维护国家、发包方和承包人合法权益的原则，依据2011年12月疏挖段3.3.2处理措施，第2次滑坡按土方换填处理核算，对实际工作中采取的加快施工替代方案(块石填筑)不予认可，相应费用包含在填筑土方综合单价或其他费用中，不予重复补偿。

②对第3次滑坡土方工程量中包含的第1次滑坡土方工程量，不予重复核算。

③依据施工组织设计及投标单价组成，第1、2次滑坡处理增加场内换填土方调运子目(挖装运Ⅰ、Ⅱ类松土),第3次滑坡处理增加场内汽车调运运输费用。(注释:土方填

筑投标单价不含调运土方费用;碎石土填筑投标单价为 5 m 内就近取土)

④处理滑坡过程中的加密降水井及台时费用,包含在投标措施费降排水综合报价中,不予单独补偿。对 3 次滑坡段落影响的降水井,按处理期间有效台时,按 2.2 kW 潜水泵配置核算相应费用。影响降水井眼数按投标设计 25 m 间距核算。

⑤碎石土换填:工程量扣减与底板水泥固化土交叉工程量。

⑥阻工期间设备调遣支撑性材料不足,不予单独核算。

(2)工程量核算:

①第 1 次滑坡。按监理核定土方工程量计算,核定开挖、填筑工程量分别为 4 403.90 m^3。因断面核算为填筑实体工程量,依据水利部定额附录 1　土石方松实系数换算表,核定调运土方工程量 4 403.9/0.85(压实填筑系数) = 5 181.06(m^3)。

②第 2 次滑坡。核定原则同①项。开挖、回填工程量分别为 574.39 m^3,土方调运 675.75 m^3。

③第 3 次滑坡。土方开挖:扣减与第 1 次重复的左侧 40 m、右侧 70 m 工程量重复部分,核定 33 217.27 - 36.10 × 40 - 2 237.90 = 29 535.37(m^3);碎石土填筑(碎石土比例 6∶4):扣减渠底水泥土固结工程量,核定 31 174.34 m^3;采用碎石土、水泥固化土工程量核算调运土方运输工程量(31 174.34 × 0.6 + 2 042.93)/0.85 = 24 408.86(m^3);扣减渠坡碎石垫层二次利用(碎石土)主材费用:工程量按碎石工程量乘以 1.02 消耗量系数,即 747.48 × 1.02 = 762.43(m^3);其他项目认可监理工程师核定工程量。

④处理滑坡期间降水台时。第 1 次:2009 年 7 月 15 日 ~8 月 20 日,共 36 天,影响井眼 6 眼,共计台时 6 × 36 × 24 = 5 184(台时);第 2 次:2009 年 8 月 6 ~25 日,共 19 天,影响井眼 3 眼,共计台时 3 × 19 × 24 = 1 368(台时);第 3 次:2010 年 4 月 20 日 ~5 月 19 日,共 30 天,影响井眼 20 眼,共计台时 20 × 30 × 24 = 14 400(台时)。

4. 呈报补偿项目定价

(1)滑坡土方开挖:采用投标调价函工程量清单 13.2.2 渠道水下土方开挖(自然方)报价 6.82 元/m^3,因现场开挖为滑坡松土,依据水利部定额总说明,乘以 0.85 系数作为结算单价。

依据通用条款补偿原则扣减其中利润核定单价:(投标价 6.82 - 利润、税金0.192 3 × 1.032 2) × 0.85 = 5.63(元/m^3)。

(2)滑坡土方回填:采用投标调价函工程量清单 13.2.2 渠道水下土方开挖(自然方)报价 6.82 元/m^3。

审核:依据通用条款补偿原则,扣减其中利润核定单价:投标价 7.22 - 利润、税金 0.203 9 × 1.032 2 = 7.01(元/m^3)。

(3)换填土方挖装运调运:采用投标调价函工程量清单 1.1.2 玉斑堤土方开挖(自然方)报价 5.56 元/m^3,因现场开挖为Ⅱ类松土,依据水利部定额总说明,乘以 0.85 系数作为结算单价。

依据通用条款补偿原则扣减其中利润核定单价:(投标价 5.56 - 利润、税金 0.156 9 × 1.032 2) × 0.85 = 4.59(元/m^3)。(用于第 1、2 次滑坡处理)

(4)换填土方场内运输(碎石土、水泥固化土所用土方):采用投标调价函清单13.2.1

渠道水上土方开挖(自然方)报价 5.22 元/m^3 单价分析表,扣除人工、材料、挖掘、推运设备,核定单价 1.21 元/m^3。

(5)土工膜铺设:按现场旧材利用,采用投标调价函土工膜铺设单价分析表调整价格,扣减土工膜直接费及相应取费费用,扣减利润,核定铺设单价 0.97 元/m^2。

(6)土工布、集水管、排水管:按土工膜核价方式,核定结算单价分别为 0.54 元/m^2、0.55 元/m、0.55 元/m。

(7)连锁预制板安装:采用水利部补充定额 YB3001 干砌连锁预制块子目,核定结算单价 14.36 元/m^3。

(8)2.2 kW 潜水泵台时:按水利部机械设备台时费定额核定直接费 10.02 元/台时,核定结算单价 10.02 ×1.032 2(税金) =10.34(元/台时)。

(9)其他单价:采用相应投标调价函报价扣减利润调整计取单价。

5. 审核结论

核定:施工单位呈报"关于××穿黄河工程南区Ⅰ标滑坡问题引起补偿的报告"的核定补偿费用总金额 1 935 979.95 元,相对呈报总金额 3 079 499.41 元,核减金额 1 742 336.34元,核减率 56.58%。

第五节 文明施工

9.7.1 发包人应按照专用合同条款的约定负责建立文明建设工地的组织机构,制定创建文明建设工地的规划和办法。

9.7.2 承包人应按创建文明建设工地的规划和办法,履行职责,承担相应责任。所需费用包含在已标价工程量清单中。

解析:

依据山东省水利厅《关于发布山东省水利水电工程预算定额及设计概(估)算编制办法的通知》(鲁水建字〔2015〕3 号)第四章 费用构成之第二节建筑及安装工程费中(二)其他直接费中包含的关于"安全文明生产措施费"的描述:安全文明生产措施费指为保证施工现场安全作业环境及施工安全、文明施工的需要,在独立列项的支护工程、定额所含措施费外的安全生产相关费用,按基本直接费的 2% 计算。

以上关于在招标投标综合单价中包含的安全文明生产措施费包含了"9.7 条文明施工和 9.2 条承包人的施工安全责任"的相关费用。

依据水利部《水利工程建设安全生产管理规定》(2017 年修订):

第八条 项目法人不得调减或挪用批准概算中所确定的水利工程建设有关安全作业环境及安全施工措施等所需费用。工程承包合同中应当明确安全作业环境及安全施工措施所需费用。

第十九条 施工单位在工程报价中应当包含工程施工的安全作业环境及安全施工措施所需费用。对列入建设工程概算的上述费用,应当用于施工安全防护用具及设施的采购和更新、安全施工措施的落实、安全生产条件的改善,不得挪作他用。

实际中发包人往往采用"安全文明生产措施费"单独计列或包含在综合单价中另种

方式。

【案例8】 背景资料：

某调水工程续建配套工程分水闸分水，沿马颊河右岸滩地铺设输水管道至裴庄闸，再沿王浩沟右岸铺设输水管道至太平水库西南角入库泵站，水库调蓄后，经出库泵站、供水管线进入老水厂。本续建配套工程主要建设内容为输水工程、水库工程和供水工程三部分，输水工程为直径2.4 m预应力钢筒混凝土输水管线(PCCP管道)，自主干线65+680处分水闸引水，总长约41.5 km。其中，施工1标段工程内容主要包括：输水管道(设计桩号：23+125~41+520)管道采购、铺设，金属结构设备采购及安装，水土保持工程，环境保护工程，临时工程等。本标段由某水利建设集团公司承建，合同金额约为9 716.55万元(含暂列金额1 400万元)，如表2-11所示。

表2-11　投标文件投标价格汇总

序号	项目名称	合同金额(元)	说明
一	合同项目		
1	建筑安装工程	79 083 624.83	
2	第四部分：施工临时工程	2 256 294.21	
3	水土保持	44 926.62	
4	环境保护	150 000.00	
二	工程量清单项目合计(A)	81 534 845.66	
三	安全文明生产费($C=A\times2\%$)	1 630 696.91	
四	暂列金额	1 400.00	
五	投标总金额(二+三+四)	97 165 542.57	

合同专用条款约定：安全文明生产费包干使用，不随工程量变化及变更、索赔、价格调整等因素而调整。

本工程施工实际开工时间为2016年3月18日，工程竣工日期为2016年12月18日。2012年12月18日全部单位工程通过验收。

施工过程中依据当地交通部门要求，须增加沿线生产道路的混凝土路面结构的30 cm厚10%灰土基层。承包人依据监理指示及合同文件约定，提报变更材料。因已标价工程量清单中无适用或可参考价格，承包人按专用条款“15.4.3 已标价工程量清单中无适用或类似子目的单价，则由发包人与监理人和承包人按合同工程量清单及其单价分析表中已确认的人工、材料、机械台班价格及取费费率确定新的单价或合价，若原报价中无明确的可参考的消耗量水平则按照现行水利定额及取费标准，由业主、监理、施工等单位共同协商确定，采用投标工程量清单及其单价分析表中已确认的人工、材料价格”约定，采用《山东省水利水电建筑工程预算定额》(鲁水建字〔2015〕3号)10499项2:8灰土机械压实子目，石灰单价采用聊城市2016年6月份信息单价309元/t，核定单价180.54元/m^3，如表2-12所示。

表 2-12　10% 灰土回填:机械压实

定额:山东省水利水电建筑工程预算定额〔2015〕3 号:10499

工作内容:灰土拌和、铺设、找平、分层夯实　　定额单位:100 m^3

序号	名称	单位	数量	单价(元)	合价(元)	说明
1	直接费				147 28.61	
1.1	基本直接费				137 77.93	
1.1.1	人工费				5 997.60	
	人工	工日	136.00	44.10	5 997.60	
1.1.2	材料费				6 477.77	
	石灰	t	16.37	309.00	5 058.33	
	黏土	m^3	132.50	10.00	1 325.00	
	水	m^3	20.20	1.50	30.30	
	其他材料费	%	1.00	6 413.63	64.14	
1.1.3	机械使用费				1 302.56	
	内燃压路机 6 ~ 8 t	台班	5.88	219.33	1 289.66	
	其他机械费	%	1.00	1 289.66	12.90	
1.2	其他直接费	%	6.90	13 777.93	950.68	
2	间接费	%	9.00	14 728.61	1 325.57	
3	企业利润	%	7.00	16 054.18	1 123.79	
4	材料价差				295.53	
	内燃压路机 6 ~ 8 t	台班	5.88	50.26	295.53	
5	税金	%	3.32	17 473.50	580.12	
6	合计	元/100 m^3			18053.62	
7	单价	元/m^3			180.54	

监理人观点:同意承包人申报价格,工程量据实结算。

问题:

承包人呈报单价是否合理?

参考答案:

依据《山东省水利水电工程设计概(估)算编制办法》(鲁水建字〔2015〕3 号)第五章编制方法及计算标准三、其他直接费计算标准,见表 2-13。

表 2-13　其他直接费费率

序号	项目名称	计算基础	建筑(%)	安装(%)
1	冬雨季施工增加费	基本直接费	1.0	1.0
2	夜间施工增加费	基本直接费	0.4	0.6
3	临时设施费	基本直接费	2.5	2.5
4	安全文明生产措施费	基本直接费	2.0	2.0
5	其他	基本直接费	1.0	1.5
	小计	基本直接费	6.9	7.6

由此可知,建筑工程其他直接费综合费率6.9%中包含了“安全文明生产措施费”2%的费率,承包人提报的变更单价分析表中“其他直接费”包含了本项目的“安全文明生产措施费”。

按投标价格汇总表,安全文明生产费($C=A\times2\%$)单独计列,并且合同专用条款约定“安全文明生产费包干使用,不随工程量变化及变更、索赔、价格调整等因素而调整”,所以承包人呈报单价分析不合理,应扣减其他直接费中“安全文明生产措施费”相应“2%”取费费率,应按综合费率4.9%核算变更单价。

第六节　发包人的工期延误

在履行合同过程中,由于发包人的下列原因造成工期延误的,承包人有权要求发包人延长工期和(或)增加费用,并支付合理利润。需要修订合同进度计划的,按照第10.2款的约定办理。

(1)增加合同工作内容;

(2)改变合同中任何一项工作的质量要求或其他特性;

(3)发包人延迟提供材料、工程设备或变更交货地点的;

(4)因发包人原因导致的暂停施工;

(5)提供图纸延误;

(6)未按合同约定及时支付预付款、进度款;

(7)发包人造成工期延误的其他原因。

由于发包人的原因所导致的工期延误,可能导致的法律后果是:赔偿窝工、停工、倒运、机械设备调迁、材料和构件积压等损失和实际费用,合同有违约金条款的,承担违约金责任,甚至会导致承包人解除合同,向发包人索赔的法律后果。

受市场供求关系影响,实践中发包人往往在专用条款中约定“由于发包人的任何原因造成工期延误的,只予顺延工期,不予补偿费用”,风险单方承担,显然不利于承包人利益。

【案例9】　背景资料:

某调水泵站枢纽工程施工2标段,该工程主要由主泵房,副厂房,安装间,进、出水池,公路桥,清污机桥,进、出水渠等建筑物组成。本工程施工计划总工期913日历天。

招标投标文件相关信息:

(1)本工程计划工期:2010年3月1日~2012年8月31日;本工程实际开工时间为2010年9月16日,主体工程于2012年12月完成,工程竣工日期为2013年10月31日。2013年10月31日全部单位工程通过验收(安装间顶部新增飘板未实施)。

(2)专用条款1.1.5招标文件专用合同条款11.开工和竣工中11.3发包人的工期延误:由于发包人的原因造成工期延误的,发包人将只给予延长工期。

(3)经监理人批复的施工组织设计,副厂房、安装间施工时间安排为:开工时间为2011年9月1日,完成时间为2012年6月20日。

(4)监理〔2011〕设要06号会议纪要,副厂房、安装间图纸提供日期调整为2011年9月5日;现场监理工程师实际签发图纸日期为2011年12月23日。

(5)设计单元通水验收鉴定书结论:截至目前,4项遗留问题处理尚未完成。第1项新筑堤防计划于2013年6月30日前完成、其他计划于2013年7月30日前完成……

(6)安装间顶部新增飘板施工详图于2014年3月20日由监理工程师签发实施。

由此承包人补偿申请如下:

施工中,承包人以施工图纸提供延误,提出费用补偿申请。要求补偿:

(1)发包人未按施工进度计划安排及时提供副厂房、安装间相应施工图纸,导致承包人现场人员、设备、周转材料等,自2011年9月1日至2011年12月23日处于窝工、停滞状态,为确保按期完工承包人加大人力、物力、财力投入,自行组织赶工,于2012年8月15日完工,申请补偿停赶工费用金额154.65万元。

(2)因安装间顶部新增飘板,施工塔吊在2012年6月15日完工后未能按时拆除,飘板施工图纸提供不及时,导致塔吊设备停滞闲置,至2014年3月21日开始实施,申请补偿塔吊设备费用42万元。

监理人审核报告结论:经审核,同意承包人申请补偿金额196.65万元。

问题:

承包人补偿申请是否成立?如成立,如何补偿?

参考答案:

第三方造价机构审核意见:

(一)定性分析

1.副厂房、安装间施工图纸延误事件:

(1)合同专用合同条款1.6图纸和承包人文件中“1.6.1图纸的提供:用于本合同工程项目施工的图纸,应在该项目工程施工前7天提供给承包人。监理人应向承包人提供3份各类施工图纸(包括设计修改图)”。

按合同约定要求,发包人应按该项目施工前7天提供图纸给承包人,即自合同签订、施工队伍及设备进场至2010年9月9日期间;由于本工程按初设图纸招标,直至2011年12月23日施工图纸经监理工程师签发使用,图纸延误属于发包人责任,相对施工组织设计的副厂房、安装间计划开工时间2011年9月1号推迟109天。

(2)合同专用合同条款11.开工和竣工中“11.3发包人的工期延误:由于发包人的原

因造成工期延误的,发包人将只给予延长工期”。

副厂房、安装间属于工程建设的关键线路,图纸延误 109 天,在正常的施工组织条件下必将导致工期拖延并造成承包人损失。按专用条款约定,发包人只承担顺延工期责任,虽然承包人自行采取了赶工措施,但未形成经发包人确认补偿的有效证据。

综合上述:依据支撑性资料,提供图纸延误事件属实,但由此引发的费用增加及损失由承包人承担,此项补偿申请不成立。

2. 新增飘板图纸延误事件:

依据《泵站工程设计单元通水验收鉴定书》结论:“截至目前,4 项遗留问题处理尚未完成。第 1 项新筑堤防计划于 2013 年 6 月 30 日前完成、其他计划于 2013 年 7 月 30 日前完成……”,飘板施工应在 2013 年 7 月 30 日前完成,而施工详图于 2014 年 3 月 20 日签发确定,鉴于联合验收时主体工程已于 2012 年 12 月完成,现场塔吊主因等待飘板施工未拆除撤场。

依据招标文件专用条款及投标人须知约定本工程计划工期:2010 年 3 月 1 日 ~ 2012 年 8 月 31 日,实际主体工程于 2012 年 12 月完成,联合验收时间为 2013 年 6 月,此时工程已通过联合试运转并交由发包人运营使用。联合验收后,承包人接受发包人要求继续等待飘板图纸导致塔吊设备闲置损失事件,属于发包人原因所致,并非一个有经验的承包商所能预见和可控制的,此事件效力已超出专用条款“1.1.5 招标文件专用合同条款 11. 开工和竣工中 11.3 发包人的工期延误:由于发包人的原因造成工期延误的,发包人将只给予延长工期”的约定时效,本项申请立项成立。

(二)定量原则

依据现场签证、施工图纸及施工日志核定塔吊停滞闲置工程量 232 日历天,每天按 8 小时计算,共计 1 856 台时。

(三)定价原则

依据投标施工组织设计投入本工程的设备表,塔吊设备属于承包人自有设备。计量应以联合验收之日至图纸下发之日期间停滞期核定补偿有效期,按自有塔吊设备折旧费加税费价格 37.84 元/台时予以补偿。

相应补偿费用为:1 856 × 37.84 = 70 231.04(元)。

建议:

(1)发包人编制招标文件时,应充分综合考虑图纸的设计深度、工程建设规模、工期的可行性、控制价的合理性、工程所在地的水文地质降水交通等施工条件,编制切实可行,有利于维护合同双方合法权益并可便于履行的招标文件。

(2)潜在投标人投标时,应全面分析所有招标文件,结合自身企业能力,有选择性进行投标,尽量减少盲目投标,对约定苛刻的项目不要抱有侥幸心理,等中标后通过变更、索赔、调整差价、签订补充协议等手段解决潜在风险,结果得不偿失。

(3)对于此类约定,合同一旦签订,承包人为减少损失,容易采取偷工减料的方式降低施工成本,最终会影响建设质量、降低工程使用功能及设计使用年限,甚者会诉诸法律,既影响了合同双方声誉,也不利于建筑企业的可持续发展。

第七节　变　更

15.1　变更的范围和内容

在履行合同中发生以下情形之一,应按照本款规定进行变更:

(1)取消合同中任何一项工作,但被取消的工作不能转由发包人或其他人实施;

(2)改变合同中任何一项工作的质量或其他特性;

(3)改变合同工程的基线、标高、位置或尺寸;

(4)改变合同中任何一项工作的施工时间或改变已批准的施工工艺或顺序;

(5)为完成工程需要追加的额外工作;

(6)增加或减少专用条款中约定的关键项目工程量超过其工程总量的一定数量百分比。

上述(1)~(6)目的变更内容引起工程施工组织和进度计划发生实质性变动和影响其原定的价格时,才予调整该项目的价格。第(6)目情形下单价调整方式在专用条款中约定。

解析:

(一)变更范围及内容的理解

水利水电工程建筑工程受自然条件等外界因素影响较大,工程施工条件较为复杂。很多工程一般招标阶段详细施工图纸尚未完成,因此在施工承包合同签订后的实施过程中变更发生不可避免。为了保证工程不因变更而影响工程进度及价款支付,本款明确了变更的范围及内容。

本款第(1)目的规定是防止发包人在签约后违背合同规定擅自取消原合同价格偏高的项目转由发包人自行或另行委托其他承包人实施,从而导致本合同承包人造成损失。

本款第(5)目中规定的额外工作指本合同工程量清单中未包括而为了完成本合同工程所需要增加的新项目,如新增的跨河生产桥、管理区业务管理用房或监控设施等。

本款第(6)目所指的"专用条款中约定的关键项目工程量超过其工程总量的一定数量百分比"通常可在15%~25%范围内控制,视具体工程由发包人确定,其意为合同中任何一项关键项目工程量增减变化在规定的百分比以下时不属于变更项目,不做变更处理,超过时,一般应视为变更项目,但若其工程量变化"未引起工程施工组织和进度计划发生实质性变动和影响其原定的价格时"的规定,亦不需要按变更处理。

本款最后"上述……"对变更项目做了进一步规定,明确虽已符合了本款(1)~(6)目规定的变更范围,但不需要按变更处理的原则。

(二)第(6)目专用条款约定

目前大多数水利水电施工总承包合同专用条款对"关键项目工程量超过其工程总量的一定数量百分比"未加约定,即使约定的也未明确超出部分工程量的价格调整原则及方法。为明确发承包双方权益,严格按合约履行,避免产生不必要的纠纷及麻烦,建议参照《建设工程工程量清单计价规范》(GB 50500—2013)的相关规定,并在专用条款中明确相关调整办法:

(1)因变更等原因导致工程量偏差超过 15% 时,可进行调整。当工程量增加 15% 以上时,增加部分的工程量的综合单价应予调低;当工程量减少 15% 以上时,减少后剩余部分的工程量的综合单价应予调高。

(2)综合单价的调整:主要调整单价分析中的间接费费率,相应幅度可根据工程情况而定。

(3)当工程量出现约定变化,且该变化引起相关措施项目相应发生变化时,按系数或单一总价方式计价的,工程量增加的措施项目费调增,工程量减少的措施项目费调减。

【案例 10】　背景资料:

某调水明渠水利工程项目采用设计—施工分离承发包模式[《水利水电工程标准施工招标文件》(2009 年版)]通过公开招标,共选定 5 家中标单位,并签订工程施工总承包合同,各标段工程内容主要包括明渠开挖衬砌工程、交叉建筑物建筑安装工程、机电及金属结构设备采购安装、临时工程、交通安全、环保水保等。

各标段已标价工程量清单机电设备及金属结构采购安装工程主要内容见表 2-14。

表 2-14　各标段已标价工程量清单机电设备及金属结构采购安装工程主要内容

总承包标段	合同金额(万元)		合计(万元)	说明
	机电设备采购安装	金属设备采购安装		
1 标段	45.34	50.81	96.15	承包人自主报价
2 标段	121.15	158.10	279.25	
3 标段	103.79	79.10	182.89	
4 标段	143.86	151.02	294.88	
5 标段	87.42	69.32	156.74	
合计			1 009.91	

施工中,发包人为保障主要机电及金属设备采购安装的质量的一致性、可控性及及时性,与 5 家承包人协商同意,取消以上表中所列项目及工程造价,发包人与 5 家承包人签订补充协议,相关约定如下:

(1)为推进工程进展,确保工程质量,经甲乙双方协商,就原合同清单中所包含的主要机电及金属结构设备采购安装项目达成一致意见;

(2)乙方同意取消的主要机电设备、金属结构设备采购安装共计 × × 万元(后附:工程量清单明细);

(3)乙方同意将由发包人对取消部分工作内容另行委托承包人实施。

计量与结算时,监理人通知 5 家总承包单位,按照工程变更处理,即取消合同中任何一项工作;通知发包人另行委托的承包人按合同约定执行。

具体处理如下:对于 5 家承包人,按照取消一项工作处理,即不予以补偿。

问题:

此处理是否恰当?

参考答案:

本工程承包人合同签订后,对甲乙双方都具有法律约束力。本事件虽然甲乙双方签订了补充协议,乙方也同意取消相应工作内容并同意由甲方另行委托,但就原合同及承包人的承建能力而言并非招标投标、签约时的真实意思表达,补充协议违背了原合同实质性内容。对于发包人虽取得承包人同意,把取消工作内容另行委托实施按照《中华人民共和国合同法》的相关规定,实质上是一种违约行为。从合同通用条款索赔约定来看,乙方仍具有申请补偿的权利。

违约行为的定义:是指当事人一方不履行合同义务或者履行合同义务不符合约定条件的行为。这一定义表明:违约行为是一种客观的违反合同的行为;违约行为的认定以当事人的行为是否在客观上与约定的行为或者合同义务相符合为标准,而不管行为人的主观状态如何;违约行为侵害的客体是合同对方的债权。因违约行为的发生,使债权人的债权无法实现,从而侵害了债权。

由此:本事件不应按照工程变更处理,因为按照《水利水电工程标准施工招标文件》(2009 年版) 第 15.1 条规定:“取消合同中任何一项工作,但被取消的工作不能转由发包人或其他承包人实施”,现在发包人将主要机电、金属结构工程另行委托承包人实施,不属于工程变更,而应当按照项目法人违约处理,即发包人应补偿各标段承包人取消部分的相应管理费和利润。

【案例 11】 背景资料:

某沟渠治理水利工程项目采用施工总承发包模式。2010 年 9 月发包人通过公开招标投标,招标文件采用《水利水电工程标准施工招标文件》(2009 年版)与承包人签订施工承包合同。合同采用固定单价计价方式,专用条款约定施工期间主材价格不予以调整。

在合同履行过程中,受工程当地农田灌溉影响,项目法人提出拆除原有沟渠的 2 道 DN500 架空输水管道,在新规划位置重新建造便于使用维修的钢筋混凝土渡槽。施工图纸经监理人签发后,项目法人要求承包人于 2011 年 6 月底前完成相关内容,承包人接监理指示,按期完成原有管道拆除及渡槽新建工作。

本项目处理定价时,项目法人和承包人产生分歧:

(1)项目法人认为:两座输水管道的拆除按附加工程处理;改建渡槽属于合同变更范围及内容约定“为完成工程需要追加的额外工作”,因此应按照合同约定变更处理原则处理。

(2)承包人认为:依据已标价工程量清单,两座输水管道的拆除与改建不属于合同约定工作内容,不属于合同变更,有权力决定是否实施、重新定价。原合同相应单价和有关费率过低,现在物价又上涨了许多,因此认为不应受原合同的约束,应重新确定相关单价。

问题:

此问题应当如何处理?

参考答案:

结合国内外相关合同条件及教学资料,相关工程术语解释如下:

(1)附加工程:与原合同密不可分、构成原合同必不可少的工作内容。履行原则:承包人必须实施,套用原合同单价和费率。

(2)额外工程:与原合同无关、构成工程必不可缺少的工作内容。履行原则:一是承包人有权选择实施与不实施;二是如选择实施,依据合同约定,套用原合同单价和费率。

承包人的观点违背了合同通用条款“第15.1变更的范围和内容”的约定,其诉求是不合理的。

【案例12】 背景资料:

某新建水库枢纽工程主要建筑物包括围坝、引黄济青节制闸、渠首引水闸(输水渠进口闸)、引(供)水渠及生产桥、入库泵站及入(出)库涵闸、供水洞、截渗沟、入库泵站等建筑物。其中,施工1标段工作内容包括桩号8+636~9+636、0+000~1+800的围坝、引黄济青节制闸、渠首引水闸(输水渠进口闸)、生产桥1和生产桥2、公路桥及入库泵站等。

本标段由某水务建设有限公司承建,采用固定单价合同,合同约定施工期内主要建筑材料价格不予调整,合同金额为10 060万元(含暂列金额)。本工程合同工期916天,计划开工时间为2010年3月1日,计划工程竣工日期为2012年8月31日。

相关背景资料:

受工程永久占地征迁影响,工程实际开工时间为2010年8月16日,2013年5月22日通过合同项目验收,实际开工时间较计划开工时间推迟168天。

监理批复施工组织设计:围坝施工顺序为:施工区清表→30 cm厚C15混凝土截渗墙(含导墙施工)→坝基填筑→坝坡清理削坡→坝坡护砌→堤顶道路铺设;其中,截渗墙施工计划为:2010年4月15日至2010年9月30日。

为按期完工,承包人调整施工组织设计,采取冬季赶工措施,并经监理人重新批复予以实施,施工区分段清表后围坝填筑、截渗墙同时实施,实际开始日期为2010年9月15日。

截渗墙跨越冬季施工,至2011年4月20日完成。

承包人以“为保障工期,防渗墙冬季施工,对比投标文件,增加相应冬期施工措施费”为由提出:申请补偿防渗墙冬季施工增加保温措施费、增加设备进出场、增加养护及设备人工费等费用总额1 325 653.60元。

问题:

1. 该补偿申请是否成立?

2. 如成立如何核算相关费用?

参考答案:

问题1:

受场地征迁影响,实际开工时间比计划开工时间推迟168天,非承包商原因所致。由于工期推迟,原有施工组织安排已不适用施工现状,重新报批的调整后施工组织设计,改变了围坝截渗墙施工时间,原本9月底结束的工作变为跨冬季施工,相应增加了施工难度,降低了工作效率,加大了成本投入。

依据通用条款15.1款第(3)目“改变合同中任何一项工作的施工顺序”的约定,本施工组织设计调整属于变更的范围,并且由于采用冬季赶工同时引起了其原有计划的实质性变动,影响了原有价格。

因征迁工作滞后,所引起的费用、价格等变化属于发包人承担范围,所以承包人提出相应补偿申请是合理的。

问题 2:

1. 保温措施费

依据批复实施冬季施工方案及现场实际情况,核定如下:

(1)冬期施工混凝土用水燃煤费:依据中华人民共和国行业标准《建筑工程冬期施工规程》(JGJ/T 104—97)1.0.3 条"本规程冬期施工期限划分原则是:根据当地多年气象资料统计,当室外日平均气温连续 5 d 低于 5 ℃即进入冬期施工,当室外日平均气温连续 5 d 高于 5 ℃即解除冬期施工"的规定,参照 2010 年 11 月 ~2011 年 3 月工程所在地天气历史表,确定水库枢纽防渗墙混凝土浇筑冬期施工工期为 2010 年 11 月 30 日 ~2011 年 3 月 10 日,历时 104 天。

详细气温变化见图 2-1 ~ 图 2-5。

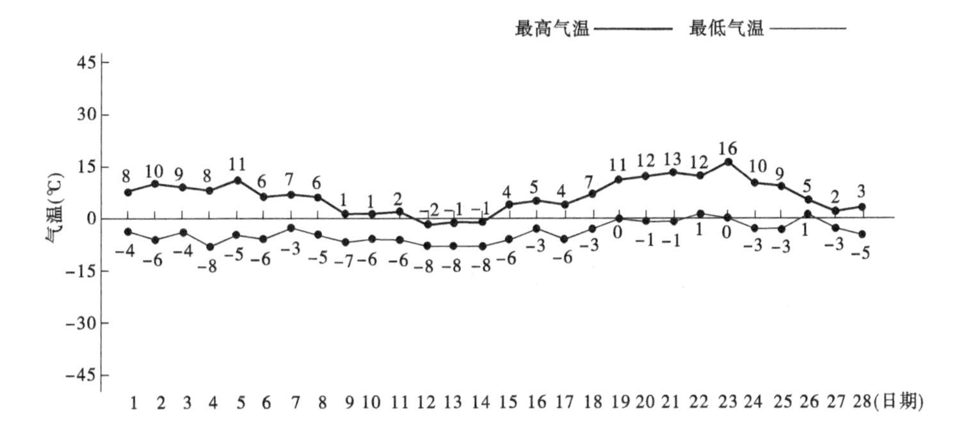

图 2-1　2011 年 2 月气温变化

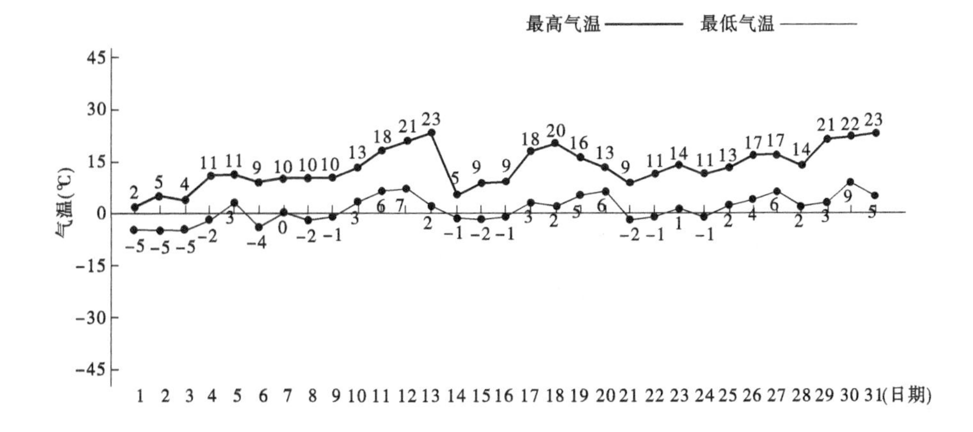

图 2-2　2011 年 3 月气温变化

依据现场防渗墙混凝土浇筑记录,核定冬期施工有效时间为 951 小时 18 分。1.5 t

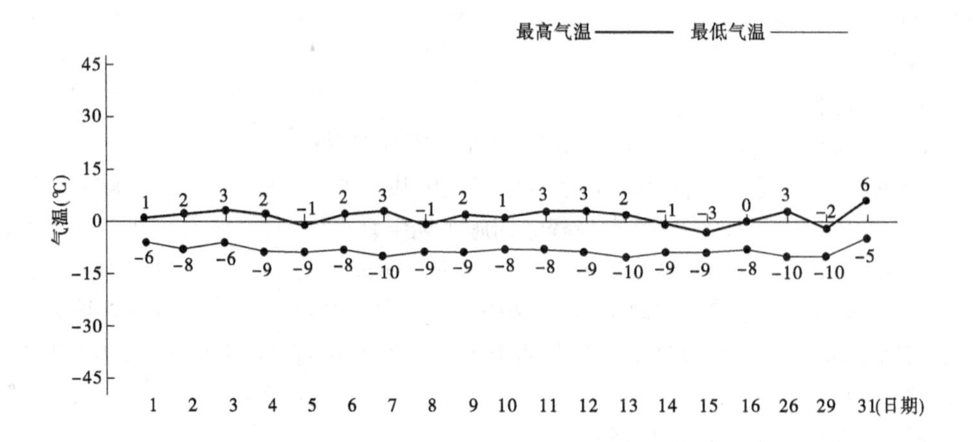

图 2-3　2011 年 1 月气温变化

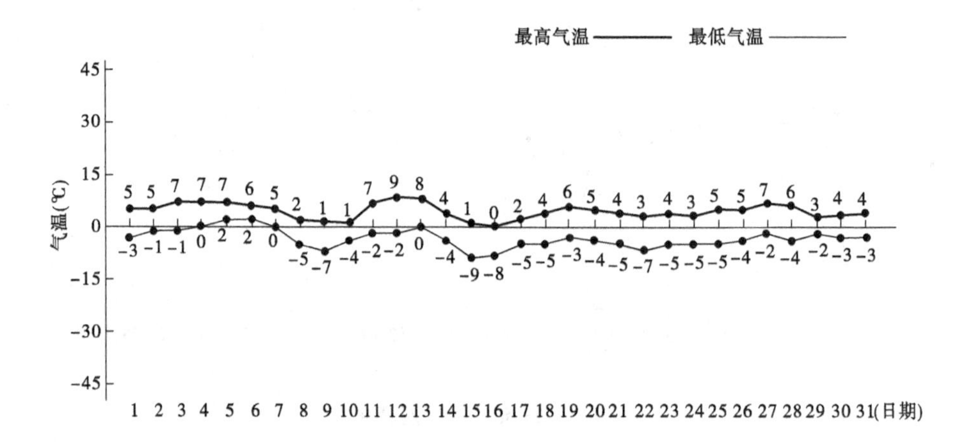

图 2-4　2010 年 12 月气温变化

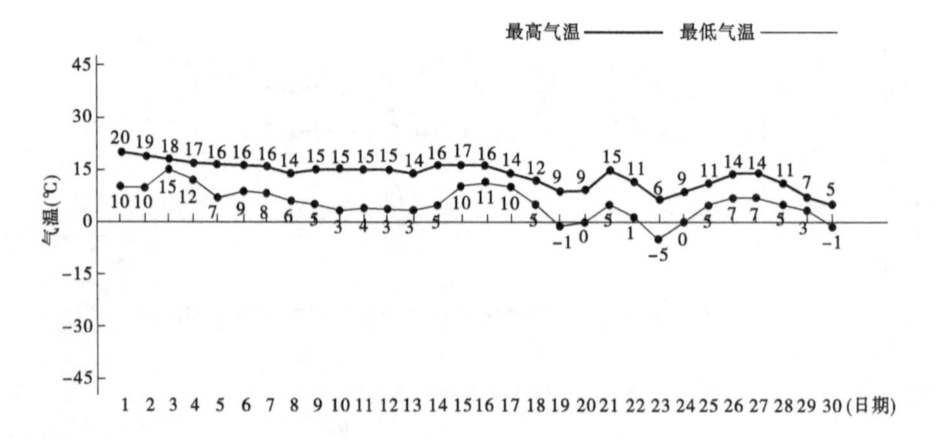

图 2-5　2010 年 11 月气温变化

热水锅炉每小时燃煤 0.06 t,核定有效燃煤总量 951.3 ×0.06 =57.08(t)。

(2)混凝土用水燃煤锅炉:依据现场实际情况(参照照片)锅炉房按 8 m^2、单价按市场价格 320 元/m^2 核算;1.5 t 燃煤锅炉按折旧年限 4 年考虑,计取一年折旧摊销费。

备注:塑料布功能取代春夏施工洒水养护,不予重复核算;彩条布用于门窗封堵不予核算;小锅炉用于日常生活供水,不予认可;手电筒、防滑鞋、手套属于劳保用品,包含在人工费单价中,不予单独核算。

2. 设备进出场

依据现场监理设备进场确认单,实际进场开槽设备 7 台套,依据 2010 年 6 月监理工程师批复进场施工组织设计(1 标段施工〔2010〕技案 001 号)防渗墙开槽机进场 3 台,核定对比增加开槽设备 4 台套。

因投标进出场项目总价分解表中无明确价格分解组成,参照山东省建筑工程施工机械台班单价表(鲁标定字〔2008〕13 号文)场外运输费定额 3008 柴油打桩机 5 t 以内费用 12 463.58 元/台次核算,核算费用如下:

12 463.58 元/台次 ×4 台 ×2 次(进出场) =99 708.64 元。

3. 增加人工费

呈报开槽机人员相关费用,包含在截渗墙综合单价中,不予单独核算。

核定:补偿总金额 21.78 万元。

【案例 13】 背景资料:

某大型调水工程,采用施工总承包模式发包,合同条件采用《水利水电工程标准施工招标文件》(2009 年版)的合同条款及格式,合同采用固定单价合同。依据施工图纸,输水管线穿越道路及无法拆除的建筑物、结构物时,采用顶管穿越方式,顶管顶高程位于公路面层或建筑物基础以下 10 m 位置。

实际施工时,管线需穿越一座加油站(永久建筑物),经实际调查了解得知,该加油站的储油罐正位于顶进线路中心线上方,为确保施工期间加油站的正常运营及后期安全,后经设计变更,顶管中心线高程在原设计高程距离地面 10 m 的基础上再下降 6 m。承包人重新调整了施工方案并报监理审核批复后予以实施,最终顺利完成顶进穿越施工。

工程完成后,承包人向发包人提出增加相应费用的申请。

问题:

承包人申请是否成立? 如成立,应包括哪些费用?

参考答案:

依据合同通用条款 15.1 变更的范围和内容第(3)目“改变合同工程的基线、标高、位置或尺寸”的约定,本设计变更调整加深了顶进管道的中心线位置,其基线的标高和位置都发生了实质性变化,属于合同约定变更的范围。

依据承包人重新申报批复的施工方案,由于变更调整,其用于顶进的工作井及接收井予以加深处理,增加了沉井钢筋、模板、混凝土,以及相应土方开挖、回填、降排水的工作量,并且降低了顶进出渣的工作效率。相对原投标文件而言,本变更工作内容引起了施工组织和进度计划变动并影响了原定的价格,由此应对增加的实体工程费、相应措施费及功效降低予以补偿是合理的。

第八节　变更的估价原则

除专用合同条款另有约定外，因变更引起的价格调整按照本款约定处理。

15.4.1　已标价工程量清单中有适用于变更工作的子目的，采用该子目的单价。

15.4.2　已标价工程量清单中无适用于变更工作的子目的，但有类似子目的，可在合理范围内参照类似子目的单价，由监理人按第3.5款商定或确定变更工作的单价。

15.4.3　已标价工程量清单中无适用或类似子目的单价，可按照成本加利润的原则，由监理人按第3.5款商定或确定变更工作的单价。

解析：

本款规定了变更合同价格的处理原则。当监理人确认变更需要调整价格时，可按本款所列的三种不同情况确定其单价或合价。承包人在投标时的单价分析表、总价承包项目表、计日工表、主要人工材料单价表等投标辅助资料，经合同约定，可作为计算变更项目价格的重要资料。

如专用条款另有约定，按合同解释顺序，首选专用条款调价原则予以调整。

对于一些专用条款约定不明确或未加以明确的，建议甲乙双方通过协商参照《建设工程工程量清单计价规范》(GB 50500—2013)调整办法：

已标价工程量清单中没有适用也没有类似于变更工程项目的，应由承包人根据变更工程资料、计量规则和计价办法、工程造价管理机构发布的信息价格和承包人报价浮动率等提出变更工程项目的价格，并应报发包人确认后调整。承包人报价浮动率可按下列公式计算：

招标工程：　　承包人报价浮动率 $L=(1-\text{中标价}/\text{招标控制价})\times 100\%$

非招标工程：　承包人报价浮动率 $L=(1-\text{报价}/\text{施工图预算})\times 100\%$

【案例14】　背景资料：

某输水管道安装工程2标段，施工总承包合同采用固定单价合同，DN1000PCCP管道开挖直埋长度11.62 km，其中穿越道路部分采用DN1400钢筋混凝土套管顶管、管内安装DN1000TPEP钢管。本工程施工实际开工时间为2015年3月21日，工程竣工日期为2015年10月6日。

专用条款15.4变更估价原则中15.4.3约定：已标价工程量清单中无适用或类似子目的单价，按照山东省现行水利或建筑、市政预算定额及取费标准，在新的单价基础上乘以系数0.85后的单价为结算单价，但采用投标工程量清单及其单价分析表中已确认的人工、材料、机械价格。投标文件中未包括的材料价格按照潍坊市建设行政主管部门公布的同期价格为准。管道安装部分已标价工程量清单如表2-15所示。

工程施工穿越弥河河道堤防时，受地质及水文条件、埋深、占地、土质松散等因素影响，设计调整为直接顶进DN1000TPEP钢管穿越方式，施工单位按监理要求提出变更申请。施工单位认为已标价工程量清单中无可适用或类似价格套用、参考，按专用条款15.4.3款约定采用《山东省水利水电现行建筑工程预算定额》(鲁水建字〔2015〕3号)中钢管挖土顶进章节第90144号钢管DN1000顶进子目及相应取费标准，申报单价

5 734.62 元/m。其选用定额工作内容为:安装顶管设备,下管、切口、焊口、安、拆、换顶铁,挖、运、吊土,顶进,泥浆减阻,纠偏等。

表 2-15 管道安装部分已标价工程量清单

序号	项目名称	单位	数量	单价(元)
1.1.8	管材购置、安装 DN1 000TPEP:直埋	m	800.00	2 419.11
1.1.15	顶管工程 4 处(DN1 400、Ⅲ级钢筋混凝土管购置、安装):套管顶管	m	325.00	5 035.30
1.1.17	管材购置、安装 DN1 000TPEP(套管内):套管内安装	m	399.00	2 800.00

问题:

施工单位变更单价组价是否合理?

参考答案:

(1)招标文件第七章技术标准和要求中关于顶管穿越的计量与计价明确“顶管工作内容包括工作井、接收井开挖制作与安装就位,顶进设备安装、顶进、土方运输、泥水平衡、纠偏等所有工作,以投标工程量清单单价,按‘m’计量”,即投标单价中第 1.1.15 项“顶管工程 4 处(DN1 400、Ⅲ级钢筋混凝土管购置、安装):套管顶管”报价 5 035.30 m/元为包含顶管工艺流程的全部工作内容的综合报价。

施工单位直接按定额 DN1 000 钢管顶进子目重新编制的单价,未包含工作井、接收井、相应降排水及完工拆除清理等工作内容,属于不完全价格。

(2)《山东省水利水电建筑工程预算定额》自 2015 年 5 月 1 日开始执行,而工程招标投标签约时使用的是《山东省水利水电工程设计概(估)算费用构成及计算标准》,二者取费标准及计算程序已调整,施工单位直接采用新定额及其取费标准核定单价,不符合合同专用条款约定。

(3)依据顶管穿越工艺流程及山东省水利水电建筑定额混凝土管、钢管挖土顶进(泥水平衡)工作内容描述,二者除在管道口径、接口连接采用焊接及承插密封差别外,其他工艺流程基本一致。对比已标价工程量清单,第 1.1.15 项为顶进 DN1 400 钢筋混凝土套管综合报价,本变更项目为直接顶进 DN1 000TPEP 钢管,依据实际完成情况,二者作业内容相似,依据合同通用条款 15.4.2 约定“已标价工程量清单中无适用于变更工作的子目的,但有类似子目的,可在合理范围内参照类似子目的单价,由监理人按第 3.5 款商定或确定变更工作的单价”,为正确运用调价原则,应采用投标类似价格予以调整,形成投标人报价水平的完全综合单价。

(4)因投标单价 1.1.15 DN1 400 混凝土套管顶进综合单价分析中无明确体现工作井、接收井及相应其他辅助工作,视同为已包含了全部工作内容的单价。由于顶进管材材质不同但工艺类似,山东省水利水电建筑预算定额鲁水定字〔2000〕1 号中无相关顶管子目,为维持承包人投标水平,特参照鲁水建字〔2015〕3 号混凝土顶管、钢管顶管对应管径子目人、材、机消耗量,取费程序及标准采用投标 1.1.15 单价分析数据,分别核定不计主材的 DN1 000TPEP 钢管顶进、DN1 400 混凝土套管顶进两项同水平衡量的定额单价，即 849.66 元/m、1 269.07 元/m，按核定钢管顶进单价占混凝土套管顶进单价比例（849.66/1 269.07 = 66.95%）乘以投标 1.1.15 报价去掉管材主材部分的价格后，所形成的价格增加效益 TPEP 钢管消耗量价格及税金，即可成为变更项目综合单价。具体见表 2-16 ~ 表 2-18。

调整如下：

投标 1.1.15　DN1 400 混凝土套管顶管不含主材单价为：

5 035.30 − 1 826.94（含税金）= 3 208.36（元/m）

DN1 000TPEP 钢管顶管综合单位：66.95% × 3 208.36 + 2 150（钢管价格）× 1.03（钢管消耗量）× 1.034 8（投标税率）= 4 439.55（元/m）。

表 2-16　DN1 000 钢管挖土顶管单价分析

定额编号：90144　　工作内容：安装设备、挖土、顶进等　　单位：10 m

序号	项目名称	单位	数量	单价（元）	合价（元）	说明
1	直接工程费				7 024.96	
1.1	直接费				6 178.54	
1.1.1	人工费	工日	29.42	44.10	1 297.42	
1.1.2	材料费				479.74	
	⋮					
1.1.3	机械费				4 401.38	
	⋮					
1.2	其他直接费	%	3.20	6 178.54	197.71	
1.3	现场经费	%	50.00	1 297.42	648.71	
2	间接费	%	50.00	1 297.42	648.71	
3	企业利润	%	7.00	7 673.67	537.16	
4	价差					
5	DN1 000 钢管道	m	10.30	2 150.00		不计主材
6	税金	%	3.48	8 210.83	285.74	
7	合计				8 496.57	
	DN1 000 顶管定额单价	元/m	1.00	849.66	849.66	

表 2-17　DN1 400 混凝土管挖土顶管单价分析

定额编号:90139　　工作内容:安装设备、挖土、顶进等　　单位:10 m

序号	项目名称	单位	数量	单价(元)	合价(元)	说明
1	直接工程费				10 368.12	
1.1	直接费				8 987.07	
1.1.1	人工费	工日	49.59	44.10	2 186.92	
1.1.2	材料费				872.93	
	⋮					
1.1.3	机械费				5 927.22	
	⋮					
1.2	其他直接费	%	3.20	8 987.07	287.59	
1.3	现场经费	%	50.00	2 186.92	1 093.46	
2	间接费	%	50.00	2 186.92	1 093.46	
3	企业利润	%	7.00	11 461.58	802.31	
4	价差					
5	DN1 400 混凝土管道	m	1.01	1 750.00		不计主材
6	税金	%	3.48	12 263.89	426.78	
7	合计				12 690.67	
	DN1 400 顶管定额单价	元/m	1.00	1 269.07	1 269.07	

表 2-18　DN1 400 混凝土管套管顶管单价分析投标文件

项目编号:1.1.15　项目名称:顶管工程 4 处(DN1 400Ⅲ级钢筋混凝土管购置、安装)　单位: m

序号	项目名称	单位	数量	单价(元)	合价(元)	说明
1	直接工程费				2 598.08	
1.1	直接费				2 229.08	
1.1.1	人工费	工日	13.5	44.10	595.35	
1.1.2	材料费				736.47	
	钢材	t	0.08	4 430.00	354.40	
	膨润土	kg	28.8	0.40	11.52	
	石油沥青油毡	m^2	1.7	4.50	7.65	
	镀锌铁丝	kg	1.2	7.00	8.40	
	钢套管	kg	7.5	4.90	36.75	
	止回阀	个	0.2	545.00	109.00	

续表 2-18

序号	项目名称	单位	数量	单价(元)	合价(元)	说明
	法兰阀门	个	0.2	651.00	130.20	
	柔性接头	套	0.2	20.00	4.00	
	压力表	块	0.2	38.00	7.60	
	其他材料费	%	10		66.95	
1.1.3	机械费				5 927.22	
	汽车起重机 5 t(汽油型)	台班	0.2	500.48	100.10	
	汽车起重机 8 t(柴油型)	台班	0.05	562.54	28.13	
	汽车起重机 16 t(柴油型)	台班	0.2	846.17	169.23	
	油泵车	台班	0.15	1 615.00	242.25	
	卷扬机	台班	0.4	103.02	41.21	
	潜水泵	台班	0.15	134.00	20.10	
	卷扬机 5 t	台班	0.15	134.00	20.10	
	高压油泵	台班	0.4	240.00	96.00	
	顶管设备	台班	0.4	208.00	83.20	
	顶管设备水力机械	台班	0.15	64.40	9.66	
	立式油压千斤顶	台班	0.68	8.40	5.71	
	其他机械费	%	10		81.57	
1.2	其他直接费	%	3.20		71.33	
1.3	现场经费	%	50.00		297.68	
2	间接费	%	50.00		297.68	
3	企业利润	%	7.00		202.70	
4	价差				1 767.50	
5	DN1 400 混凝土套管	m	1.01	1 750.00	1 767.50	主材
6	税金	%	3.48		169.34	
7	合计				5 035.30	

(5)通过以上分析计算并经甲乙双方认证,核定单价 4 439.55 元/m,相对申报单价 5 734.62元/m,核减 1 295.07 元/m,本顶管一项节约投资 13.23 万元。

【案例 15】 背景资料:

某水源地工程采用设计—施工一体化总承包模式,工程主要内容包括新建四级提水泵站,其中 1 ~3 级泵站紧靠原有拦河橡胶坝建设。已标价工程量清单中对原有橡胶坝只进行坝袋更换。

施工过程中发现,原有橡胶坝设施水面以上混凝土中、边墩受冲刷冻融剥蚀,混凝土表面碳化严重,部分上游迎水面存在露筋现象。其化学原理为:混凝土碳化是指二氧化碳气体渗透到混凝土内与水泥水化产物 $Ca(OH)_2$ 反应生成 $CaCO_3$,致使混凝土碱度降低。当碳化深度超过或接近钢筋保护层时,钢筋表面钝化膜破坏,失去对钢筋的保护作用,在电化学反应作用下,钢筋表面逐渐生成 $Fe(OH)_3$,导致钢筋锈蚀、体积膨胀、顺筋开裂,周而复始将进一步加剧钢筋锈蚀,从而影响工程结构运行安全。

经市场调查,目前专业混凝土防碳化处理的规模化企业较少,一般采用聚合物水泥基类涂料或无溶剂环氧涂料(HY804 有机硅环氧树脂),厂商自行生产配料并由厂家专业人员操作。

为确保橡胶坝体运行安全,项目法人决定采用 HY804 有机硅环氧树脂涂料实施防碳化处理,联合考察价格为 200 元/m^2(含税价格),工作内容包括为完成混凝土防护处理所需的全部工作,含材料的生产、采购、运输、储存、调配、养护等。主要工作流程为:基层处理→材料配制→HY801 底涂界面剂→刮涂 HY804 有机硅环丙树脂涂料→喷涂 M901 丙烯酸聚氨酯面漆。

问题:

承包单位如何处理变更单价?

参考答案:

对于这种专业性较强的专项处理工艺,即使有相应可参考的消耗量定额,但所涉及的主材价格属于专利产品,价格处于非透明状态,无法确定相应材料价格;另受混凝土表面碳化程度、工作环境、结构形式、操作的难易程度等影响,材料消耗量难以做到定性考量,由此无法参照现有定额编制单价分析。也就是说,已标价工程量清单中无适用或类似参考价格、专用条款约定按相关行业定额及取费标准重新编制也难以参考使用。

依据通用条款"15.4.3 已标价工程量清单中无适用或类似子目的单价,可按照成本加利润的原则,由监理人按第 3.5 款商定或确定变更工作的单价"的调价原则,只有采用成本加利润法核定此变更单价,才能既便捷又明了。联合考察价格 200 元/m^2 属于第三方处理成本价,本防碳化处理综合单价应为:200(基价)×(1+投标间接费费率)×(1+投标利润率)×(1+税率)(注:如采用增值税,基价应调整为不含税价格)。

【案例 16】 背景资料:

某渠道工程 2011 年公开招标并签订施工总承包合同,采用固定单价计价模式,合同专用条款调价原则约定招标文件专用合同条款 15.4 变更的估价原则"若原报价中无明确的可参考的消耗量水平,则按照中华人民共和国现行水利定额(水总〔2002〕116 号文)编制新的单价,在此新的单价基础上乘以系数 0.90 后的单价为结算单价,但应采用投标工程量清单及其单价分析表中已确定的人工、材料价格"。

施工过程中渠道设计桩号 K5+550 处的西李家生产桥-2 变更为西李家公路桥,荷载等级:公路-Ⅱ级,桥宽:净 12.0 m+2×0.5 m,设计跨径:3×20 m=60(m),桥梁纵坡为 0,横坡为 1.5%,前面高程 23.92 m,设计角度 35°。桩基础为直径 1.5 m 钢筋混凝土灌注桩。

原西李家生产桥-2 为桥墩台扩大基础,招标投标工程量清单中无灌注桩子目。

施工单位按照水利部定额编制申报、监理核定同意直径 1.5 m 灌注桩造孔综合单价为 831.90 元/m。

发包人认为单价偏高,建议采用相邻标段的公路桥直径 1.2 m 灌注桩冲击钻造孔单价分析,并依据定额说明调整相应消耗量,核定单价 473.57 元/m。发承包双方产生争执。

问题：

1. 发包人意见是否可行？

2. 此变更价格应如何确定？

参考答案：

问题 1：

合同签订后，对当事人具有法律同等约束力，发承包双方应严格按照合同约定履行。按合同解释顺序，专用条款优于通用条款及已标价工程量清单，承包人、监理人按专用条款约定原则重新编制工程量清单中无适用或类似的价格，符合合同约定；而发包人以价格偏高为由建议采用相邻其他标段的同项目报价，背离了工程量清单自主报价原则，违背了《最高院司法解释》"有约定的按约定，没约定按法定"的合同宗旨，从履行合同严肃性上讲，发包人做法不可行。当然，如合同双方就此达成一致意见，在不损害国家、社会利益、扰乱建筑市场及有损其他人的前提下，通过补充协议或签署认证予以确认，也是可行的。

问题 2：

依据合同专用条款变更估价原则，采用现行《水利部水利水电建筑工程预算定额》（水利部〔2002〕116 号）灌注桩钻造孔子目，人工、材料选用相应投标价格。依据西李公路桥变更设计图纸桥墩灌注桩设计底高程 -9.71 m，图纸显示的地质剖面柱状分布黏土层顶高程 -8.10 m，二者相差不大，灌注桩造孔全部按砂壤土层核算。

采用水利部定额 70195（砂壤土），依据定额附注说明调整相应消耗量，其中桩径系数按 1.93。因黏土取自施工场内（非外购），不计算直接费；依据钢板单价 6.00 元/kg（投标预算材料采购单价表）调整 4 mm 厚钢板单价为 188.40 元/m^2，核定直径 1 500 mm 灌注桩造孔单价 782.25 元/m，如表 2-19 所示。

表 2-19　直径 1 500 灌注桩造孔变更单价分析

工作内容：井口护筒埋设、钻机安装、转移孔位、造孔、出渣、固壁、清孔　　单位：100 m

序号	项目名称	单位	数量	单价（元）	合价（元）
1	直接工程费				73 548.64
1.1	直接费				67 167.71
1.1.1	人工费				8 359.62
	工长	工时	112.91	4.91	554.39
	高级工	工时	451.62	4.56	2 059.39
	中级工	工时	1 238.48	3.87	4 792.92
	初级工	工时	451.62	2.11	952.92
1.1.2	材料费				6 465.65

续表 2-19

序号	项目名称	单位	数量	单价(元)	合价(元)
	锯材	m^3	0.20	1 200.00	240.00
	钢材	kg	135.10	5.00	675.50
	钢板 4 mm	m^2	2.51	188.40	472.88
	铁丝	kg	5.50	5.00	27.50
	黏土	m^3	108.00		0
	碱粉	kg	450.00	5.00	2 250.00
	电焊条	kg	102.29	5.00	511.45
	水	m^3	1 050.00	2.00	2 100.00
	其他材料费	%	3.00	6 277.33	188.32
1.1.3	机械费				52 342.44
	冲击钻 CZ－22	台时	267.50	108.29	28 967.58
	电焊机 30 kVA	台时	133.75	55.56	7 431.15
	泥浆泵 3 PN	台时	63.00	14.41	907.83
	泥浆搅拌机	台时	126.00	48.87	6 157.62
	汽车起重机 25 t	台时	7.20	232.91	1 676.95
	自卸汽车 5 t	台时	45.16	100.03	4 517.35
	载重汽车 5 t	台时	13.50	88.46	1 194.21
	其他机械费	%	3.00	49 658.48	1 489.75
1.2	其他直接费	%	2.50	67 167.71	1 679.19
1.3	现场经费	%	7.00	67 167.71	4 701.74
2	间接费	%	7.00	73 548.64	5 148.40
3	企业利润	%	7.00	78 697.04	5 508.79
4	税金	%	3.22	84 205.83	2 711.43
	合计				86 917.26
	单价(元/m)				869.17
	核定单价(元/m)			0.90	782.25

第九节　暂估价

15.8.1　发包人在工程量清单中给定暂估价的材料、工程设备和专业工程属于依法必须招标的范围并达到规定的规模的，若承包人不具备承担暂估价项目的能力或具备承担暂估价项目的能力但明确不参与投标的，由发包人和承包人组织招标；若承包人具备承担暂估价项目的能力且明确参与投标的，由发包人组织招标。暂估价项目中标金额与工程量清单中所列金额差以及相应的税金等其他费用列入合同价格。必须招标的暂估价项目招标组织形式、发包人和承包人组织招标时双方的权利义务关系在专用合同条款中约定。

15.8.2　发包人在工程量清单中给定暂估价的材料和工程设备不属于依法必须招标的范围或未达到规定的规模标准的，应由承包人按第5.1款的约定提供。经监理人确认的材料、工程设备的价格与工程量清单中所列的暂估价的金额差以及相应的税金等其他费用列入合同价格。

15.8.3　发包人在工程量清单中给定暂估价的专业工程不属于依法必须招标的范围或未达到规定的规模标准的，由监理人按第15.4款进行估价，但专用合同条款另有约定的除外。经估价的专业工程与工程量清单中所列的暂估价的金额差以及相应的税金等其他费用列入合同价格。

解析：

暂估价：指发包人在工程量清单中给定的用于支付必然发生但暂时不能确定价格的材料、工程设备以及专业工程的金额。暂估价中的材料、工程设备暂估单价应根据工程造价信息或参照市场价格估算，列出明细表；专业工程暂估价应分不同专业，按有关计价规定估算，列出明细表。

相对本施工条件规定，《建设工程工程量清单计价规范》(GB 50500—2013)对暂估价中专业工程的处理做出了更为明确规定。

发包人在招标工程量清单中给定暂估价的专业工程，依法必须招标的，应当由发承包双方依法组织招标选择专业分包人，并接受有管辖权的建设工程招标投标管理机构的监督，还应符合下列要求：

(1)除合同另有约定外，承包人不参加投标的专业工程发包招标，应由承包人作为招标人，但拟定的招标文件、评标工作、评标结果应报送发包人批准。与组织招标工作有关的费用应当被认为已经包括在承包人签约的合同价(投标总报价)中。

(2)承包人参加投标的专业工程发包招标，应由发包人作为招标人，与组织招标工作有关的费用由发包人承担。同等条件下，应优先选择承包人中标。

(3)应以专业工程发包中标价为依据取代专业工程暂估价，调整合同价款。

暂估价项目招标近年来存在的主要问题如下：

(1)招标主体和形式不合理，可操作性差，执行标准不一，实施过程中出现较大争议。按15.8.1款规定“由发包人和承包人组织招标”，即由承包人和招标人共同通过招标确定材料、工程设备价格与专业工程分包价，即共同招标。实践证明，共同招标的实施存在操作层面上的缺陷。

招标人和总承包中标人是不同的利益主体,具有狭义层面上相互对立的经济目标,不宜由招标人与总承包人共同作为招标方。从选择中标人的目标或原则出发,招标人更倾向于选择质优的材料或实力较强的专业承包人。而总承包商在产品或专业资质能够满足项目要求的情况下,更关注产品或专业服务的价格因素,两者之间的矛盾成为暂估价模式在实践中的缺陷。例如:总承包人为民营企业的暂估价项目到底应采用哪一种招标方式,对其缺乏统一认识和规定,个别项目存在通过“打擦边球”来规避招标或虚拟招标的现象。

(2)项目设置随意。有些项目暂估价设置比重过大,占总价的比例过高,或将价格确定很明确的材料也设置为暂估价,导致工程招标时投标报价的竞争范围缩小。个别项目存在以设置暂估价为名肢解工程规避招标,暗箱操作。特别是必须招标的项目,增大了发包人的风险和招标成本,造成后期变更数量过多,金额过大,影响到后期合同的管理和工程的结算与审计。

(3)暂估价项目的内容在工程建设过程中缺少相关的规范性文件。如暂估材料单价部分,若为乙供,往往缺少合理规范的价格招标或价格认定的方式、程序等。由招标方单方面定价,定价过程若过于随意、价格过高,易造成招标方的损失,增加工程结算的难度;若价格过低,施工企业会拒绝采购,从而增加工程建设管理的难度。如专业分包工程相关合同的规范签订也容易被人忽视,缺少包括招标人、总承包人及分包商各自的权利和义务,分包工程的范围、分包工程的变更,分包工程定价方式、分包工程的价款与支付等方面内容的约定,均易在工程结算中产生纠纷。

(4)合同条款严重缺失,管理不规范。在通过招标方式选定总承包单位的过程中,对所涉及的暂估价项目的数量、金额及后期发包、采购、结算方式,特别是在暂估价项目的招标采购中承发包双方的权利、义务关系没有约定或约定不明确、不合理、不合法,导致暂估价项目在实施的过程中产生争议,影响了工程项目的建设工期和质量。

【案例 17】　背景资料:

某水利工程配套调度分中心围墙工程通过公开招标与中标单位签订合同,合同金额183.68 万元,主要工程量为浆砌石基础 1 656.72m^3、浆砌石挡墙2 723.14 m^3、铁艺栏杆353.7 m。合同约定计划开工竣工日期为 2017 年 3 月 1 日 ~8 月 31 日。

相关信息:

(1)招标文件专用条款约定“铁艺栏杆、砖柱装饰饰面花岗岩板材采用暂估价,其中铁艺栏杆采购价暂定为 230 元/m、花岗岩板材暂估价为 100 元/m^2,潜在投标时按暂估价价格计入综合单价,合同履行过程中按实际采购并经联合确认价格为准,调整暂估价价格,计入价差及税金”。

(2)投标人投标时的报价情况:

人工及主要材料投标预算单价见表 2-20(节选)。

表 2-20 人工及主要材料投标预算单价

序号	项目名称	单位	数量	综合单价(元)	暂估价主材价格
21	铁艺栏杆(采购)	m	353.70	198.00	181.18
35	栏杆砖柱花岗岩板材饰面(厚 1.5 cm)	m^2	697.08	178.00	115.00

(3)工程实施过程中,经甲、乙双方联合确认实际采购价格(到达施工现场的落地价)为:铁艺栏杆 165.00 元/m^2、花岗岩板材(厚 1.5 cm)110 元/m^2。

问题:

对于合同约定主材暂估价如何计量和结算?

参考答案:

由以上可知,投标人未按照招标文件约定铁艺栏杆、花岗岩板材暂估价价格编制投标综合单价,投标人违背了《招标投标法》关于"投标人应当按照招标文件的要求编制投标文件。投标文件应当对招标文件提出的实质性要求和条件做出响应"的规定,严格意义上讲本投标人的标书应做废标处理,但合同既已签订,不影响合同的法律效力,对合同双方具备同等法律约束力。

对于没有按照招标文件中明确的暂估价单价计入的设备、材料项目,依据行业惯例,其价差的基数调整确定一般采取以下处理原则,即综合单价中的暂估价高于招标文件暂估价单价项目,按照投标报价的单价为基数计算价差;综合单价中的暂估价低于招标文件暂估价单价项目,按照招标文件明确的暂估价单价为基数计算价差。

依据表 2-21,计量和结算时,按照核减差价及相应税金处理。

表 2-21 项目差价表

序号	项目名称	单位	暂估价价格(元)			实际价格(元)	差价(元)	说明
			招标文件	投标文件	调差基价			
1	铁艺栏杆	m	230.00	181.18	230.00	165.00	-65.00	调减
2	花岗岩板材(厚 1.5 cm)	m^2	100.00	115.00	115.00	110.00	-5.00	调减

依据表 2-21,计量和结算时,按照核减差价及相应税金处理。

【案例 18】 背景资料:

某战略水源地水利水电工程,采用设计 + 施工一体化(DB)总承包模式,已标价工程量清单中包含 10 kV 高压输电线路和房屋建筑两个暂估价专项工程,相应暂估价见表 2-22。

表 2-22　暂估价

序号	项目名称	单位	数量	暂估价(元)	合价(元)
1	10 kV 高压输电线路	km	7.83	180 000.00	1 409 400.00
2	厂区管理房工程	m^2	1 475.34	2 800.00	4 130 952.00

(1)本工程签订合同日期为 2018 年 9 月 20 日。

(2)专用条款约定:10 kV 高压输电线路和房屋建筑两个暂估价专项工程按通用条款第 15.8 款约定执行。

(3)施工企业具备房屋建设相应资质、不具备高压输电线路施工资质。

问题:

工程开工后,相应暂估价专项工程如何处理?

参考答案:

中华人民共和国发改委〔2018〕第 16 号《必须招标的工程项目规定》第五条:本规定第二条至第四条规定范围内的项目,其勘察、设计、施工、监理以及与工程建设有关的重要设备、材料等采购达到下列标准之一的,必须招标:

(一)施工单项合同估算价在 400 万元人民币以上;

(二)重要设备、材料等货物的采购,单项合同估算价在 200 万元人民币以上;

(三)勘察、设计、监理等服务的采购,单项合同估算价在 100 万元人民币以上。

同一项目中可以合并进行的勘察、设计、施工、监理以及与工程建设有关的重要设备、材料等的采购,合同估算价合计达到前款规定标准的,必须招标。

本规定自 2018 年 6 月 1 日起施行。

依据以上规定及合同通用条款、专用条款约定,意见如下:

(1)10 kV 高压输电线路工程暂估价总价为 140.94 万元 <400 万元,不属于依法必须招标的范围,另因施工方不具备高压输电线路施工专项资质,经发包人同意,施工单位可委托具备相应资质的电力施工企业予以实施,双方签订分包合同,对发包人承担连带责任。

(2)厂区管理房工程暂估价总价为 413.10 万元 >400 万元,属于依法必须招标的范围,且承包人具备承担暂估价项目的能力。依据通用条款第 15.8.1 款约定,若承包人明确不参与投标,则由发包人和承包人组织招标;若承包人明确参与投标的,由发包人组织招标。招标的组织形式、发包人和承包人组织招标时双方的权利与义务在专用条款中约定。

第十节　价格调整

16.1　物价波动引起的价格调整:由于物价波动原因引起合同价格需要调整的,其价格调整方式在专用合同条款款中约定。

16.1.1　采用价格指数调整价格差额

16.1.1.1　因人工、材料和设备等价格波动影响合同价格时,根据投标函附录中的价格指数和权重表约定的数据,按式(2-1)计算差额并调整合同价格。

$$\Delta P = P_0\left[A + \left(B_1 \frac{F_{t1}}{F_{01}} + B_2 \frac{F_{t2}}{F_{02}} + B_3 \frac{F_{t3}}{F_{03}} + \cdots + B_n \frac{F_{tn}}{F_{0n}}\right) - 1\right] \tag{2-1}$$

式中　ΔP——需调整的价格差额;

P_0——第17.3.3项、第17.5.2项和第17.6.2项约定的付款证书中承包人应得到的已完成工程量的金额,此项金额应不包括价格调整、不计质量保证金的扣留和支付、预付款的支付和扣回,第15条约定的变更及其他金额已按现行价格计价的,也不计在内;

A——定值权重(不调部分的权重);

$B_1, B_2, B_3, \cdots, B_n$——各可调因子的变值权重(可调部分的权重)为各可调因子在投标函投标总报价中所占的比例;

$F_{t1}, F_{t2}, F_{t3}, \cdots, F_{tn}$——各可调因子的的现行价格指数,指第17.3.3项、第17.5.2项和第17.6.2项约定的付款证书相关周期最后一天的前42天的各可调因子的价格指数;

$F_{01}, F_{02}, F_{03}, \cdots, F_{0n}$——各可调因子的基本价格指数,指基准日期的各可调因子的价格指数。

式(2-1)中的各可调因子、定值和变值权重,以及基本价格指数及其来源在投标函附录价格指数和权重表中约定。价格指数应首先采用有关部门提供的价格指数,缺乏上述价格指数时,可采用有关部门提供的价格指数代替。

16.1.1.2　暂时确定调整差额

在计算调整差额时得不到现行价格指数的,可暂用上一次价格指数计算,并在以后的付款中再按照实际价格指数进行调整。

16.1.1.3　权重的调整

按第15.1款约定的变更导致原定合同中的权重不合理时,由监理人与承包人和发包人协商后进行调整。

16.1.1.4　承包人工期延误后的价格调整

由于承包人原因未在约定的工期内竣工的,则对原约定竣工日期后继续施工的过程,在使用第16.1.1.1目价格调整公式时,应采用原约定竣工日期与实际竣工日期的两个价格指数中较低的一个作为现行价格指数。

16.1.2 采用造价信息调整价格差额

工程造价信息的来源以及价格调整的项目和系数在专用合同条框中约定。

16.2 法律变化引起的价格调整

在基准日后,因法律变化导致承包人在合同履行中所需要的工程费用发生除第16.1款约定外的增减时,监理人应根据法律、国家或省(自治区、直辖市)有关部门的规定,按第3.5款商定或确定需调整的合同价款。

解析:

基准日:招标发包的工程以投标截止日前28天的日期为基准日期,直接发包的工程以合同签订日前28天的日期为基准日期。

16.1.2 采用造价信息调整价格差额:施工期内,因人工、材料、设备和机械台班价格波动影响合同价格时,人工、机械使用费按照国家或省(自治区、直辖市)建设行政管理部门、行业建设管理部门或其授权的工程造价管理机构发布的人工成本信息、机械台班单价或机械使用费系数进行调整;需要进行价格调整的材料,其单价和采购数应由监理人复核,监理人确认需调整的材料单价及数量,作为调整工程合同价格差额的依据。

工程造价信息的来源以及价格调整的项目和系数在专用条款款中约定。

【案例19】 背景资料:

2015年3月1日,某行政主管部门发布招标公告,对已经批复立项的××水利水电工程进行招标,并约定招标截止日期为2015年3月25日,某水利水电承包有限公司中标承接了这一项目并在2015年4月28日签订了承包合同。该承包合同采用《水利水电工程标准施工招标文件》(2009年版),合同总价款为7 966.5万人民币,合同开工日期为2015年5月1日,工期为30个月。

本合同专用条款约定:依据招标工程量清单及控制价分析,可调价款为5 974.90万元,占合同价款的75%;不可调价款为1 991.5万元,占合同总价款的25%。可调价款的价格指数基准日期为招标截止日前28天即为2015年3月1日,2015年11月份完成的工程价款占合同总价的70%,并申请了价格调增。

合同价款主要组成比例如表2-23所示。

表2-23 合同价款主要组成比例

序号	项目名称	价款(万元)	占总价款比例(%)
1	土石方工程	2 151.0	27
2	墙体砌筑工程	1 035.6	13
3	混凝土及钢筋混凝土	4 779.9	60

人工费、材料费中各项费用比例如表2-24所示。

表 2-24　人工费、材料费中各项费用比例　(%)

序号	项目名称	土石方工程	墙体砌筑工程	混凝土及钢筋混凝土
1	人工费	49	53	51
2	钢材	0	0	21
3	水泥	9	7	10
4	中砂	10	15	5
5	碎石	15	5	5
6	柴油	7	5	4
7	木材	10	5	4
8	轻体砌块	0	10	0

有关月报的工资、材料物价指数如表 2-25 所示。

表 2-25　工资、材料物价指数

序号	项目名称	代号	基准日期价格指数	代号	现行价格指数
1	人工费	F_{01}	100.0	F_{t1}	126.0
2	钢材	F_{02}	130.2	F_{t2}	118.0
3	水泥	F_{03}	150.0	F_{t3}	175.7
4	中砂	F_{04}	112.5	F_{t4}	129.3
5	碎石	F_{05}	162.1	F_{t5}	141.3
6	柴油	F_{06}	124.5	F_{t6}	128.8
7	木材	F_{07}	136.4	F_{t7}	139.7
8	轻体砌块	F_{08}	118.6	F_{t8}	116.5

问题：

计算价格调增金额。

参考答案：

第一步：计算权重

利用式(2-1)计算。

A（不可调权重值）= 25%

B_1（人工费）=(49%×27%+53%×13%+51%×60%)×75%=38%

B_2（钢材）=(21%×60%)×75% = 9%

B_3(水泥)=(9% ×27% +7% ×13% +10% ×60%)×75% =7%

B_4(中砂)=(10% ×27% +15% ×13% +5% ×60%)×75% =5.74%

B_5(碎石)=(15% ×27% +5% ×13% +5% ×60%)×75% =5.76%

B_6(柴油)=(7% ×27% +5% ×13% +4% ×60%)×75% =3.705%

B_7(木材)=(10% ×27% +5% ×13% +4% ×60%)×75% =4.31%

B_8(轻体砌块)=(10% ×13%)×75% =3%

第二步:计算价格调增金额

原始合同价款完成比例 =7 966.5 ×70% =5 576.55(万元)

$$价格调增值 = 5\ 576.55 \times \left(0.25 + 0.38 \times \frac{126}{100} + 0.09 \times \frac{118}{130.2} + 0.07 \times \frac{175.7}{150} + 0.057\ 4 \times \frac{129.3}{112.5} + 0.057\ 6 \times \frac{141.3}{162.1} + 0.037\ 05 \times \frac{128.8}{124.5} + 0.043\ 1 \times \frac{139.7}{136.4} + 0.03 \times \frac{116.5}{118.6} - 1\right)$$

$$= 5\ 576.55 \times 0.120$$

$$= 669.86(万元)$$

所以此次条件变更最后所调增的价格应为 669.86 万元,此次价格调整后应支付的价款为 6 245.736 万元。

【案例 20】　背景资料:

某水利水电输水工程 1 标段,2016 年 12 月 15 日签订施工总承包合同,合同金额 618 347 423.56 元,施工工期一年(2016 年 12 月 20 日至 2017 年 12 月 20 日)。工程实际开工日期为 2017 年 1 月 10 日,完工日期为 2019 年 3 月 18 日。2019 年 6 月 5 日通过验收,承包人提报完工结算,经第三方造价机构审核并对接最终按投标综合单价核定结算金额为 667 815 216.84 元(投标增值税税率 11%)。相应信息如下:

(1)发承包双方按"专用条款 17.2.1 预付款:工程预付款总金额为合同金额的 20%,预付款在合同生效后 21 天内一次性办理"的约定,于 2016 年 12 月 30 日拨付预付款 123 669 484.71 元,承包人开具收据。

(2)截至 2018 年 4 月底,支付至合同工程价款的 30%;截至 2019 年 4 月底,支付至合同工程价款的 80%,承包人开具增值税专用发票,相应预付款按专用条款约定一次性扣除。

(3)依据专用条款 17.4.1"本合同质量保证金为有效合同价款的 5%,已在进度付款中扣回",承包人已支付发票额中包含 5% 的质量保证金。

(4)专用条款 16.2 法律变化引起的调整"施工期间,因法律法规、政策变化导致承包人在合同旅行中发生的安全文明施工费、规费及税金等发生变化时,应根据法律、国家或省、市有关部门的规定调整合同价格"。

相应税率调整变化:2016 年 5 月 1 日起销项增值税税率 11%;2018 年 5 月 1 日起销项增值税税率调整为 10%;2019 年 5 月 1 日起销项增值税税率调整为 9%。

问题:

最终结算金额应如何调整?

参考答案:

(一)依据山东省建设厅相关调价文件,相应调价原则如下:

(1)已完工程量价款符合下列情形之一,税金不予调整:①税率调整变化前,已开具相应工程价款增值税发票的;②合同确定的相应工程价款付款日期在税率调整变化日前的(从工程款中扣留的质量保证金除外)。

(2)工程预付款在2018年5月1日前已开具税率11%增值税发票的,扣回预付款时的工程价款税金计算不予调整。

(3)税率调整变化日前未完成工程量价款以及不符合第1条的已完工程量价款。其计算公式调整为"工程造价 = 税前工程造价 ×(1 + 新税率)"。

(二)本工程结算金额调整如下:

(1)预付款按约定支付,承包人开具收据,相应税率不予考虑。

(2)截至2018年4月底,支付至合同工程价款的30%,即发票额为618 347 423.56 × 30% = 185 504 227.1(元),其中包含销项增值税税金11%,不含税价格为167 120 925.29元。

(3)截至2019年4月底,支付至合同工程价款的80%,即开票总金额为618 347 423.56 × 80% = 494 677 938.85(元),即自2018年5月1日至2019年5月1日期间计量工程价款为494 677 938.85 − 185 504 227.1 = 309 173 711.7(元),开票增值税税率为10%,不含税价格为281 067 010.71元。

(4)第三方造价机构审核并对接最终按投标综合单价核定结算金额为667 815 216.84元(投标增值税税率11%),最终核定不含税造价(税前造价)601 635 330.49元。

(5)剩余未开票不含税价格为:601 635 330.49 − 167 120 925.29 − 281 067 010.71 = 153 447 394.49(元)。

依据税率在施工过程中的调整计量分段计算原则,承包人最终结算总额如下:

185 504 227.07 + 309 173 711.78 + 150 868 798.06 ×(1 + 9%)

= 703 645 943.23(元)

与预计结算总金额667 815 216.84元相差35 830 726.39元。

第十一节　预付款

17.2.1　预付款

预付款用于承包人为合同工程施工购置材料、工程设备、施工设备、修建临时设施以及组织施工队伍进场等。预付款分为工程预付款和工程材料预付款。预付款必须专用于合同工程。预付款的额度和预付办法在专用合同条款中约定。

17.2.2　预付款保函(担保)

(1)承包人应在收到第一次工程预付款的同时向发包人提交工程预付款担保,担保金额应与第一次预付款金额相同。工程预付款担保在第一次工程预付款被扣回前一直有效。

(2)工程材料预付款的担保在专用合同条款中约定。

(3)预付款担保的担保金额可根据预付款扣回的金额相应递减。

17.2.3 预付款的扣回与还清

预付款在进度付款中扣回,扣回与还清办法在专用合同条款中约定。在颁发合同工程完工证书前,由于不可抗力或其他原因解除合同时,预付款尚未扣清的,尚未扣清的预付款余额应作为承包人的到期应付款。

【案例21】 背景资料:

2018年10月某水利水电工程公司中标一中型水利水电水库枢纽工程1标段,发承包双方签订施工总承包合同,合同约定工期一年,签约合同价格24 314.27万元,采用固定单价计价模式。招标文件、合同条款及施工期计量支付申请如下情况:

(1)招标文件第2章投标人须知7.3.1款约定"履约担保的形式:银行保函或企业担保书,具体采用的形式签订合同前经发包人同意。履约担保的金额:采用银行保函,担保金额为合同价格的10%;采用企业担保书,担保金额为合同价格的30%"。

(2)合同专用条款:

17.2.1 预付款"工程预付款总金额为合同价格的30%,预付款在合同生效后21天内一次性办理。工程预付款的申请,需由承包人向发包人提交企业担保(担保金额为等额预付款)"。

17.2.2 预付款的扣回与还清"工程预付款由发包人从每次进度付款中分批扣回,每次扣回进度款应付金额的50%,直至全部扣回。当支付至有效进度款50%时,预付款全部扣回。全部预付款扣回后14日内退还工程预付款担保"。

17.3 工程进度付款"承包人在每月向发包人、监理人提交当月完成工程量,由发包人、监理人共同审核,由发包人拨付进度款的70%;工程完成验收合格拨付至有效合同总价款的80%;完成结算审计后拨至审定工程总造价的97%,余款3%作为质保金"。

17.4.1 质保金"本合同质保金为有效合同的3%,已在进度付款中扣回"。

(3)合同专用条款补充条款约定"投标文件中拟定的施工项目经理和技术负责人一经发包人确认,不得更换;确有特殊原因必须更换,应以文件的形式上报发包人批准,施工项目经理和技术负责人每更换一人次缴纳违约金贰拾万元整";承包人组建项目部进场后,申请更换了项目经理。

(4)2018年11月承包人申请支付预付款,同时提交30%合同金额的企业担保书,预付款按合同约定时间到账。

(5)2019年1月25日承包人申请第一次进度支付,申报工程量工程价款40 861 963.92元。其中:合同分类分项项目36 591 963.92元,合同措施项目4 270 000.00元。

问题:

(1)预付款是多少?

(2)按合同约定监理人核定计量进度应付款为多少?

参考答案：

（1）预付款金额：

$$24\ 314.27 \times 30\% = 72\ 942\ 810.00(\text{元})$$

（2）计量进度应付款。

第一次计量：

工程量完成价款：40 861 963.92 元；占合同价款 40 861 963.92/243 142 700.00 = 16.81% <50%。

应付工程款：

$$40\ 861\ 963.92 \times 70\% = 28\ 603\ 374.74(\text{元})$$

本期应扣预付款：

$$28\ 603\ 374.74 \times 50\% = 14\ 301\ 687.37(\text{元})$$

本期剩余完成工程价款（含质量保证金）：

$$40\ 861\ 963.92 \times 30\% = 12\ 258\ 589.18(\text{元})$$

应扣减违约金：200 000.00 元。

本期工程进度应付款金额：

$$40\ 861\ 963.92 - 14\ 301\ 687.37 - 12\ 258\ 589.18 - 200\ 000.00 = 14\ 101\ 687.37(\text{元})$$

第十二节　人身意外伤害险

20.3.1　发包人应在整个施工期间为其现场机构雇用的全部人员，投保人身意外伤害险，缴纳保险费，并要求其监理人也进行此项保险。

20.3.2　承包人应在整个施工期间为其现场机构雇用的全部人员，投保人身意外伤害险，缴纳保险费，并要求其分包人也进行此项保险。

【案例 22】

问题：

工程期间人身意外伤害险是否为强制性保险？

参考答案：

1998 年 3 月 1 日施行的《中华人民共和国建筑法》第四十八条规定：建筑施工企业必须为从事危险作业的职工办理意外伤害保险，支付保险费。

此《建筑法》被中华人民共和国第十一届全国人民代表大会常务委员会第二十次会议于 2011 年 4 月 22 日修订，新修订的《建筑法》自 2011 年 7 月 1 日起施行。

新《建筑法》第四十八条规定：建筑施工企业应当依法为职工参加工伤保险缴纳工伤保险费。鼓励企业为从事危险作业的职工办理意外伤害保险，支付保险费。

2004 年 2 月 1 日起施行的《建设工程安全生产管理条例》第三十八条规定：施工单位应当为施工现场从事危险作业的人员办理意外伤害保险。意外伤害保险费由施工单位支付。实行施工总承包的，由总承包单位支付意外伤害保险费。意外伤害保险期限自建设工程开工之日起至竣工验收合格止。

如果按照1998年的《建筑法》,意外伤害险就是强制险。而按照2011年的《建筑法》,意外伤害险就不是强制险。但是,由于《建设工程安全生产管理条例》中用的词是“应当”。法工委发〔2009〕62号法律常用语规范14条“应当”与“必须”的含义没有实质区别,法律在表示义务性规范时,一般用“应当”不用“必须”,而“应当”的含义就是“必须”(是特殊情况除外的必须)的意思,并不违背《建筑法》的“鼓励”,所以是有效的。

综上,意外伤害保险依然还是强制险。

第十三节 不可抗力

21.1 不可抗力的确认

21.1.1 不可抗力是指承包人和发包人在订立合同时不可预见,在工程施工过程中不可避免发生并不能克服的自然灾害和社会性突发事件,如地震、海啸、瘟疫、骚乱、暴动、战争和专用条款约定的其他情形。

21.1.2 不可抗力发生后,发包人和承包人应及时认真统计所造成的损失,收集不可抗力造成损失的证据。合同双方对是否属于不可抗力或其损失的意见一致的,由监理人按3.5款商定或确定。发生争议时,按第24条的约定办理。

21.2 不可抗力的通知

21.2.1 合同一方当事人遇到不可抗力事件,使其履行合同义务受到阻碍时,应立即通知合同另一方当事人和监理人,书面说明不可抗力和受阻碍的详细情况,并提供必要的证明。

21.2.2 如不可抗力持续发生,合同一方当事人应及时向合同另一方当事人和监理人提交中间报告,说明不可抗力和履行合同受阻的情况,并于不可抗力事件结束后28天内提交最终报告及有关资料。

21.3 不可抗力后果及其处理

21.3.1 不可抗力造成损害的责任:除专用合同条款另有约定外,不可抗力导致的人身伤亡、财产损失、费用增加和(或)工期延误等后果,由合同双方按以下原则承担:

(1)永久工程,包括已运至施工场地的材料和工程设备的损害,以及因工程损害造成的第三者人员伤亡和财产损失由发包人承担。

(2)承包人设备的损坏由承包人承担。

(3)发包人和承包人各自承担其人员伤亡和其他财产及其相关费用。

(4)承包人的停工损失由承包人承担,但停工期间应监理人要求照管工程和清理、修复工程的金额由发包人承担。

(5)不能按期竣工的,应合理延长工期,承包人不需支付逾期竣工违约金。发包人要求赶工的,承包人应采取赶工措施,赶工费用由发包人承担。

21.3.2 延迟履行期间发生的不可抗力

合同一方当事人延迟履行,在延迟履行期间发生不可抗力的,不免除其责任。

21.3.3 避免和减少不可抗力损失

不可抗力发生后,发包人和承包人均应采取措施尽量避免和减少损失的扩大,任何一方没有采取有效措施导致损失扩大的，应对扩大的损失承担责任。

解析：

《合同法》关于不可抗力的相关规定：

1. 不可抗力的含义

不可抗力是指当事人在订立合同时不能预见，对其发生和后果不能避免并不能克服的客观情况。不可抗力的构成要件包括以下四个方面：

(1)不可抗力事件发生在合同订立生效之后。

(2)不可抗力事件是当事人双方订立合同时均不能预见的。

(3)不可抗力事件的发生是不可避免、不能克服的。

(4)不可抗力事件是非由任何一方的过失行为引起的客观事件。

2. 不可抗力事件的分类

(1)自然不可抗力事件：包括水灾、火灾、地震、瘟疫、洪水等。

(2)社会不可抗力事件：包括战争、动乱、暴乱、武装冲突、核泄漏、罢工、法律、法规、政府行为等。

根据上述四个要件，如果依据人们的尝试或经验，在订立合同时应当预见到的事件，则不构成不可抗力事件。同样，如果当事人能够避免对合同履行的影响，则当事人就不能以此事件为由要求以不可抗力事件而免责。例如：承包人没有采取必要的措施，由于突然停电给其带来的损失。

《合同法》第一百一十七条规定：因不可抗力不能履行合同的，根据不可抗力的影响，部分或者全部免除责任，但法律另有约定的除外。当事人延迟履行后发生不可抗力的，不能免除责任。

但是并不是所有情况发生不可抗力都可以免责。《合同法》第五十三条规定：合同中的下列免责条款无效：

(1)造成对方人身伤害的；

(2)因故意或者重大过失造成对方财产损失的。

【案例 23】　背景资料：

某中型调水工程 2 标段，发包人与承包人于 2018 年 7 月签订施工总承包合同，合同约定工期为 2018 年 10 月 1 日至 2019 年 9 月 30 日，通用条款采用《水利水电工程标准施工招标文件》(2009 年版)，合同主要内容包括：山体石方开挖、现浇钢筋混凝土输水箱涵 784 m、临河提水泵站枢纽工程、分水闸工程及 DN3000PCCP 管道采购安装工程等。

合同专用条款第 21 款约定如下：

(1)不可抗力是指承包人和发包人在订立合同时不可预见，在工程施工过程中不可避免发生并不能克服的自然灾害和社会性突发事件，如地震、海啸、瘟疫、水灾、骚乱、暴动、战争和不可预见、不可避免、不能克服的其他情形。

(2)上述不可抗力发生后，发包人和承包人应及时认真统计所造成的损失，收集不可抗力造成损失的证据。合同双方对是否属于不可抗力或其损失的意见一致的，由监理人按 3.5 款商定或确定。发生争议时，按第 24 条的约定办理。

已标价工程量清单相应报价及计日工报价如表 2-26 所示。

表 2-26　已标价工程量清单相应报价及计日工报价

序号	项目名称	单位	单价(元)	说明
一	分部分项工程			
1	土方开挖(平均运距 2.0 km)	m^3	17.89	
2	土方回填	m^3	17.97	就近取土填筑
3	M10 浆砌石护底	m^3	569.79	
4	石方开挖(平均运距 1.5 km)	m^3	60.06	
5	淤泥清理运输(平均运距 1.0 km)	m^3	13.73	
6	碎石垫层	m^3	255.27	
二	计日工			
1	综合人工	工日	240	
2	1 m^3液压挖掘机	台班	1 500.00	
3	3.0 轮胎式装载机	台班	900.00	

2019 年 8 月 9 日至 11 日,受强台风"利奇马"影响,连降暴雨。10 日 9:00 开始突降特大暴雨,为确保上游水库安全,管理单位增大泄洪流量,2 h 内主河道流量突破 3 200 m^3/s,承包人采取了积极应对措施,但由于水量过大,导致工程现场边坡垮塌、物资冲毁、已完成工程受损等,工程现场受损严重。

事后,发承包双方对现场受损情况进行联合统计,详细情况如下:

(1)泵站进口段已完成边坡垮塌 2 319.24 m^3,垮塌土方被洪水冲走;位于边坡以上未及时撤离的搅拌机 1 台、水泥 25.78 t,随洪水卷走,搅拌机报废、水泥固结。

(2)泵站出口 M10 浆砌石冲毁 745.32 m^3,基础掏空。

(3)分水闸倒灌,为保护原有河道堤防,紧急调运石渣实施回填,共填筑石渣 878.24 m^3,外购单价为 125 元/m^3;30 t 装载机、1 m^3液压挖掘机台班分别两个,人工 25 个(其中包含管理人员 6 个)。

依据建设单位要求,承包人对水毁部分进行恢复建设:

(1)清理淤泥并外运 2.7 km 弃置 356 m^3,外调并恢复边坡土方填筑2 650 m^3,土方采购到场落地价为 35 元/m^3。

(2)M10 浆砌石基础碎石换 216.34 m^3,恢复 M10 浆砌石 745.32 m^3。

(3)对分水闸回填石渣清理外运 3.5 km 弃置。

(4)自降雨至恢复完毕,共计延续 23 天。

2019 年 9 月 1 日,承包人就本次水灾造成的工期延误及费用提出补偿申请。

问题:

承包人应得到多少费用补偿及工期延长?

参考答案:

依据合同通用合同条款约定和《合同法》对于不可抗力相关规定,本次"利奇马"台风造成的现场损失事件,属于合同发承包双方合同约定"不可预见、不能避免、不能克服"的客观事件,给予相应工期、费用补偿符合合同约定。

1. 暴雨自 2019 年 8 月 9 日至 11 日，导致工地停工至 8 月 31 日现场清理恢复完毕，应补偿工期顺延 23 天。

2. 费用：

依据通用合同条款关于不可抗力处理原则及变更单价处理原则，相应费用核定如下：

2.1　淤泥清理外运 2.7 km：采用《山东省水利水电工程建筑定额》中土方开挖增运定额子目，采用承包人投标报价时的人工、材料、机械及费率，核定土方增运 1 km 单价为 1.98 元/m^3。核定淤泥清理费用：356 × [13.73(投标挖装运 1 km 单价) + 1.98 × 1.7(增运 1.7 km)] = 6 086.18(元)。

2.2　边坡土方恢复填筑：

(1)填筑价格：2 650(回填方) × 17.97(回填报价) = 47 620.50(元)；

(2)土方购置费用：2 650/0.85(压实系数) × 35.00(购土单价) = 109 117.65(元)。

2.3　承包人搅拌机设备及水泥物资：由承包人承担，不予补偿。

2.4　M10 浆砌石护底恢复：

(1)基础碎石换填：216.34 × 255.27(碎石垫层报价) = 55 225.11(元)；

(2)砌石恢复：745.32 × 569.79(M10 浆砌石护底报价) = 424 675.88(元)。

2.5　分水闸堤防处理：按计日工价格计算

(1)石渣购置：878.24 × 125(购置价：开票价) × 1.28(计日工报价综合系数) = 140 518.40(元)；

(2)3.0 轮胎式装载机使用费：2 × 900(计日工报价) = 1 800(元)；

(3)1 m^3 液压挖掘机使用费：2 × 1 500(计日工报价) = 3 000(元)；

(4)人工费：由于所使用材料、机械中及投标计日工报价为综合报价，其中包含了现场管理费，取消管理人员补偿，核定人工补偿如下：(25 − 6) × 240(综合人工报价) = 4 560 元。

【案例 24】　背景资料：

小清河治理某桥梁工程，2011 年 5 月签订施工承包合同。桥墩采用钢筋混凝土灌注桩，直径 1.5 m，桩身 40 m。承包人临时用电采用外接高压输电线路。桥梁为五孔，其中跨河段主孔上部结构采用预制后张法 T 形梁结构，两侧桥墩位于河道内。6 月 28 日，河道右侧桥墩桩基础承台钢筋模板绑扎、支模完成，并经过监理验收合格，并下发开盘浇筑监理指示，定于晚饭后 19:00 正式开盘浇筑，C30 混凝土工程量为 105 m^3，现场采用 1 m^3 强制式搅拌机自制混凝土，预计浇筑时间为 2.5 h。当日开盘后，于 19:50 接通知外供线路因事故需停电 5 h 抢修，承包人因无备用电源，停止浇筑，申请延期至第二天 6:30 清理后继续浇筑。当晚凌晨 4:25，上游突然来水，水位急剧上涨，由于水流流量过大，模板冲毁、部分机械水淹受损、承台基槽被淤泥填满。待水位降下去后，承包人组织人力重新排水、清淤、支模、清理并完成浇筑。

事后，承包人以不可抗力提出补偿申请。

问题：

承包人补偿申请是否成立？

参考答案：

根据本合同主要条款施工供电约定“承包人应为其出现停电事故后急需恢复用电的重要部位(如地下工程照明和排水、基坑抽水、补救中断的混凝土浇筑、混凝土温控冷却水、办公和生活区的安全照明等)配备一定容量的事故备用电源,为紧急供电之用”,承包人未在施工现场配备应对停电事故的备用电源,属于承包人组织不利,属于承包人原因所致。

依据合同通用合同条款约定及《合同法》对于不可抗力相关规定,上游突发洪水事件虽属于发承包双方不可预见,但主要原因为承包人没有采取必要的措施在约定的时间内完成混凝土的浇筑工作,由于承包人自身原因导致工期推迟而遭受河道上游泄洪受损,不能免除承包人责任。

综上所述:承包人以不可抗力提出补偿申请不成立。

第十四节　索　赔

23.1　承包人索赔的提出

根据合同约定,承包人认为有权得到追加付款和(或)延长工期的,应按照以下程序向发包人提出索赔:

(1)承包人应在知道或应当知道索赔事件发生后 28 天内,向监理人递交索赔意向书,并说明发生索赔事件的事由。承包人未在前述 28 天内发出索赔意向通知书的,丧失要求追加付款和(或)延长工期的权利。

(2)承包人应在发出索赔意向通知书后 28 天内,向监理人正式递交索赔通知书。索赔通知书应详细说明索赔理由以及要求追加的付款金额和(或)延长的工期,并附必要的记录和证明材料。

(3)索赔事件具有连续影响的,承包人应按合理事件间隔继续递交延续索赔通知书,说明连续影响的实际情况和记录,列出累计的追加付款金额和(或)工期延长天数。

(4)在索赔事件影响结束后的 28 天后内,承包人应向监理人递交最终索赔通知书,说明最终要求索赔的追加金额和延长的工期,并附必要的记录和证明材料。

23.2　承包人索赔处理程序

(1)监理人收到承包人提交的索赔通知书后,应及时审查索赔通知书的内容、查验承包人的记录和证明材料,必要时监理人可要求承包人提交全部原始记录副本。

(2)监理人应按第 3.5 款商定或追加的付款和(或)延长的工期,并在收到上述索赔通知书或有关索赔的进一步证明材料后的 42 天内,将索赔处理结果答复承包人。

(3)承包人接受索赔处理结果的,发包人应在做出索赔处理结果答复后 28 天内完成赔付。承包人不接受索赔处理结果的,按第 24 条的约定办理。

23.3　承包人提出索赔的期限

23.3.1　承包人按第 17.5 款的约定接受了完工付款证书后,应被认为已无权再提出在合同工程完工证书颁发前所发生的任何索赔。

23.3.2　承包人按第 17.6 款的约定提交的最终结清申请单中,只限于提出合同工程完工证书颁发后发生的索赔。提出索赔的期限自接受最终结清证书时终止。

23.4 发包人的索赔

23.4.1 发生索赔事件后,监理人应及时通知承包人,详细说明发包人有权得到的索赔金额和(或)延长缺陷责任期的细节和依据。发包人提出索赔的期限和要求与第 23.3 款的约定相同,延长缺陷责任期的通知应在缺陷责任期届满前发出。

23.4.2 监理人按第 3.5 款商定或确定发包人从承包人处得到赔付的金额和(或)缺陷责任期的延长期。承包人应付给发包人的金额可从拟支付给承包人的合同价款中扣除,或由承包人以其他方式支付给发包人。

23.4.3 承包人对监理人按第 23.4.1 项发出的索赔通知内容持有异议时,应在收到书面通知书的 14 天内,将持有异议的书面报告及其证明材料提交监理人。监理人应在收到承包人书面报告的 14 天内,将异议的处理意见通知承包人,并按第 23.4.2 项的约定执行赔付。若承包人不接受监理人索赔处理意见,可按本合同第 24 条的规定办理。

解析:

(一)承包人索赔成立的条件

与合同对照,事件已造成了承包人工程项目成本的额外支出,或直接工期损失;

造成费用增加或工期损失的原因,按合同约定不属于承包人的行为责任或风险责任;

承包人按合同规定的程序和时间提交索赔意向通知和索赔报告。

(二)承包人索赔情形

项目法人违约、变更、不利物质条件(包括不可预见的外界障碍和自然条件)、项目法人风险。

(三)发包人的风险

工程(包括材料和工程设备)发生以下各种风险造成的损失和损坏,均应由发包人承担风险责任。

(1)发包人负责的工程设计不当造成的损失和损坏。

(2)由于发包人责任造成工程设备的损失和损坏。

(3)发包人和承包人均不能预见、不能避免并不能克服的自然灾害造成的损失和损坏,但承包人迟延履行合同后发生的除外。

(4)战争、动乱等社会因素造成的损失和损坏,但承包人迟延履行合同后发生的除外。

(5)其他由于发包人原因造成的损失和损坏。

(四)承包人什么情况下能获得利润

这里所说的利润是指所失利润,即承包人由于事件影响所失去的,而按原合同承包人应该得到的那部分利润。通常情况下,所失利润的索赔出现在以下三种情况:

(1)发包人违约提前解除合同。承包人有权获得未完成部分合同的利润。

(2)由于发包人原因而大量削减原有合同的工程量,或取消原有合同一些工作内容,并将这部分内容交给他人实施。此时承包人有权获得相应部分利润。

(3)由于发包人原因而引起的合同延期,导致承包人用于该部分的施工力量因工期延长而丧失了投入其他工程的机会,由此所引起的利润损失,亦属于一种所失利润。

(五)索赔时效

《水利水电工程标准施工招标文件》(2009 年版)通用条款中,约定水利水电工程索赔时效采用 28 天,基于意思自治、合同自由的合同法原则,依法成立的合同,对当事人具有法律约束力。对于那些超过索赔期限的索赔要求,根据索赔时效的特性和合同的性质,不再具有法律约束力,难以获得法律支持。

(六)索赔时效的作用

(1)促使权利人行使权力。

(2)具有平衡发承包双方利益的功能。

(3)有利于索赔客观、公正、经济地解决。

(七)承包人向发包人提出索赔程序及处理流程

(1)索赔事件为短暂事件的索赔程序及处理流程见图 2-6。

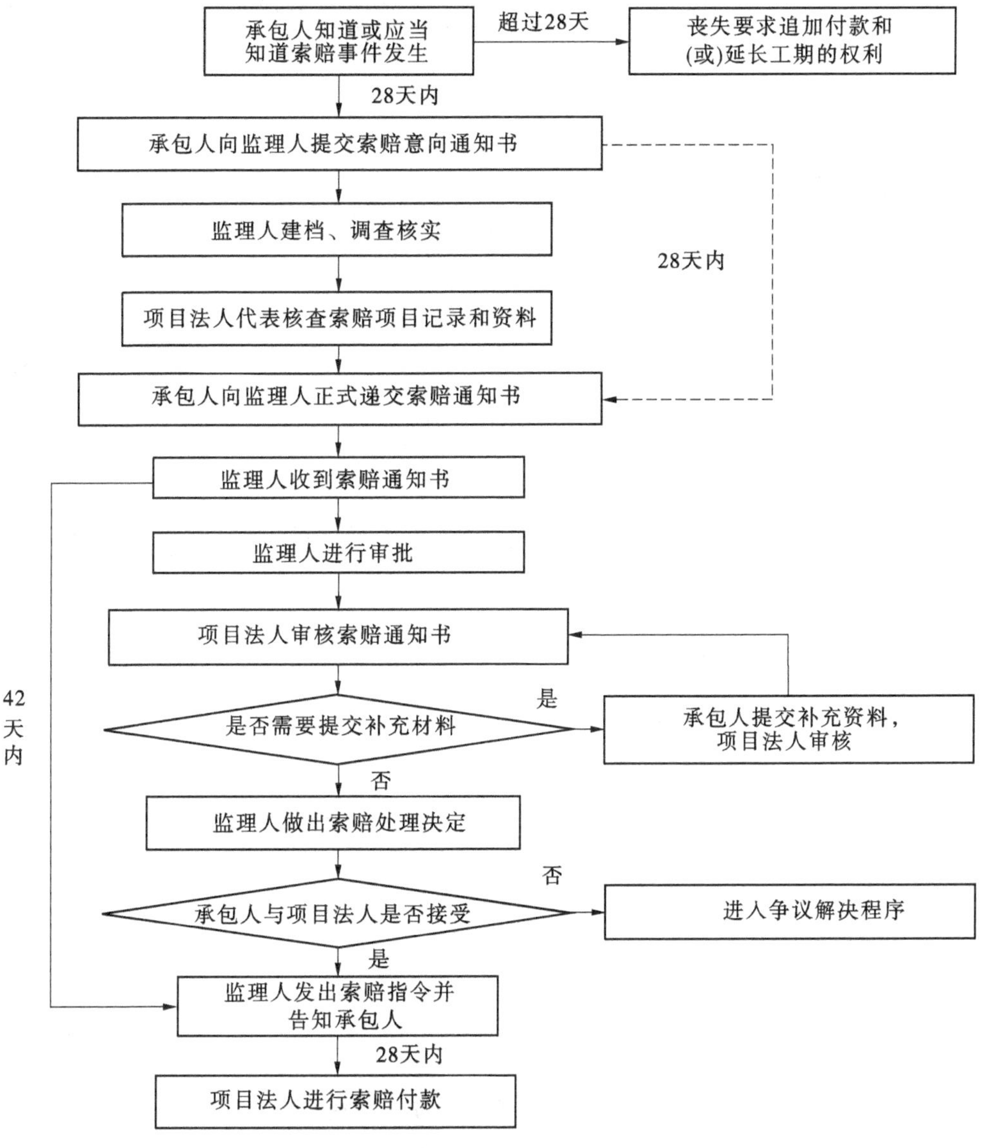

图 2-6　短暂事件的索赔程序及处理流程

(2)索赔事件为持续事件的索赔程序及处理流程见图 2-7。

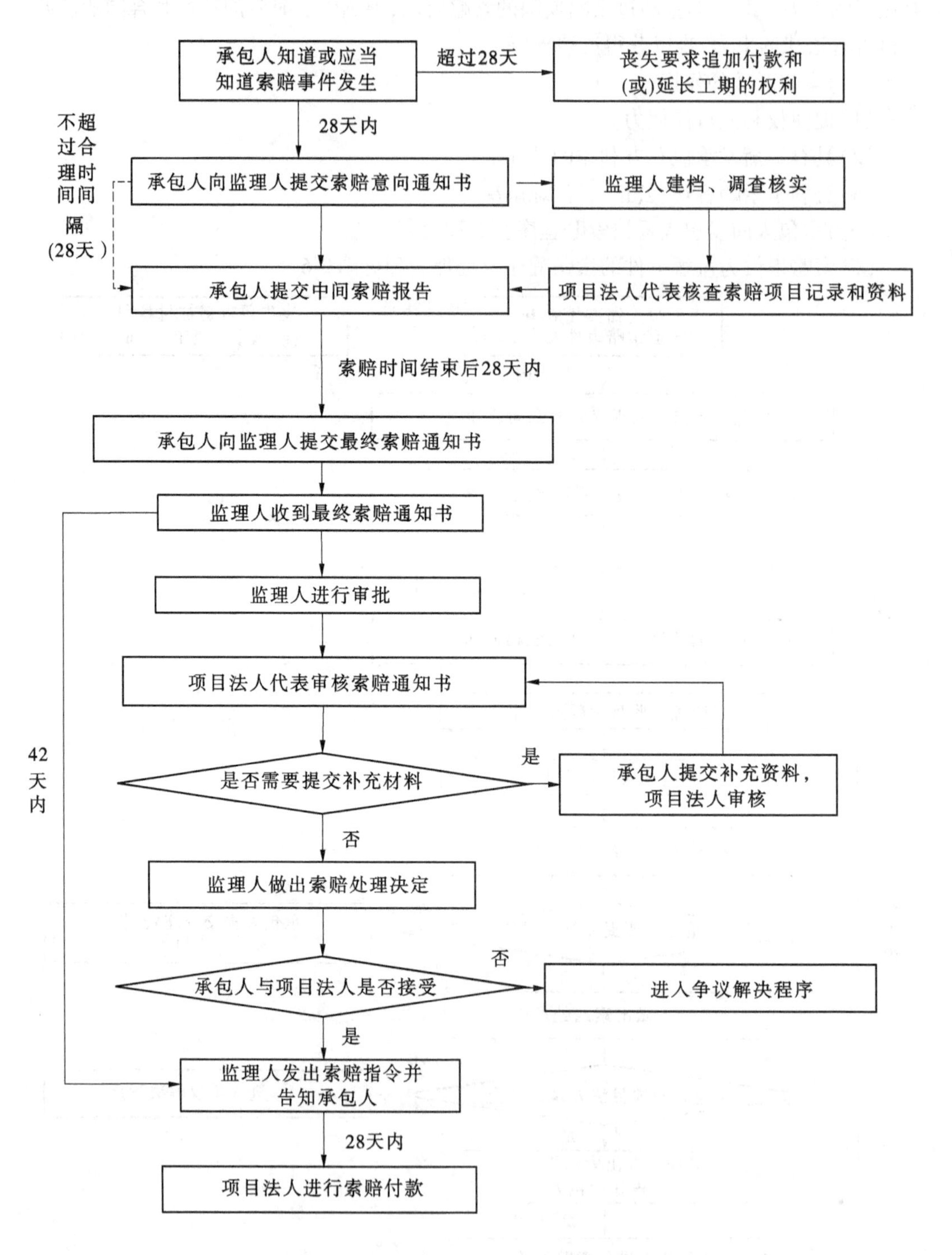

图 2-7　持续事件的索赔程序及处理流程

(八)发承包双方可以提出索赔的条款及内容

(1)承包人向发包人索赔条款见表2-27。

表2-27　承包人向发包人索赔条款

序号	条款编号	条款内容	索赔内容
1	1.6.1	发包人未按时提供图纸造成工期延误的	承包人有权要求发包人延长工期和(或)增加费用,并支付合理利润
2	1.10.1	化石、文物	承包人有权要求发包人延长工期和(或)增加费用
3	3.4.5	监理人的指示	承包人有权要求发包人延长工期和(或)增加费用
4	4.11.2	不利物质条件	承包人有权要求发包人延长工期及增加费用
5	5.2.6	发包人提供的材料和工程设备的规格、数量或质量不符合合同要求,或由于发包人原因发生交货日期延误及交货地点变更等情况	承包人有权要求发包人承担增加的费用和(或)工期延误,并支付合理利润
6	5.4.3	发包人提供的材料或工程设备不符合合同要求	承包人有权要求发包人承担增加的费用和(或)工期延误
7	8.3	基准资料错误的责任	承包人有权要求发包人承担增加的费用和(或)延长工期,并支付合理利润
8	11.1.3	发包人未能按照合同约定向承包人提供开工的必要条件	承包人有权要求发包人延长工期
9	11.3	发包人原因造成工期延误:①增加合同工作内容;②改变合同中任何一项工作的质量要求或变更交货地点的;③发包人迟延提供材料、工程设备或变更交货地点的;④因发包人原因导致的暂停施工;⑤提供图纸延误;⑥未按合同约定及时支付预付款、进度款;⑦发包人造成工期延误的其他原因	承包人有权要求发包人延长工期和(或)增加费用,并支付合理利润
10	12.2	发包人暂停施工的责任:①由于发包人违约引起的暂停施工;②由于不可抗力的自然或社会因素引起的暂停施工;③专用合同条款中约定的其他由于发包人原因引起的暂停施工	承包人有权要求发包人延长工期和(或)增加费用,并支付合理利润
11	12.4.2	发包人原因无法按时复工	承包人有权要求发包人延长工期和(或)增加费用,并支付合理利润

续表 2-27

序号	条款编号	条款内容	索赔内容
12	13.1.3	因发包人原因造成工程质量达不到合同约定的验收标准	承包人有权要求发包人承担增加的费用和(或)工期延误,并支付合理利润
13	13.5.3	监理人重新检查,工程质量符合合同要求	承包人有权要求发包人承担增加的费用和(或)工期延误,并支付合理利润
14	13.6.2	发包人提供的材料或工程设备不合格,造成工程不合格	承包人有权要求发包人承担增加的费用和(或)工期延误,并支付合理利润
15	14.1.3	监理人要求对承包人的试验和检验结果进行重新检验,检验结果合格	承包人有权要求发包人承担增加的费用和(或)工期延误,并支付合理利润
16	18.9.2	由于发包人原因导致试运行失败	承包人有权要求发包人承担增加的费用,并支付合理利润
17	19.2.3	发包人原因造成的缺陷责任	承包人有权要求发包人承担修复和查验的费用,并支付合理利润
18	21.3.1	不可抗力造成损害:①停工期间监理人要求照管工程和清理、修复工程;②发包人要求承包人采取赶工措施	承包人有权要求发包人承担相应费用
19	22.2.2	发包人违约:①发包人未能按合同约定支付预付款或合同价款,或拖延、拒绝批准付款申请和支付凭证,导致付款延误的;②发包人原因造成停工的;③监理人无正当理由没有在约定期限内发出复工指示,导致承包人无法复工的;④发包人不履行合同约定其他义务的	承包人有权要求发包人承担纠正违约行为而增加的费用和(或)工期延误,并支付合理利润

(2)发包人向承包人索赔条款见表 2-28。

表 2-28　发包人向承包人索赔条款

序号	条款编号	条款内容	调整结果
10	13.5.4	承包人私自覆盖	发包人有权要求承包人承担增加的费用和(或)工期延误
11	13.6.1	承包人使用不合格材料、工程设备,或采用不适当的施工工艺,或施工不当,造成工程不合格	发包人有权要求承包人承担增加的费用和(或)工期延误
12	14.1.3	监理人要求对承包人的试验和检验结果进行重新检验,检验结果不合格	发包人有权要求承包人承担增加的费用和(或)工期延误
13	18.9.2	由于承包人的原因导致试运行失败	发包人有权要求承包人承担相应的费用
14	19.2.3	承包人原因造成的缺陷责任	发包人有权要求承包人承担修复和查验的费用
15	22.1.2	承包人违约:①承包人违反第 1.8 款或第 4.3 款的约定,私自将合同的全部或部分权利转让给其他人,或私自将合同的全部或部分义务转移给其他人;②承包人违反第 5.3 款或第 6.4 款的约定,未经监理人批准,私自将已按合同约定进入施工场地的施工设备、临时设施或材料撤离施工场地;③承包人违反第 5.4 款的约定使用了不合格材料或工程设备,工程质量达不到标准要求,又拒绝清除不合格工程;④承包人未能按合同进度计划及时完成合同约定的工作,已造成或预期造成工期延误;⑤承包人在缺陷责任期(工程质量保修期)内,未能对合同工程完工验收鉴定书所列的缺陷清单的内容或缺陷责任期(工程质量保修期)内发生的缺陷进行修复,而又拒绝按监理人指示再进行修补;⑥承包人不按合同约定履行义务的其他情况	发包人有权要求承包人承担其违约所引起的费用增加和(或)工期延误

【案例 25】　背景资料:

某调水工程 3 标段,主要施工内容为 DN1 400PCCP 管道埋设,依据施工图纸平面布置图,其中穿越道路、河道、原有建筑物的采用顶进 DN1 600 钢筋混凝土套管、管内安装 DN1 400TPEP 钢管施工。设计管道桩号 16 + 350 处,需要顶管穿越原有浆砌石污水箱涵,箱涵结构断面为 U 形,现场检测污水排量 12 ~ 15 m^3/s。在招标文件中“技术标准和要求”地质描述、施工图纸中,发包人仅对污水箱涵建设年限、结构形式、埋深、底板厚度予以描述,沿线地域没有提供任何资料及相关说明。

承包人在实施箱涵套管顶管顶进至 8 m 后,因不明原因无法进尺,经人工探测为大小不一的成堆块石。后经加大泥水平衡、加大推力,突然出现冒顶涌水,污水箱箱涵底板出现坍陷。为防止污水淹没周边田地，承包人及时采取围堵及水泵强排导流措施，并对箱涵底部实施固结灌浆处理。

对箱涵塌陷部分恢复时发现，此处底板并不是设计图纸中描述的0.8 m厚M10浆砌石结构，按周边结构分析应为乱石人工摆放后抹3～5 cm水泥砂浆。经设计单位重新勘察，此处不适合顶进，后调整设计桩号至下游35 m，顶进成功。

由此承包人向发包人提出索赔。

（一）承包人索赔理由及费用如下：

（1）按中标文件要求，虽然承包人在投标前对现场进行了查勘，并了解了有关情况，但对于这种不符合原有图纸结构的底板，是一个有经验的承包商无法预见的，属于不可预见的不利物质条件，按照合同相关约定，相应费用应由发包人承担。

（2）相关费用见表2-29。

表2-29　相关费用

序号	项目名称	单位	数量	单价（元）	合价（元）	说明
一	顶管及支护费					
1	高喷灌浆工作井支护（井深6 m）	m	1 024.00	350.00	358 400.00	重新编制单价
2	工作井、接收井土方开挖	m^3	3 667.63	15.12	55 454.57	投标土方开挖清单单价
3	DN1 400Ⅲ级钢筋混凝土顶管（套管）	m	8.00	2 813.46	22 507.68	投标清单报价
4	千斤顶及相关顶管设备（市场价）	项	2.00	5 000.00	10 000.00	实际损失估算费用
5	高喷灌浆加固箱涵侧墙：直径800	m	272.00	600.40	163 308.80	重新编制单价
6	箱涵底部固结灌浆	m^3	192.00	589.10	113 107.20	重新编制单价
7	DN1 400钢筋混凝土套管	m	10.00	1 000.00	10 000.00	实际采购价格
8	工作井、接收井土方回填	m^3	3 618.64	11.05	39 985.97	投标土方回填清单报价
9	C30混凝土千斤顶顶进靠背	m^3	48.59	640.29	31 111.69	投标C30混凝土底板报价
10	透水坍塌埋DN1 000TPEP钢管	m	18.00	1 790.87	32 235.66	实际采购价
二	污水导流排水费					
1	55 kW污水水泵台班	台班	45.00	472.50	21 262.50	投标计日工综合单价
2	1 m^3挖掘机	台班	12.00	1 450.00	17 400.00	投标计日工综合单价
	合计				836 111.57	

(二)监理人意见

依据合同文件及已标价工程量清单、相关合同约定定额及调价原则,经核定同意承包人请求,补偿金额为 83.61 万元。

(三)发包人意见

依据合同通用条款 4.10.2"承包人应对施工场地和周围环境进行查勘,并收集有关地质、水文、气象条件、交通条件、风俗习惯以及其他为完成合同工作有关的当地资料。在全部合同工作中,应视为承包人已充分估计了应承担的责任和风险"的约定,属于承包人现场查勘不明确原因所致,不属于发包人承担范围,相应费用应由承包人承担。

问题:

本案例承包人的索赔能否成立?如成立依据投标文件应补偿哪些费用?

参考答案:

依据通用合同条款 4.10.2 款约定,承包人即使在投标前对施工现场及周边环境查勘,并收集为穿越箱涵所需要的关于箱涵有关部门的存档资料,所反映的也只是竣工图纸所描述的 0.8 m 后浆砌石底板,不会有不合格的图纸留档,即便有相应不合格分部工程验收缺陷,单位工程验收时也已经整改完毕。依据本条款约定,潜在投标人到现场为"查勘"并非"勘探",对穿越点的结构物建设情况、地质、水位、污水水量等,只能依据发包人提供资料及现场情况做出理解和判断。本事件的发生,主要原因为穿越点处箱涵底板未按图纸施工,导致顶进过程中出现塌陷涌水,造成承包人相应损失,依据本合同条款 4.11.1"除专用合同条款另有约定外,不利物质条件是指在施工中遭遇不可预见的外界障碍或自然物质条件造成施工受阻"的约定,本事件属于非承包人原因所致的不利物质条件引起。同时设计单位最终调整穿越部位,形成了事实上的位置变更,更加明确了此处为不利物质的依据,综上所述以上承包人损失属于发包人承担范围,给予相应补偿是合理的。

依据招标投标文件、已标价工程量清单及相关附件资料补偿费用调整如下:

(1)依据已标价工程量清单(见表 4-30),分类分项工程量清单及措施费清单中除设置有 DN1 400Ⅲ级钢筋混凝土顶管(套管)外,无其他相关顶管顶进的子目内容设置报价,也就是说"DN1 400Ⅲ级钢筋混凝土顶管(套管)"报价 2 813.46 元/m,包含了①顶进井、接收井开挖、支护、回填;②千斤顶顶进混凝土靠背浇筑、使用、拆除;③顶进设备的使用及摊销;④套管顶进人工、材料及其他设备费;⑤顶进管内出渣、泥水平衡、设备移位等所有工作内容的综合报价。由此,承包人申报的高压灌浆工作井支护、工作井、接收井开挖回填、C30 顶进靠背等费用包含在综合报价中,不予单独核算。

(2)由本事件引起的箱涵侧墙、底板下注浆固结,设备、材料损失及已完成顶进部分及由此造成的降排水属于补偿费用范围。

表 2-30　工程量清单

序号	项目名称	单位	数量	单价(元)	合价(元)	说明
一	顶管					
1	DN1 400Ⅲ级钢筋混凝土顶管(套管)	m	8.00	2 813.46	22 507.68	投标清单报价
2	千斤顶及相关顶管设备(市场价)	项	2.00	5 000.00	10 000.00	实际损失估算费用
3	高喷灌浆加固箱涵侧墙:直径 800	m	272.00	600.40	163 308.80	重新编制单价
4	箱涵底部固结灌浆	m^3	192.00	589.10	113 107.20	重新编制单价
5	DN1 400 钢筋混凝土套管	m	10.00	1 000.00	10 000.00	实际采购价格
6	透水坍塌埋 DN1 000TPEP 钢管	m	18.00	1 790.87	32 235.66	实际采购价格
二	污水导流排水费					
1	55 kW 污水泵台班	台班	45.00	472.50	21 262.50	投标计日工综合单价
2	1 m^3挖掘机	台班	12.00	1 450.00	17 400.00	投标计日工综合单价
	合计				389 821.84	

【案例 26】　背景资料:

某单位 2014 年 10 月中标一输水管道工程 1 标段施工工程,双方 10 月 23 日签订了施工总承包合同,本标段包含两个供水泵站和供水管线三个单位工程,合同约定于 2014 年 10 月 26 日开工、2014 年 12 月 31 日主体完成并具备通水条件。承包人按约定组织满足三个单位工程同时开工的人员、设备进场,并经现场监理人员签署认证。11 月 4 日接监理通知对具备开工条件的两个供水泵站实施开工建设。受管线征迁因素影响,不具备开工条件,导致进场的管线安装队伍及设备、人员闲置窝工。直至 2015 年 1 月 25 日,仍不具备开工条件,为降低成本,增加人员及设备利用率,承包人征得发包人同意后,将用于管线工程的人员设备暂行撤离。期间承包人每天申报闲置窝工人员、设备,并经现场监理工程师签署确认。供水管线实际开工日期为 2015 年 7 月 20 日,承包人二次组织人力、物力进场实施完毕。

依据合同约定,承包人于 2015 年 2 月 18 日提出索赔补偿申请,要求补偿人工费及机械停滞费等相应费用,其中人工窝工按投标计日工报价、机械设备闲置按自有设备台班一类费用计算,详见表 2-31。

表 2-31 工程量清单

序号	项目名称	单位	数量	单价(元)	合价(元)	说明
1	人工费				876 480.00	
1.1	管理人员	工日	1 328	150.00	199 200.00	计日工报价
1.2	操作工(含司机)	工日	5 644	120.00	677 280.00	计日工报价
2	机械停滞费				1 894 092.37	
2.1	1 m^3液压挖掘机	台班	581	278.42	161 762.02	台班一类费用
2.2	162 kW 推土机	台班	830	564.26	468 335.80	台班一类费用
2.3	3 m^3轮胎式装载机	台班	830	259.05	215 011.50	台班一类费用
2.4	20 t 自卸车	台班	1 079	616.81	665 537.99	台班一类费用
2.5	25 t 汽车起重机	台班	498	476.05	237 072.90	台班一类费用
2.6	30 t 履带吊	台班	498	231.72	115 396.56	台班一类费用
2.7	85 kW 移动式柴油发电机	台班	498	62.20	30 975.60	台班一类费用
	合计				2 770 572.37	

问题:

承包人索赔是否成立?若成立费用是否合理?

参考答案:(第三方造价机构审核意见)

发承包双方签订承包合同,对合同双方具有对等的法律约束力。承包人及时组织人员机械进场,履行了合同约定的承包人义务。

依据本合同通用合同条款 2.3 款"提供施工场地:发包人应按专用合同条款约定向承包人提供施工场地,以及施工场地内地下管线和地下设施等有关资料,并保证资料的真实、准确、完整"、22.2 款发包人违约"发包人原因造成停工的。发包人不履行合同约定其他义务的"的约定,发包人未及时提供施工场地,导致已进场人员窝工及机械闲置损失。与合同对照,事件已造成了承包人工程项目成本的额外支出,或直接工期损失;造成费用增加或工期损失的原因,按合同约定不属于承包人的行为责任或风险责任;承包人按合同规定的程序和时间提交索赔意向通知和索赔报告是符合合同约定的。

本事件属于发包人应承担的范围,索赔补偿成立。

核定补偿费用如下:

(1)人工费。依据山东省《关于公布全省最低工资标准的通知》(鲁政字〔2014〕49号)潍坊地区寿光市最低工资标准,人工补偿费按最低工资 50 元/天核算,核定人工补偿费 348 600.00 元,核减金额 527 880.00 元。

(2)机械设备停滞费:依据自有机械设备停滞费用补偿原则,依据山东省水利水电工程机械台班费用定额,调整呈报台班一类费用为折旧费,核定补偿费用为 842 643.39 元(见表 2-32),核减金额 1 051 448.98 元。

表 2-32 工程量清单

序号	项目名称	单位	数量	单价(元)	合价(元)	说明
1	人工费				348 600.00	
1.1	管理人员	工日	1 328	50.00	66 400.00	最低工资标准
1.2	操作工(含司机)	工日	5 644	50.00	282 200.00	最低工资标准
2	机械停滞费				842 643.39	
2.1	1 m^3液压挖掘机	台班	581	130.10	75 588.10	折旧费
2.2	162 kW 推土机	台班	830	239.10	198 453.00	
2.3	3 m^3轮胎式装载机	台班	830	156.24	129 679.20	
2.4	20 t 自卸车	台班	1 079	224.29	242 008.91	
2.5	25 t 汽车起重机	台班	498	263.01	130 978.98	
2.6	30 t 履带吊	台班	498	115.86	57 698.28	
2.7	85 kW 移动式柴油发电机	台班	498	16.54	8 236.92	
	合计				1 191 243.39	

第三章　技术标准和要求
(合同技术条款:2009 年版)

第一节　一般规定

1.10　工程量计量

1.10.1　说明:①本合同工程项目应按本合同通用条款和专用合同条款第 17 条的约定进行计量。②计量方法应符合本技术条款各章的有关规定。③除合同另有规定外,凡超出施工图纸所示和合同技术条款规定的有效工程量外的超挖、超填工程量,施工附加量,以及加工、运输损耗量等均不予计量。

相关解释:

(1)设计(图纸)工程量。图纸工程量是指按设计图纸计算出的工程量,也就是按设计的几何轮廓尺寸计算出的工程量。例如,对于钻孔灌浆工程,图纸工程量就是按设计参数(孔距、排距、孔深等)求得的工程量。

(2)施工超挖工程量。为保证建筑物安全,施工开挖一般都不允许欠挖。另外,为了保证建筑物的设计尺寸,施工超挖自然不可避免。

(3)施工附加工程量。是指为完成本项目必须增加的工程量。例如:小断面圆形隧洞为满足交通需要扩挖下部而增加的工程量;隧洞工程为满足交通、放炮的需要设置洞内错车道、避炮洞所增加的工程量;为固定钢筋网而增加的固定筋工程量。

(4)施工超填工程量。是指由于施工超挖量、施工附加量而相应增加的回填工程量。

(5)施工损失量。包括:体积变化损失量,运输及操作损耗量,其他损耗量。

(6)质量检查工程量。包括:基础处理工程检查量,其他检查工程量。

(7)试验工程量。例如:在土石坝工程中,为取得石料场爆破参数所进行爆破试验而增加的工程量;为取得碾压参数所进行碾压试验而增加的工程量。

【案例 1】　背景资料:

某水利水电 DN1600 钢管管道输水工程,其中挖深超过 5 m 的增加缓冲平台,平台宽度 2 m,施工地段为砂壤土质,下部设计开挖坡比 1:1.5、上部至地面开挖坡比 1:2。施工单位在开挖某段时,为保障开挖设备作业面,单侧加宽缓冲平台为 4 m,阶段计量时,承包人按实际开挖断面乘以有效开挖长度,核算土方开挖工程量及相应土方回填量。

施工承包合同技术条款土方工程约定"管道土方开挖按施工图纸所示轮廓尺寸计算的有效自然方体积以'm^3'为单位计量,由发包人按'工程量清单'相应项目有效工程量的每立方米单价支付"。

问题:

承包人工程量核算是否存在问题?

参考答案：

施工单位为完成管道基坑开挖，单侧加宽作业平台 2m，属于措施费范畴，依据施工组织设计、机械配置及现场工作面，是为完成土方开挖而必须增加的工程量，属于附加工程量。依据合同约定土方开挖计量规则，超出设计开挖线外所增加的开挖、回填费用，包含在土方开挖、回填综合单价中，不予单独计量。

第二节　土方明挖

6.8　计量和支付

(1)场地平整按施工图纸所示场地平整区域计算的有效面积以“m^2”为单位计量，由发包人按“工程量清单”相应项目有效工程量的每平方米工程单价支付。

(2)一般土方开挖、淤泥流砂开挖、沟槽开挖和柱坑开挖按施工图纸所示轮廓尺寸计算的有效自然方体积以“m^3”为单位计量，由发包人按“工程量清单”相应项目有效工程量的每立方米单价支付。

(3)承包人完成本章第 6.2.1 条所列的“植被清理”工作所需的费用，包含在“工程量清单”相应土方明挖项目有效工程量的每立方米工程单价中，发包人不再另行支付。

(4)土方明挖工程单价包括承包人按合同要求完成场地清理，测量放样，临时性排水措施(包括排水设备的安拆、运行和维修)，土方开挖、装卸和运输，边坡整治和稳定观测，基础、边坡面的检查和验收，以及将开挖可利用或废弃的土方运至监理人指定的堆放区并加以保护、处理等工作所需的费用。

解释：

土方定义：①指黄土、黏土、砂土(包括淤沙、粉砂、河砂等)、淤泥、砾质土、砂砾石、松散坍塌体石渣混合料、软弱的全风化岩体，无须采用爆破技术，直接用手工工具或土方开挖机械进行开挖的土方工程。②土类开挖级别划分，应符合《水利水电工程施工组织设计规范》(SL 303—2017)表 C.1.1 的规定。

场地清理包括植被清理和表土开挖。其范围包括永久工程和临时工程、料场、存弃渣场等施工用地需要清理的区域地表。其中，植被清理：在场地开挖前，承包人应清理开挖区域内的树根、杂草、垃圾、废渣及其他有障物，主体工程植被清理的挖除树根范围应延伸到离施工图纸所示最大开挖线、填筑线或建筑物基础外侧 3 m 距离；表土的清挖、堆放和有机土壤的使用：含细根须、草本植物及覆盖草等植物的表层有机土壤，承包人应按监理人指示和技术条款第 4.5 节的规定合理使用有机土壤，并运到指定地点堆放保存，不得任意处置。

【案例 2】　背景资料：

某调水第一期工程(主要包括水库枢纽工程、明渠段开挖衬砌工程、明渠建筑物等)。

水库枢纽工程招标投标工程量清单设置：工程量清单：1.1.1.1 坝基清表土方开挖至坝后弃置、1.1.1.2 料场清表土方开挖至坝后压重；明渠工程量清单：1.1.1 清基土方；施工图纸技术要求：对清单设置的明渠段清基土方、水库工程坝基清基，依据图纸设计要求按 30 cm 考虑。

招标文件第七章技术标准和要求、水利水电工程标准施工招标文件(合同技术条款)之土方填筑工程:①地形测量资料:土方填筑工程开工前 2 天,承包人应将填筑区基础开挖验收后实测的平、剖地形测量资料报送监理人,经监理人签证的地形测量资料作为填筑工程量计量的原始依据(因承包人原因引起的挖除部分除外);②土方填筑说明:工程区各部位的填筑工作,必须在其基础上按本技术条款的要求处理和清理完毕,并在监理人签署验收合格证后才能进行。

土方计量计价条款约定:清基、清表按施工图纸所示场地区域计算的有效面积以“m^2”为单位计量,由发包人按“工程量清单”相应项目有效工程量的每平方米工程单价支付。

实施清表、清基工作期间,按施工规范技术要求及现场监理指示,承建单位对遗留于施工范围内的树根、树桩进行了清除处理。依据招标投标工程量清单设置,承建单位提出“此项非招标文件约定工作内容,由此对施工范围内树根、树桩挖、运、弃、填等工序产生的费用应予以补偿”的要求。

问题:

相关费用应如何处理?

参考答案:

(一)核算内容

由以上内容可知:施工范围内遗留树根、树桩,30 cm 清基深度范围内的挖除、清理、外运、弃置工序产生的费用包含在相应清表、清基、土方开挖清单项目单价中,不予单独核算计量;超出设计清基线以外的树坑的土方开挖应予以计量。

对于施工中因遗留树根、树桩挖出后的树坑修整、填筑费用应予以单独核算计量。

(二)树坑补偿范围界定

(1)工程简化及加快计量支付工作会议会议纪要二款第 4 条“水库坝基(含渠道筑堤)清除树桩(根)问题,处理原则:按照现场签证办理(该签证应与移民征迁资料相印证),其单价参照水利定额进行单价分析”。

(2)工程部分变更索赔项目专家咨询意见专题四:树根、树桩清除咨询意见“故填筑区清除树桩、树根造成树坑超出设计清基深度之外的土方开挖与填筑的工程量予以计量;渠道开挖超出设计边坡开挖线的树坑处理增加的土方开挖与填筑工程量予以计量”。

综上(1)、(2)条所述:树坑补偿范围为水库坝基(不含交叉建筑物开挖范围、下游压重平台填筑范围)、明渠筑堤(不含交叉建筑物)的填筑区域内树坑的开挖与填筑。

(三)树坑补偿苗木胸径规格界定

依据山东省园林绿化工程消耗量定额及说明第二章绿化种植工程(六)工程量计算规则第 9 条“起挖或栽植裸根乔、灌木根幅直径取定参照《绿化换土工程相应规格对照表》的规定执行”的说明,结合设计清基厚度及实际清基厚度,确定树坑补偿苗木胸径规格为胸径≥5 cm 以上的苗木(含盛果期果树)。

（四）树坑补偿价格核算

1. 编制原则

因全段苗木品种、规格较多，分布情况复杂，采用全段统一按平均胸径 10 cm 苗木核定单价原则。

2. 树坑开挖、填筑包含工作内容

（1）1 m^3挖掘机树坑土方开挖。

（2）74 kW 推土机 20 m 推运土。

（3）树坑修整、填筑压实。

3. 树坑开挖、填筑土方工程量

3.1 工程量核算范围：清基线以下部分。

3.2 工程量确定：依据山东省工程建设标准定额站《山东省园林绿化工程消耗量定额》《山东省园林绿化工程工程量单计价方法》（应用培训教材）第二章绿化种植工程第 9 条“起挖或栽植带土球乔木、灌木，土球直径的大小按大小乔木胸径的 8 倍，灌木按地径的 7 倍计算”的说明，结合绿化种植工程相应规格对应表及现场实际实施填筑情况，综合考虑填筑工程技术施工规范、树坑修整等因素，确定树坑开挖、填筑工程量（清基线以下）按结构尺寸 1.1 m（长）×1.1 m（宽）×0.5 m（深）核定为 0.605 m^3/棵。

4. 补偿价格

4.1 基础价格

（1）人工单价：根据水利部水总〔2002〕116 号文计算，详见表 3-1。

表 3-1 人工单价

序号	名称	单位	引水工程
1	工长	元/工时	5.05
2	高级工	元/工时	4.70
3	中级工	元/工时	4.01
4	初级工	元/工时	2.17
5	机械工	元/工时	4.01

（2）机械用柴油价格：采用济南市工程造价信息指南 2010 年版第 1～12 期平均价格 7.04 元/kg。

（3）机械台时价格：采用中华人民共和国水利部《水利工程施工机械台时费定额》（水总〔2002〕116 号）编制。

（4）工程费率：依据水利部水总〔2002〕116 号文规定费率，详见表 3-2。

表 3-2　费率

工程类别	费率	计算基础	引水工程(%)
土方工程	其他直接费	直接费	2.5
	现场经费	直接费	4.0
	间接费	直接工程费	4.0
	企业利润	直接费+间接费	7.0
	税金	直接费+间接费+企业利润	3.22

4.2　编制原则

按照中华人民共和国现行水利定额和取费标准(中华人民共和国水利部水总〔2002〕116 号文)编制新的单价,在此新的单价基础上乘以系数 0.90 后的单价为结算单价。

4.3　单价核定

(1)1 m^3挖掘机树坑土方开挖:选用水利部定额 10360 子目(土方类别Ⅱ类),核定单价 1.88 元/m^3。

(2)74 kW 推土机 20 m 内推运填筑土方:选用水利部定额 10269 子目,核定单价 1.79 元/m^3。

(3)树坑填筑压实:选用水利部定额 10474 子目,核定单价 5.02 元/m^3。

综上所述,核定清基线以下树坑土方开挖、填筑补偿综合价格为:

$1.88 \times 0.605 + 1.79 \times (0.605/0.85 - 0.605) + 5.02 \times 0.605 = 4.37$(元/棵)

(五)结论

水库坝基(不含交叉建筑物开挖范围、下游压重平台填筑范围)、明渠筑堤(不含交叉建筑物)的填筑区域内,苗木胸径规格为胸径≥5 cm 以上的苗木(含盛果期果树)树桩(根)清除处理补偿标准为 4.37(元/棵)。

第三节　混凝土灌注桩基础

(1)钻孔灌注桩或者沉管灌注桩按施工图纸所示尺寸计算的桩体有效体积以“m^3”为单位计量,由发包人按“工程量清单”相应项目有效工程量的每立方米工程单价支付。

(2)除合同另有约定外,承包人按合同要求完成灌注桩成孔成桩试验、成桩承载力检验、校验施工参数和工艺、埋设孔口装置、造孔、清孔、护壁,以及混凝土拌和、运输和灌注等工作所需的费用,包含在“工程量清单”相应灌注桩项目有效工程量的每立方米工程单价中,发包人不另行支付。

(3)灌注桩的钢筋按施工图纸所示钢筋强度等级、直径和长度计算的有效质量以“t”为单位计量,由发包人按“工程量清单”相应项目有效工程量的每吨工程单价支付。

解释:《水利工程工程量清单计价规范》(GB 50501—2007)。

项目名称:混凝土灌注桩。

项目特征:①岩石类别;②灌注桩材质;③混凝土强度等级及配合比;④桩位、桩型、桩径、桩长；⑤检测方法。

计量单位：m^3。

主要工作内容：①地质复勘、成孔成桩试验、校核施工参数和工艺；②埋设孔口装置、泥浆护壁造孔或跟管钻进造孔；③清孔；④加工、吊放钢筋笼；⑤混凝土拌和、运输；⑥水下混凝土灌注；⑦成桩承载力检验。

A.8.2 其他相关问题：混凝土灌注桩按招标设计图示尺寸计算钻孔（沉管）灌注桩混凝土的有效体积（不含灌注桩桩顶设计高程以上需要挖去的混凝土）计量。检验试验、灌注于桩顶设计高程以上需要挖去的混凝土、钻孔（沉管）混凝土的操作损耗等所发生的费用和周转使用沉管的费用，应摊入有效工程量的工程单价中。

从以上规定看，《水利工程工程量清单计价规范》（GB 50501—2007）对于灌注桩清单设置及计量与《水利水电工程技术标准和要求》一致。

【案例3】 背景资料：

某水利工程采用固定单价合同，按合同约定工程量据实结算，其中已标价工程量清单中包含跨渠道交通桥数座，摘录桥梁基础处理清单如表3-3所示。

表3-3　桥梁基础处理清单（摘录）

序号	项目编码	项目名称	单位	数量	单价（元）	合价（元）
1.6.5.2		基础				202 989
1.6.5.2.1	500108004007	灌注桩造孔（桩径120 cm）	m	156.00	440.63	68 738
1.6.5.2.2	500108004008	C30钢筋混凝土桩	m^3	176.00	454.57	80 004
1.6.5.2.3	500111001022	灌注桩钢筋制安	t	9.70	5 592.47	54 247

本合同专用条款约定合同文件解释的优先顺序如下：①合同协议书；②中标通知书；③投标函及投标附录；④专用合同条款；⑤通用合同条款；⑥技术标准和要求；⑦图纸；⑧已标价工程量清单；⑨其他合同文件。

本合同第七章“技术条款及要求”：采用《水利水电工程标准施工招标文件：技术标准和要求（合同技术条款）》（2009年版）。

问题：

此工程量清单设置是否合理？是否存在风险？

参考答案：

工程量清单把灌注桩造孔、C30钢筋混凝土桩单独设置，与本合同“技术条款”之“除合同另有约定外，承包人按合同要求完成灌注桩成孔成桩试验、成桩承载力检验、校验施工参数和工艺、埋设孔口装置、造孔、清孔、护壁以及混凝土拌和、运输和灌注等工作所需的费用，包含在‘工程量清单’相应灌注桩项目有效工程量的每立方米工程单价中，发包人不另行支付”的约定计量条款不相符，本工程量清单项目设置不合理。

依据专用合同条款合同文件解释顺序，“技术标准和要求”优于“已标价工程量清单”，计量结算可能产生清单计价纠纷，存在相应审计风险，“灌注桩造孔”可能不予单独计量，将对承包人产生不利后果。

建议:

合同条款、技术标准、图纸和已标价工程量清单是合同文件的四大核心内容,它们之间必须互相协调,若不协调,必然导致合同文件存在先天性缺陷,并导致索赔。招标人在编制工程量清单时,要充分考虑合同条款、技术标准和要求以及图纸的要求,使工程量清单与合同条款、技术标准、图纸密切配合和衔接。投标人在投标准备的过程中阅读工程量清单时,必须结合合同条款、技术标准及图纸一起理解。

从工程量清单与合同条件的联系看,首先,清单工程量是否具有合同地位与合同类型紧密相关。对于总价合同,清单工程量只作为投标报价的共同基础,并不一定反映全部承包范围内的工作内容。承包人在投标报价时需认真复核清单工程量并按照复核后的工程量计算工程价款。承包范围内实际工程量与清单工程量的不一致,并不会影响工程结算价款。对于单价合同,清单工程量本质上是估计工程量,但其具有合同地位,当某一项工作的实际工程量超过了(或低于)清单工程量的一定比例时,这一工程量的变动将构成工程变更,发承包双方需依据合同约定计算变更价款。其次,工程量清单的列项和合同条款紧密相连。对于合同条款约定为承包人的责任、义务、工作,工程量清单中必须有相应的列项给予价款保证,赋予承包人获得报酬的权利,但同时也要保证工程量清单不能对于同一责任、义务、工作重复列项,这些都需要工程量清单与合同条件的合理衔接。

从工程量清单与技术标准的联系看,工程量清单对于分部分项工程的划分应与技术标准中的划分口径相一致。只有这样,才能保证各分项工程综合单价的确定以其质量标准为依据。在进行工程价款支付时,才能够合理计量合同约定予以计量的已完工程量,从而实现造价控制和质量控制的统一。

从工程量清单与图纸的联系看,高质量的工程量清单应能够反映图纸的内容,工程量清单所描述的项目特征应如实反映图纸的要求。工程量清单越准确,就越能避免承包人的不平衡报价,并为工程结算、变更、索赔的顺利进行创造前提条件。

总之,工程量清单、合同条件、技术标准、图纸互为一体,应相互配合,才能有利于合同的顺利履行。

第四节　坝体填筑

(1)坝(堤)体填筑按施工图纸所示尺寸计算的有效压实方体积以“m^3”为单位计量,由发包人按“工程量清单”相应项目有效工程量的每立方米工程单价支付。

(2)坝(堤)体全部完成后,最终结算的工程量应是经过施工期间压实并经自然沉陷后按施工图纸所示尺寸计算的有效压实方体积。若分次支付的累计工程量超出最终结算的工程量,发包人应扣除超出部分工程量。

解释:

《水利工程工程量清单计价规范》(GB 50501—2007)A.3 土石方填筑工程 A.3.2 土石方填筑工程工程量清单项目的工程量计算规则,按招标设计图示尺寸计算的填筑体有效压实方体积计量。施工过程中增加的超填量、施工附加量、填筑体及基础沉陷的沉陷损失、填筑操作损耗等所发生的费用,应摊入有效工程量的工程单价中。

《山东省水利水电建筑工程预算定额》(鲁水建字〔2015〕3 号)土石方工程说明第十六条明确:压实定额适用于坝、堤、堰填筑工程。压实定额均按压实成品方计。根据技术要求和施工必须增加的损耗,在计算压实工程的备料量和运输量时,可按下式计算:

每 100 压实成品方需要的自然方量 = (100 + A) × (设计干密度/天然干密度)

综合系数 A,包括开挖、上坝运输、雨后清理、边坡削坡、接缝削坡、施工沉陷、取土坑、试验坑和不可避免的压坏等损耗因素。

从工程量清单计价规范及定额规定看,坝体填筑有效工程量中包含了相应施工沉陷、基础沉陷及其他因素引起的工程量增加等,其有效工程量按设计图示尺寸计算,相应费用包含在相应投标综合单价中,不予单独核算。

【案例 4】　背景资料:

某大型调水工程,其中包含 3 座新建地上平原水库枢纽工程,施工总承包合同采用固定单价合同,施工单位按照合同约定、图纸要求,对坝基实施清表及原地基压实工作,填筑坝体前按图纸要求沿坝轴线分段埋设坝基沉降观测设施(每断面 3 个点:坝前、坝轴线、坝后),施工过程中按时观察检测并做好相关记录,设计坝体填筑高度 7.4 ~ 8.6 m。坝体填筑完成后,实测地基沉陷量平均为 1 m 左右,对比按图纸计算的工程量相差较大,于是承包人提出补偿要求,要求对沉陷量单独计量。

以某一标段为例,相关合同文件如下:

(1)招标文件第五章工程量清单说明第 1 条"工程量清单列出的任何数量为估算工程量,仅作为投标报价的基础,不视为要求承包人实施的实际或准确的工作量,最终结算工程量应按施工图示计算的实际完成工程量为准"。

(2)"技术条款"坝体填筑工程计量计价约定采用《水利水电工程标准施工招标文件:技术标准和要求(合同技术条款)》(2009 年版)13.9.1 坝体填筑规定。

(3)招标图纸及施工图纸中没有关于基础沉陷量的任何描述。

施工过程中,监理人、发包人、承包人对此沉陷量是否计取、如何计取理解差异较大,于是由发包人组织召开专家会并形成专家咨询意见,并委托原设计院对坝基沉降量进行了复核。相应意见如下:

(1)设计院复核。《××勘测设计院关于报送××三座水库坝基沉陷专题报告的函》(院发函〔2014〕104 号):施工期实测沉降量与设计计算沉降量基本吻合,说明设计计算采用的参数与实际情况吻合。其中××水库根据地质勘探资料选取 1 + 544、3 + 658、5 + 974、8 + 447 共 4 个断面为计算代表断面。

(2)专家咨询意见。《关于转发本工程施工范围内树桩、树根处理意见及部分变更索赔项目专家咨询意见的通知》(调水企合函〔2014〕158 号)中坝基沉陷导致土方填筑量增加的专家意见如下:

《水利工程工程量清单计价规范》(GB 50501—2007)规定:土石方填筑工程工程量清单项目的工程量计算规则。按招标设计图示尺寸计算的填筑体有效压实方体积计量,施工过程中增加的超填量、施工附加量、填筑体及基础沉陷的沉陷损失、填筑操作损耗等所发生的费用,应摊入有效工程量的工程单价中。

招标文件技术条款 1.1.1.4 坝体土方填筑项目的 8.10 计量与支付条款规定:坝体填

筑最终工程量的计算应按施工图所示各种填筑体的尺寸和基础开挖清理完成后的实测地形,计算各填筑体的工程量。

上述计价清单规范所描述的施工过程中增加的超填量、施工附加量、填筑体及基础的沉陷损失和填筑操作损耗等发生的费用,应摊入有效工程量的单价中。其中基础的沉陷损失清单规范真实意思是指基础满足设计地基承载力及沉陷量要求情况下的常规沉陷损失。常规的坝基及坝体沉陷损耗在水利预算定额中已经考虑了损失系数。

三座水库坝基实测沉降量平均达到 1 m 左右,不属于有经验的承包人可以预见的常规沉陷损失范围,坝基的沉降损失费用应列为基础处理专项费用。

从极端情况分析,三座水库沉降为 1 m 左右,如果沉降 3 m、4 m 又如何考虑。显然将不可预见的沉降损失风险转嫁给承包人是不公平的。

按照行业惯例,基础处理应由设计单位对基础处理提出处理方案。坝基建基面应为相对符合沉降及承载力的稳定基础。三座水库基础处理方案与坝体填筑一体化了,坝体填筑间接包含了一部分基础处理工作,应分离出处理坝基沉降的工程量及相应费用,不能与常规坝体填筑混为一谈。

根据设计代表陈述,沉降量已经包含在清单工程量中,但未分离沉降量的具体数据,设计代表解释为将沉降量和坝体工程量合并相加一起进行计量结算。按照计价清单规范要求这部分工程量不能计入设计轮廓线实体工程量中,因此设计在工程量清单中计入了沉降工程量是不合理的,应作为基础处理单独列项(给出估算工程量)、单独报价、单独计量结算。

基于上述分析,基础沉降造成的填筑量增加产生的费用应由发包人承担。

(3)发包人意见。《关于转发××三座水库坝基沉陷专题报告的函》“请各现场根据《本工程部分变更索赔项目专家咨询意见》、××勘测设计院关于报送××三座水库坝基沉陷专题报告的函有关内容,结合实际观测数据,组织监理、施工单位计算坝基沉陷工程量并进行计量”。

本承包人为其中一座水库施工 1 标段,施工内容包括围坝桩号 8+636～9+636、0+000～1+800 的围坝、引水渠节制闸、渠首引水闸(输水渠进口闸)、生产桥 1 和生产桥 2、公路桥及入库泵站等。已标价工程量清单按坝体填筑、坝基清表设置,承包人《关于坝基沉降的变价申请报告》,单价采用围坝填筑压实投标工程量清单报价 11.68 元/m^3。提报本标段内坝基工程量为 243 954.30 m^3。工程量按坝基清基线为计算的上口线,沉降观测断面埋设观测点连线为下口线,按平均断面乘以坝轴线长度计算沉降量。

监理人审核:同意采用相应清单单价。依据××勘测设计院关于报送××三座水库坝基沉陷专题报告的函、承包人实测沉降值,相应工程量核定如下:

0+000～1+800 段:(93.659+75.118)/2×1 800=151 899.30(m^3)。

8+636～9+636 段:(90.451+93.659)/2×1 000=92 055(m^3),核定总量 243 954.30 m^3;增加费用金额:284.94 万元。

问题:

以上文件存在哪些问题?观点是否准确?

参考答案：

以上文件约定及观点存在以下问题：

(1)缺少相应文件约定。招标文件条款工程概况及招标、施工图纸中，无任何关于坝基基础承载力、施工沉陷、最终稳定沉陷的相关描述及说明，这属于发包人应承担的责任；投标人虽进行现场勘查及对周边地区进行了解，但对坝基沉降量大小在投标时无法做出相对准确判断，直接影响土方开挖、填筑的综合调配方案，进而造成围坝填筑项目的投标报价偏差。

(2)清单围坝工程量组成不明确。按招标文件工程量清单编制说明，工程量为估算工程量；按设计单位描述，招标文件工程量清单围坝填筑项目工程量考虑了坝基沉陷估算工程量。但依据技术条款围坝填筑计量条款约定，围坝地基沉陷工程量无法计入有效工程量中，最终结算的围坝工程量为清表后实测建基面以上图纸断面填筑体部分，结果将会导致工程量偏差很大，如合同专用条款未加以约定，容易产生计量、计价纠纷。

(3)行业定额与投标定额混淆。按《招标投标法》相关规定及招标文件约定，投标人编制投标报价并编制单价分析应采用企业自身定额，并非专家咨询意见提到的水利预算定额(水利部或地方省级行业定额)。大部分水利水电工程合同采用的是工程量清单固定单价合同，单价一般为综合报价，即使投标人采用行业定额进行编制单价分析，大都结合自身企业技术、人员、设备等综合能力及项目特征、现场情况、施工方案及施工组织等，对定额本身的消耗量予以调整或采用多个定额子目综合编制。至于专家意见提到的"常规的坝基及坝体沉陷损耗在水利预算定额中已经考虑了损失系数"没有合同依据。

(4)沉降量承担责任不清。投标人在投标前对"坝体填筑最终工程量的计算应按施工图所示各种填筑体的尺寸和基础开挖清理完成后的实测地形，计算各填筑体的工程量"已非常明确。作为一个有经验的承包商，结合自身的类似工程施工经验，应该能考虑到地基沉陷，虽然招标文件没有明确相关内容及资料，但按同类地质条件、地下水情况、填筑体高度、压实要求、施工期等，预测一定的沉陷量属于投标人应该考虑的范围，即专家咨询意见中提到的"上述计价清单规范所描述的施工过程中增加的超填量、施工附加量、填筑体及基础的沉陷损失和填筑操作损耗等发生的费用，应摊入有效工程量的单价中。其中基础的沉陷损失清单规范真实意思是指基础满足设计地基承载力及沉陷量要求情况下的常规沉陷损失"。本咨询专家意见"基础沉降造成的填筑量增加产生的费用应由发包人承担"，责任全部由发包人承担实属不妥。

(5)招标答疑无相关答疑。本案例中三座水库招标答疑所有潜在投标人均未对围坝地基沉陷提出异议，发承包双方施工总承包合同的签订，可视为承包人对围坝填筑及计量、计价约定的认可。

综上所述，经过设计单位复核，设计沉降与实测沉降相吻合，但相应文件中无任何明确说明和描述，只在清单围坝填筑估算工程量中予以考虑，属于发包人承担责任范围；地基沉陷引起的工程量变化，及由此引起的投标人在围坝上报价及结算的部分损失风险，应由发承包双方复核后，由双方共同协商承担。

第五节　钢筋计量和支付

按施工图纸所示,钢筋强度等级、直径和长度计算有效质量以"t"为单位计量,由发包人按"工程量清单"相应项目有效工程量的每吨工程单价支付。施工架立筋、搭接、套筒连接、加工及安装过程中操作损耗等所需费用,均包含在"工程量清单"相应项目有效工程量的每吨工程单价中,发包人不另行支付。

注释:

《水利水电工程施工合同和招标文件示范文本》(GF—2000—0208)中规定:技术条款第一章的"计量"中第 1.15.2 条"钢筋的计量应按施工图纸所示的净值计算或应按监理人批准的钢筋下料表,以直径和长度计算,不计入钢筋损耗和架设定位的附加量"。

《水利水电工程标准施工招标文件:技术标准和要求(合同技术条款)》(2009 年版)明确指出钢筋安装过程中的"架立定位附加量"不予单独计量,但应该是按照"钢筋的计量应按施工图纸所示的净值计算"还是"按监理人批准的钢筋下料表计算"存在争议。现实中钢筋单根长度按定尺生产销售,为完成图纸钢筋安装要求及现场材料利用、成本控制需求,监理签署确认的钢筋材料下料表,一般包含了切断、弯钩、搭接(绑扎、搭接焊、对焊等)安装、场内运输等相应钢筋消耗量,这样就与本款规定的"不计入钢筋损耗"相冲突。现实中往往产生合同双方计量计价的纠纷。"按施工图纸所示钢筋强度等级、直径和长度计算额有效质量以't'为单位计量"的规定,解决了这个问题,以上消耗、损耗量包含在报价中,不予单独支付"。

《水利工程工程量清单计价规范》(GB 50501—2007)中"A. 11.2 钢筋加工及制安工程工程量清单项目的工程量计算规则:钢筋加工及安装按招标文件图示计算的有效质量计算。施工架立筋、搭接、焊接、套筒连接、加工及安装过程中操作损耗等所发生的费用,应摊入有效工程量的工程单价中"的规定与《水利水电工程标准施工招标文件:技术标准和要求(合同技术条款)》(2009 年版)是一致的。

实践中施工招标文件要求投标人自主报价,投标人在进行施工总承包固定清单单价投标报价编制单价分析时,往往直接采用定额相应子目直接进行编制钢筋制作与安装综合单价,不对钢筋消耗量结合工程实际情况进行调整,如《山东省水利水电工程建筑定额》钢筋制作安装子目:定额工作内容:回直、除锈、切断、弯制、焊接、绑扎及加工场至施工场地运输;说明:本节定额中钢筋含加工损耗,不包括搭接长度和施工架立筋用量。其中定额钢筋消耗量为:一般钢筋、钢筋网为 1.02,桩钢筋笼为 1.03。合同一旦成立,承包人将因自身报价偏低、实际消耗量偏高等因素,向建设单位提出各种诉求或索赔。

另采用甲方供材合同的,专用条款一定明确双方责任及钢筋计量的有关规定,避免由此带来的风险。

【案例 5】　背景资料:

某水利供水电站工程,合同技术条款采用《水利水电工程施工合同和招标文件示范文本》(GF—2000—0208),本合同专用条款附加条款钢筋制作与安装、计量与支付条款约定"钢筋的支付以't'为单位进行计量,支付数量按施工详图、有关文件或监理单位通知修正的钢筋下料表为基础，并按钢筋长度折算为质量，钢筋架立筋、支撑筋及模板拉筋不另计量支付，其费用包含在相应钢筋或混凝土单价中”。本项目专用条款约定钢筋为甲供材，建设单位的供货量是按照施工单位的实际领用量的实际长度折算质量，以质量进行支付和结算。

承包人在施工中发现钢筋项目结算工程量与实际钢筋领用量差距比较大，结算价款小于领用量，主要原因在于现场场地受限、混凝土结构复杂、钢筋安装长度等因素影响，钢筋定尺长度得不到充分合理利用，钢筋接头量占设计量的比例很大，而设计量是按照施工图纸计算的图纸净量，没考虑搭接损耗量。

承包人发现亏损原因后，立即着手研究分析合同相关条款并提出相应补偿及理由：①依据合同约定钢筋架立筋、支撑筋及模板支筋，不予另行支付；②所有施工用的钢筋下料表（包括钢筋接头）都已经经过现场监理工程师签署认证，依据约定应视为监理单位修正过的钢筋料表，应该作为计量和支付的依据。承包人统计了所有接头工程量并计算出占设计钢筋净用量的比例，要求建设单位支付钢筋接头工程量的制作与安装费用。

建设单位审核后认为，根据相关行业定额，根据制作安装的工作内容包括回直、除锈、切断、弯制、焊接、绑扎及加工场至施工场地运输等工序，其钢筋接头工作包括在定额工作内容里，不应该单独计量支付。

问题：

承包人申请是否成立？

参考答案：

本水电站工程施工承包合同技术条款虽然采用《水利水电工程施工合同和招标文件示范文本》（GF—2000—0208），但专用条款也有专项约定。依据同意合同条款合同文件解释顺序，专用合同条款优于技术条款，本合同应按专用合同条款约定计量原则为准。

承包人提出要求补偿理由，符合本合同专用条款附加条款钢筋制作与安装计量与支付条款约定“钢筋的支付以‘t’为单位进行计量，支付数量按施工详图、有关文件或监理单位通知修正的钢筋下料表为基础，并按钢筋长度折算为重量，钢筋架立筋、支撑筋及模板拉筋不另计量支付，其费用包含在相应钢筋或混凝土单价中”的约定。

根据行业定额的设置，定额子目只是按一般钢筋、钢筋网、钢筋笼筋加以区分，并未区分加工连接工艺，属于综合性平均设置，按定额加工制作安装的工作内容及说明，建设单位认为“其钢筋接头工作包括在定额工作内容里”，可以认为所需钢筋接头、架立筋的安装费用含在定额组价中，除加工损耗外其因搭接、架立、支模定位等相应消耗量不在定额钢筋消耗量中。按专用合同条款约定，建设单位未考虑搭接损耗所造成的搭接工程量。

综上所述，建设单位按监理签署认证钢筋下料表核定的实际搭接接头工程量，给予材料价格补偿是合理的。

第六节　普通混凝土计量与支付

（1）普通混凝土按施工图纸所示尺寸计算的有效体积以“m^3”为单位计量，由发包人按“工程量清单”相应项目有效工程量的每立方米工程单价支付。

(2)混凝土有效工程量不扣除设计单体体积小于 0.1 m^3 的圆角或斜角，单体占用的空间体积小于 0.1 m^3 的钢筋和金属件，单体横截面面积小于 0.1 m^2 的孔洞、排水管、预埋管和凹槽等所占的体积，按设计要求对上述孔洞回填的混凝土也不计量。

(3)不可预见地质原因超挖引起的超填工程量所发生的费用，由发包人按“工程量清单”相应项目或变更项目的每立方米工程单价支付。此外，同一承包人由于其他原因超挖引起的超填工程量和由此增加的其他工作所需的费用，均应包含在“工程量清单”相应项目有效工程量的每立方米工程单价中，发包人不另行支付。

(4)混凝土在冲(凿)毛、拌和、运输和浇筑过程中操作损耗，以及为临时性施工措施增加的附加混凝土量所需的费用，应包含在“工程量清单”相应项目有效工程量的每立方米工程单价中，发包人不另行支付。

(5)施工过程中，承包人按本合同条款规定进行的各项混凝土试验所需的费用(不包括以总价形式支付的混凝土配合比试验费)，均包含在“工程量清单”相应项目有效工程量的每立方米工程单价中，发包人不另行支付。

(6)止水、止浆、伸缩缝等按施工图纸所示各种材料数量以“m(或 m^2)”为单位计量，由发包人按“工程量清单”相应项目有效工程量的每米(或平方米)工程单价支付。

(7)混凝土的温度控制措施费(包括冷却水管埋设及通水冷却费用、混凝土收缩缝和冷却管的灌浆费用，以及混凝土坝体的保温费用)均应包含在“工程量清单”相应混凝土项目有效工程量的每立方米工程单价中，发包人不另行支付。

注释：

《水利工程工程量清单计价规范》(GB 50501—2007)中 A.9.2 中：

(3)混凝土冬季施工中对原材料(如砂石料)加温、热水拌和、成品混凝土的保温等措施所发生的冬季施工增加费应包含在相应混凝土的工程单价中。

(10)收缩缝按招标设计图示尺寸计算的有效面积计量。缝中填料及其在加工及安装过程中的操作所发生的费用，应摊入有效工程量的工程单价中。

由以上可知，混凝土结构中，混凝土与收缩缝应单独设置、单独核算、单独计量。如合同约定跨冬季施工，相应冬季施工混凝土的保温等措施费包含在混凝土的单价中。

【案例6】　背景资料：

某明渠施工总承包合同，工程内容主要为自输水渠设计桩号 0－000～10＋450，全长 10 450 m 范围内渠道开挖、填筑、混凝土衬砌；按设计要求，渠道衬砌护坡、护底设纵横伸缩缝，封内填闭孔泡沫板、聚硫密封胶，伸缩缝每 15 m 一道，按纵横缝设置，缝宽 2 cm，板厚 15 cm；本合同采用固定单价合同，技术条款采用《水利水电工程标准施工招标文件：技术标准和要求(合同技术条款)》(2009 年版)。投标文件施工组织设计中，渠道混凝土衬砌采用衬砌机械化作业。

招标文件及投标文件第五章工程量清单编制说明第一条“工程量清单中的工程量为估算工程量，结算时应按实际完成的按设计施工图纸计算的有效工程量计算”。

施工承包合同技术条款采用《水利水电工程标准施工招标文件：技术标准和要求(合同技术条款)》(2009 年版)。

施工过程中，采用作业面连续浇筑衬砌，待混凝土终凝后，切割机割缝，再实施伸缩缝填缝工作。

结算时，承包人计算单块板伸缩缝体积0.09 m^3、伸缩缝截面面积0.003 m^2，以“混凝土有效工程量不扣除设计单体体积小于0.1 m^3的圆角或斜角，单体占用的空间体积小于0.1 m^3的钢筋和金属件，单体横截面面积小于0.1 m^2的孔洞、排水管、预埋管和凹槽等所占的体积，按设计要求对上述孔洞回填的混凝土也不计量”为由，要求对衬砌混凝土按无缝浇筑量计算，增加混凝土衬砌量130 m^3，其中，闭孔泡沫板所占体积93 m^3，双组分聚硫胶所占体积37 m^3。

问题：

承包人要求是否成立？

参考答案：

依据本合同技术条款混凝土计量与支付“普通混凝土按施工图纸所示尺寸计算的有效体积以‘m^3’为单位计量，由发包人按‘工程量清单’相应项目有效工程量的每立方米工程单价支付”的规定，衬砌混凝土的有效体积应按施工图纸计算的不包括伸缩缝的成品体积。

又依据“止水、止浆、伸缩缝等按施工图纸所示各种材料数量以‘m(或m^3)’为单位计量，由发包人按‘工程量清单’相应项目有效工程量的每米(或平方米)工程单价支付”的规定及本合同工程量清单设置，闭孔泡沫板、聚硫密封胶单独计量，也就是说，所有涉及伸缩缝工作的内容，都包含在伸缩缝投标综合单价中。

依据施工工艺流程，衬砌混凝土浇筑可采用分仓间隔浇筑或连续浇筑，可采用预留伸缩缝或后设置伸缩缝，承包人采用机械化衬砌，采用后割法设置伸缩缝是为保证机械化施工的连续性和伸缩缝的定位而必须采取的整体性一次浇筑法，应属于混凝土浇筑措施费范畴。

综合以上分析，伸缩缝增加混凝土的浇筑切割等费用，应包含在混凝土衬砌或伸缩缝综合报价中，不应单独计量结算。

第七节　预制混凝土

(1)预制混凝土构件的预制和安装，按施工图纸所示尺寸计算的有效体积以“m^3”为单位计量，由发包人按“工程量清单”相应项目有效工程量的每立方米工程单价支付。

(2)预制混凝土的钢筋费用和模板费用，均包含在“工程量清单”相应预制混凝土预制项目有效工程量的工程单价中，发包人不另行支付。

(3)除合同另有约定外，承包人完成预制混凝土构件的吊装、运输、就位、固定、填缝灌浆、复检、焊接等工作所需要的费用，包含在“工程量清单”相应预制混凝土安装项目有效工程量的每立方米工程单价中，发包人不另行支付。

注释：

《水利工程工程量清单计价规范》(GB 50501—2007)中A.12.2预制混凝土工程量清单项目的工程量计算规则：

(1)按招标设计图图示尺寸计算的有效实体方体积计量。预制混凝土价格包括预制、预制场内调运、堆存等所发生的全部费用。

(2)预制混凝土工程中的模板、钢筋、埋件、预应力锚索及附件、加工及安装过程中操作损耗等所发生的费用,应摊入有效工程量的工程单价中。

【案例 7】　背景资料:

某水利跨河交通桥工程,施工图纸设计为 C40 钢筋混凝土预应力空心板(先张法),其中桥板结构图中明确标注桥板预留空心两端采用 C35 混凝土封堵,封堵长度 0.5 m。承包人投标文件已标价工程量清单部分如表 3-4 所示。

表 3-4　工程量清单表

序号	项目编码	项目名称	单位	数量
1.6.4.5.1	500112003002	C40 预应力空心板(先张法)预制、运输、安装	m^3	58.00
1.6.4.5.2	500109001016	现浇 C40 钢筋混凝土铰缝	m^3	9.00
1.6.4.5.3	500109010002	凿毛混凝土	m^2	137.00
1.6.4.5.4	500111001025	预应力空心板钢筋制安	t	12.98
1.6.4.5.5	500111001004	预应力空心板钢绞线制安 ϕs15.2	t	1.03

招标投标文件相关约定如下:

(1)施工总承包合同技术条款采用《水利水电工程标准施工招标文件:技术标准和要求(合同技术条款)》(2009 年版)。

(2)招标文件第五章《价格清单编制说明》第一条 1.1 款约定:价格清单列出的任何数量,为招标估算工程量,结算工程量应按实际完成情况依据施工图纸计算的有效工程量核算。

(3)招标文件第五章《价格清单编制说明》第一条 1.2 款约定:本价格清单应与招标文件中投标须知、专用条款、通用条款、技术条款、《水利工程工程量清单计价规范》(GB 50501—2007)、山东省水利水电定额、现行公路定额及其取费标准等一起阅读和理解。

(4)合同专用条款 1.4 合同文件的优先顺序:组成合同的各项文件应互相解释,互为说明,解释合同文件的优先顺序如下:合同协议书、中标通知书、投标函及其投标函附录、专用合同条款、通用合同条款、技术条款、招标文件、施工图纸、已标价工程量清单、其他合同文件。

施工中,承包人以"对比招标、施工图纸及工程量清单,C35 封堵混凝土不含在已标价工程量清单中,属于清单漏项"为理由,申请增加相关费用。

问题:

1. 此工程量清单设置是否合理?

2. 承包人申请是否成立?

参考答案:

问题 1:

本工程量清单中预应力空心板制作与安装设置为"C40 预应力空心板(先张法)预制、运输、安装、钢筋制安、现浇 C40 钢筋混凝土铰缝、预应力钢绞线制安",依据本合同技术条款预制混凝土的计量与支付14.11.4款“预制混凝土的钢筋费用和模板费用，均包含在‘工程量清单’相应预制混凝土预制项目有效工程量的工程单价中，发包人不另行支付”“除合同另有约定外，承包人完成预制混凝土构件的吊装、运输、就位、固定、填缝灌浆、复检、焊接等工作所需要的费用，包含在‘工程量清单’相应预制混凝土安装项目有效工程量的每立方米工程单价中，发包人不另行支付”的约定，工程量清单设置与《技术标准和要求》约定的计量计价方式不对应。

依据合同专用条款合同文件解释顺序，技术条款优于工程量清单及施工图纸，按技术条款预制混凝土的计量与计价约定，本工程量清单中“钢筋制安、现浇C40钢筋混凝土铰缝、预应力钢绞线制安”分类分项设置与“C40预应力空心板(先张法)预制、运输、安装、钢筋制安”的预制安装设置相冲突。

此类合同已经签署，也就意味着发承包双方对已标价工程量清单的认可。但依据合同的相关约定，如按工程量清单设置计量结算将存在稽查、审计纠纷，承包人存在相关经济损失的风险。

综上所述，此工程量清单设置不合理。

问题2：

(1)招标文件第五章“价格清单编制说明”第一条1.2款约定：本价格清单应与招标文件中投标须知、专用条款、通用条款、技术条款、《水利工程工程量清单计价规范》(GB 50501—2007)、山东省水利水电定额、现行公路定额及其取费标准等一起阅读和理解。

(2)现行公路定额注释预应力空心板定额预制与安装消耗量中包含了空心端头封堵混凝土的消耗量。

由以上规定可知，混凝土空心板端头封堵的相关费用应包含在工程量清单中。

第四章　工程总承包

第一节　工程总承包趋势及优势分析

工程总承包就是建设单位将一个工程项目的设计、采购、施工和试运行中的全过程或两个以上阶段交给一家总承包商进行整体实施。

根据不同的组合又分为以下具体模式：

(1)EPC 模式(交钥匙工程)。工程总承包商承担工程项目的设计、采购、施工、试运行服务等工作，对承包工程的质量、安全、工期、造价全面负责，是我国目前推行总承包模式最主要的一种。

(2)DB 模式(设计 + 施工总承包)。工程总承包商承担工程项目设计和施工工作，对承包工程的质量、安全、工期、造价全面负责。

(3)EP 模式(设计 + 采购总承包)。

(4)PC 模式(采购 + 施工总承包)。

相对施工总承包工程总承包的优势：

根据住房和城乡建设部发布《关于进一步推进工程总承包发展的若干意见》(简称《意见》)，我国工程总承包人能够在项目可行性研究、方案设计或者初步设计完成后即可介入项目，所以工程总承包人在设计阶段就能充分考虑施工的可行性，开展精细化设计和优化设计，实现项目设计、采购和施工的合理交叉与衔接。工程总承包通过设计、采购与施工的工艺一体化与项目管理集成，能有效地解决传统建设模式下因勘查、设计、采购与施工单线运行所造成的相互分割与脱节、权责不清、相互推诿的问题，能有效提高工程的建设质量。

因为工程总承包人能够比施工总承包人更早地介入项目，参与设计阶段的工作，所以其能有效地将设计、采购与施工等各个重要环节深度融合为一体，避免了大量不必要的变更，加快了材料设备采购流程，减少了协调沟通时间，从而能够在确保工程质量与成本控制的情况下，有效地合理缩短建设工期。

业主只需进行一次招标，选定工程总承包人，由工程总承包人负责项目具体的设计、采购、施工、试运行等全面建设内容，不需要参与繁杂的项目管理与协调工作，从而大大降低了其投资建设的风险；同时，工程总承包一般采用总价合同，固定总价与工期，通常情况下除合同约定与法律规定外的所有风险均由工程承包人承担，所以采用工程总承包模式建设的业主的投资风险与投资总额比采用传统建设模式具有更高的可预测性与稳定性。

对于工程总承包人而言，参与工程总承包项目能使其比传统模式下获得更多的工程承包内容，并通过提高技术、采购、实施与管理能力，将设计、采购和施工等各个重要环节紧密融合，在确保合同约定质量与合同目的实现的前提下，合理缩短工期与降低成本，获取更高的工程利润。另外,因为采用工程总承包模式会让工程总承包企业承担比传统建设模式更高的风险与具有更多的不可预测性,将迫使工程总承包企业从质量上提高技术、改善管理、储备人才、扩宽融资渠道,唯有如此才能胜任设计、采购、施工与试运行甚至参与运营的一体化承包任务,才能在高风险项目中合理有效控制风险并获得高额利润,从而提高企业综合竞争力,有能力参与更大型更复杂的工程项目。

EPC 工程未来趋势:

从发布的政策可以看到,主管政府部门对工程总承包模式价值的认识在逐步深入,推进的措施也越来越具体,在实际的建设市场,政府采用工程总承包发出来的项目越来越多,正成为推动工程总承包市场发展的主要力量。此外,装配式建筑的推广应用以及 BIM 等信息技术的快速发展也将对这一组织实施方式的变革起到促进作用,工程总承包将成为未来建筑企业竞相争夺的高端市场。

对工程总承包商的要求:

(1)强大的业务整合能力。这是指通过对产业链中有前景的上游或下游产业,如项目投资、设备生产、材料供应或项目运营等,以核心业务为主进行有效整合,形成战略经营单位,以实现业务协同的综合能力。

(2)大型复杂国际工程的跨国经营管理,要求承包商对项目实施的参与各方和利益相关各方,通过共同的价值目标,进行资源整合,形成一个利益共同体,积极发挥各方优势。

(3)兼并扩张能力。通过收购和整合,可以迅速实现资本扩张,扩大企业规模,形成市场优势,实现多元化经营,提高企业的经营效益。

EPC 存在困境:

早在 1984 年,国家计划委员会、城乡建设环境保护部就颁布了《工程承包公司暂行办法》,但遗憾的是此后却没有再制定有关工程总承包的法律、法规。同时,之后制定的《建筑法》《招标投标法》和《建设工程质量管理条例》等建设领域的法律、法规,只针对勘察、设计、施工、监理和招标代理等分别做出规定。对已成为国际建设主要模式之一的工程总承包却未做具体规定。《建筑法》第二十四条关于"提倡对建筑工程实行总承包"的说法模糊,而关于"不得将应当由一个承包单位完成的建筑工程肢解成若干部分发包给几个承包单位"的说法,更是至今没有明确的解释与界定。在招标投标管理上,《工程建设项目勘察设计招标投标办法》和《工程建设项目施工招标投标办法》亦没有对工程总承包项目的招标投标做出规定。在企业资质管理上,虽然我国于 1993 年制定了《设计单位进行工程总承包资格管理的有关规定》,但却被 2003 年颁布的《关于培育发展工程总承包和工程项目管理企业的指导意见》(建市〔2003〕30 号)废止,之后制定的《建筑业企业资质管理规定》中更是缺少了工程总承包资质的设置。由于这种立法上的滞后,造成了国内在采用 EPC 模式进行投资建设时,面临无具体法律规则适用之尴尬。

如说立法上的滞后会在规则适用上遇到无规则可用的尴尬,而与现行法律规定存在严重冲突,则无论是给业主还是工程总承包企业,甚至是具体的从业人员,均带来巨大的法律风险,从而扼杀了 EPC 模式在国内发展的萌芽。

首先,我国《建筑法》《招标投标法》《合同法》等有关法律以及相关司法解释均是在仅考虑施工总承包需要与适用情形的基础上制定的，并未考虑工程总承包的特殊需要与适用情形，甚至未意识到工程总承包与施工总承包之间存在巨大的差别。因此，《招标投标法》第五十八条、《建筑法》第二十四条、《合同法》第二百七十二条、《最高人民法院关于审理建设工程施工合同纠纷案件适用法律问题的解释》（简称《司法解释》）第一条等现行法律规定了禁止肢解发包、主体结构分包、二次分包、承包人必须具有相应的承包资质等，而这些问题在 EPC 模式下则将难以避免，甚至是市场专业化分工的必然需要。所以，要么企业冒着行政处罚甚至刑事风险选择采用 EPC 模式，要么明智地退而求其次，选择平行发包然后在施工阶段选择施工总承包，所以立法上的滞后和与现行法律之间存在的严重冲突，长期困扰着企业与相关从业人员，包括为工程总承包提供服务的法律工作者，无形中成倍加大了 EPC 模式在国内项目中的推广与应用难度。

其次，虽然姗姗来迟的《意见》已针对 EPC 模式在实践中存在的问题做了回应，例如《意见》中规定：第一，工程总承包企业应当具有与工程规模相适应的设计或施工资质（排除了勘察资质）；第二，设计单位作为工程总承包人时应将施工业务分包，施工单位作为工程总承包人时应将设计业务分包；第三，施工单位作为工程总承包人应具有安全许可证，而设计单位作为工程总承包人则不作此要求；第四，从事工程总承包项目的项目经理取得注册建筑师、注册建造师、注册监理工程师、勘察设计注册工程师及高级专业技术职称之一即可。《意见》回应了工程总承包资质问题、设计单位作为工程总承包时能否将主体结构分包的问题、设计单位作为工程总承包时是否必须办理安全许可证的问题、工程总承包项目经理的从业资格问题，但是，《意见》对工程总承包项目是否进行招标投标、如何招标投标、是否可二次分包、如何进行监管与备案等重要问题进行了回避。

最后，《意见》的效力比较低，仅能表明当前建设主管部门对 EPC 模式持有鼓励的态度，并未能真正解决 EPC 模式在国内建设实践中可能存在的肢解发包、违法分包、缺少相应的承包资质等严重违反法律规定的问题。一旦发生纠纷或产生安全事故，行政监督管理部门或人民法院也难以参照《意见》适用。

第二节 工程总承包案例

【案例 1】 背景资料：

某一新建办公大楼，由国家财政部直接投资。某银行作为工程发包人（称发包人），经国际招标投标由国内大型中央施工企业某国际建设公司（称总承包人）中标。项目发承包方式为设备采购及施工总承包，合同采取工程造价加技术变更增量总价一次包死，合同约定包死范围内的价款不再调整。履行过程中，同样经国际招标投标程序，总承包人与国外某专业承包人签订了项目机电安装工程的《分包协议书》，分包合同总金额折合人民币为 2.97 亿元，后来双方调整为 2.12 亿元。分包工期延误 1 年又 7 个月。争议发生时总承包人已支付折合人民币 17 628 万元。

本案在工程发包招标时，招标人的招标文件里附了一个附件《本项目分类签证管理办法》，并要求投标人以书面方式承诺：如果中标则严格执行该办法。这个管理办法的要点，发包人把工程签证分为三类：

第一类是技术变更签证。发包人认为:作为有经验的承包人,此类已有设计文件基础上的变更会引起的增量应该有能力予以判断和控制,为此要求投标人在投标时对合同造价外可能发生因技术变更的增量同时进行报价,并和合同造价一并包死。办法规定此类变更以英文字母"A"编序。凡发包人发出A字编号的变更通知,承包人收到即应执行,不再调整价款。

第二类是经济变更签证。也即双方在合同履行过程中发生招标投标时无法进行投标报价或新增项目的变更,办法规定以英文字母"B"编序。凡发包人发出B类变更的,承包人可以另行报价,双方确定、调整价格后再执行。

第三类是变更类别的签证。即承包人对发包人发出变更类别持有异议,要求把更改变更类别的签证,办法规定此类签证由承包人提出,编序以英文字母"C"为序。C类签证由发包人决定是否同意,如发包人接受,则类别予以改变,A类可以变为B类,发包人予以变更调价;如发包人不认可,该C类变更仍属A类变更,不能调价。发包人精心设计的此特定的签证管理办法,从形式上看并无明显的不公平和不合理之处,并且作为组成部分已纳入合同文件范围,但从合同约定范围内工程量的增减看,是发包人从总体上把控了合同履行过程中的签证和索赔的增量。

本案总承包人为分解、控制相应的风险,对所有的分包工程也通过同样的国际招标投标程序,并把该办法作为招标文件的组成部分。在分包工程招标投标时,总承包人也同样要求各分包人在投标时同步做出书面承诺,同意执行分包工程招标文件所附的承发包合同附件《本项目签证管理办法》;当分包合同履行过程中出现的各种签证索赔事项,总承包人和分包人也按三类分类的变更签证标准同步执行。

由于总分包合同执行与承发包合同相同的签证索赔管理办法和操作流程,分包人与总承包人之间发生的签证索赔事项,分包人依约也只能按所作的承诺以及和承发包合同一样的程序履行,即总分包合同的实际履行中同步执行相同标准的承发包合同关于签证和索赔的规定。总分包合同明确约定:分包人提出的C类变更签证,由总承包人转送发包人确认。分包人的索赔是否能够成功,以发包人是否批复同意为准。

本案工程完工结算系争分包工程款时,分包人因357项C类变更未获发包人同意向总承包人提出索赔要求,总承包人反复说明全部索赔材料已移送发包人,由于发包人不予批复同意,总承包人无能为力。总、分包人之间多次协商未果,分包人依据分包合同的约定,向中国国际经济贸易仲裁委员会(简称仲裁委)提出仲裁申请,并提交了全部证据,要求总包人向分包人支付工程尾款和上述索赔款总计折合人民币14 343万元。总承包人向仲裁委提交了反请求书,以发包人未批复C类签证以及分包人工期延误损失赔偿为由,提出反请求金额为人民币9 437万元。

案件审理中,因被申请人依据合同所附管理办法及分包工程招标投标文件,以及发包人不同意的批复等证据确凿、充分,反请求有理有据,被申请人的主张基本上得到了支持。双方最终在仲裁庭的主持下达成和解协议,总承包人对争议的期望值得到全面实现。根据和解协议,双方共同确认总承包人再向分包人支付共计5 275万元,并由被申请人进行分期付款,双方互不再负有任何支付义务。总承包人和分包人均放弃其他仲裁请求和反请求,本案纠纷以分包人承担重大损失为前提得以妥善解决。

一、面对承包人不断加强签证索赔管理的现状,本案中《项目分类签证管理办法》通过招标投标使其成为合同的约定部分,是一种发包人取得实际成效的成功对策。

二、《项目分类签证管理办法》成为发包人事实上的“防火墙”,发包人与总分包双方的争议解决不发生利害关系,有效预防了风险。

三、针对索赔过期作废的新的合同管理制度,发包人应对工程签证、索赔建立全新的认识,尤其要加强对索赔期限的管理。

工程合同的依法原则包括从约原则,当事人有约定的应从其约定。面对承包人不断加强签证索赔管理的现状,发包人同样应当高度重视并研究对策,本案《项目分类签证管理办法》通过招标投标使其成为合同的约定部分,就是一种发包人取得实际成效的成功对策。

工程签证索赔管理指向施工合同价款外增加工程量的结算,签证索赔管理办法涉及合同价款外增加工程量的计价标准和方法。《最高人民法院关于审理建设工程施工合同纠纷案件适用法律问题的解释》第十六条规定:当事人对建设工程的计价标准或者计价方法有约定的,按照约定结算工程价款。这就是工程合同的从约原则,适用于当事人在合同中有相应约定的普遍情况。

司法实践中的从约原则表明当事人对工程计价标准或方法有特别约定而不违反法律的,案件审理应从其约定。本案发包人通过招标投标确定的合同附件《项目分类签证管理办法》,正是当事人关于合同价款外增加工程量的特定的计价标准和方法。因其经招标投标的要约和承诺已成为合同的组成部分,且并不违反法律、法规的有关规定,因此是合法、有效的。现实司法实践中,更多的案件当事人发生签证索赔争议时,往往因合同约定太原则、太朦胧而缺乏具体的条款依据,双方各执一词而使案件疑难复杂。本案的这个《项目分类签证管理办法》就成为解决争议的合同依据,成为妥善处理案件当事人的准则。

从本案的实际审理和处理依据看,仲裁庭完全认可总、分包双方约定的同步执行承发包之间的《本项目签证管理办法》的处理原则,并采信其作为解决争议的依据。该办法事实上也起到了保护发包人合法权益的实际效果。发包人如何化解承包人“低中标、勤签证、高结算”的九字方针?如何应对承包人勤于签证、精于索赔的不变法则?这个问题在工程实践中一度被认为没有什么好的对策,承包人取得承包权后市场地位已经变化,发包人没有什么办法能够化解。本案发包人因为高度重视这个问题并花功夫研究对策,通过招标投标程序,通过特定的《项目分类签证管理办法》并使其成为合同的组成部分,被案件实践证明是一种能够让发包人取得显著成效的成功对策。司法实践同时证明:发包人重视应对、化解承包人的九字方针是一种加强发包人的施工合同管理的新思路,本案实践同时证明思路决定出路。

通常情况下,分包人因工程价款与总承包人发生纠纷,发包人难以独善其身,或者被作为共同被诉人,或者作为被追偿人,而本案的《项目分类签证管理办法》成为发包人事实上的“防火墙”,发包人与总分包双方的争议解决不发生利害关系,有效预防了风险。

司法实践中,当总承包人被分包人或者劳务分包人追索工程欠款,如果是诉讼案件,总承包人一般会要求追加发包人为被告或第三人;如果是仲裁案件,总包人会同步或事后提起对发包人的另案仲裁。但是,本案的总承包人却不然,而是径直向分包人提出 9 437 万元的巨额反请求,此举是因为合同有明确具体的约定,总承包人无法通过与发包人之间的争议途径来解决实际问题,在追究发包人责任无望的情况下对分包人所采取的以攻为守的措施,此举的实际效果使发包人与总、分包之间建立了仲裁“防火墙”,从而使发包人在本案中真正做到了独善其身,这是本案另一个显著的特点。事实上,本案之后,总承包人也没有再与发包人发生纠纷或争议。不能不说,决定本案有利于发包人的上述特点,其实就是《项目分类签证管理办法》成为争议“防火墙”的实际功效。这个办法的设计者,充分了解合同各方当事人的法律地位和权利义务关系,站在有利于发包人的地位和角度,用明确、具体的操作性约定,有效地缩小了承包人实施签证索赔的范围和概率。这一特定办法符合本案合同的特点和需求。

承包人强化在合同履行过程中的签证索赔的管理,对发包人的控制工程造价确实产生了不小的困难,但办法总比困难多,只要发包人一方同样在思想上高度重视应对承包人的九字方针,并根据项目的具体情况研究、制定有效的应对措施,承发包双方就一定会在同步加强合同履约管理新的平台获得新的平衡。

针对索赔过期作废的新的合同管理制度,发包人应对工程签证、索赔建立全新的认识,尤其应转变对索赔相关约定及索赔期限的认识:

第一,发包人应尽量在专用条款中明确约定索赔过期作废制度,并在涉诉时以此进行抗辩。

第二,发包人应注意在期限内对索赔材料进行回复。

第三,发包人应注意在期限内进行索赔。

附　录

附录一

建设项目工程总承包合同（GF—2018—0216）

住房和城乡建设部
国家工商行政管理总局　制定

第一部分　合同协议书

发包人（全称）____

承包人（全称）____

依照《中华人民共和国合同法》《中华人民共和国建筑法》《中华人民共和国招标投标法》及相关法律、行政法规，遵循平等、自愿、公平和诚信原则，合同双方就____________________________项目工程总承包事宜经协商一致，订立本合同。

一、工程概况

工程名称：____

工程批准、核准或备案文号：________________________________

工程内容及规模：____________________________________

工程所在省市详细地址：________________________________

工程承包范围：______________________________________

二、工程主要生产技术（或建筑设计方案）来源

____

三、主要日期

设计开工日期（绝对日期或相对日期）：__________________________

施工开工日期（绝对日期或相对日期）：__________________________

工程竣工日期（绝对日期或相对日期）：__________________________

四、工程质量标准

工程设计质量标准：____________________________________

工程施工质量标准：____________________________________

五、合同价格和付款货币

合同价格为人民币（大写）：__________元（小写金额：__________元）。

详见合同价格清单分项表。除根据合同约定的在工程实施过程中需进行增减的款项外，合同价格不作调整。

六、定义与解释

本协议书中有关词语的含义与通用条款中赋予的定义与解释相同。

七、合同生效

本合同在以下条件全部满足之后生效：__________________________

发包人：（公章或合同专用章）

法定代表人或其授权代表：（签字）

工商注册住所：
企业组织机构代码：
邮政编码：
法定代表人：

授权代表：

电　　话：

传　　真：

电子邮箱：

开户银行：

账　　号：

承包人：（公章或合同专用章）

法定代表人或其授权代表：（签字）

工商注册住所：
企业组织机构代码：
邮政编码：
法定代表人：

授权代表：

电　　话：

传　　真：

电子邮箱：

开户银行：

账　　号：

合同订立时间：____年____月____日

合同订立地点：______________________

第二部分　通用条款

第 1 条　一般规定

1.1　定义与解释

1.1.1　合同，指由第 1.2.1 项所述的各项文件所构成的整体。

1.1.2　通用条款，指合同当事人在履行工程总承包合同过程中所遵守的一般性条款，由本文件第 1 条至第 20 条组成。

1.1.3　专用条款，指合同当事人根据工程总承包项目的具体情况，对通用条款进行细化、完善、补充、修改或另行约定，并同意共同遵守的条款。

1.1.4　工程总承包，指承包人受发包人委托，按照合同约定对工程建设项目的设计、采购、施工（含竣工试验）、试运行等阶段实行全过程或若干阶段的工程承包。

1.1.5　发包人，指在合同协议书中约定的，具有项目发包主体资格和支付工程价款能力的当事人或取得该当事人资格的合法继承人。

1.1.6　承包人，指在合同协议书中约定的，被发包人接受的具有工程总承包主体资格的当事人，包括其合法继承人。

1.1.7　联合体，指经发包人同意由两个或两个以上法人或者其他组织组成的，作为工程承包人的临时机构，联合体各方向发包人承担连带责任。联合体各方应指定其中一方作为牵头人。

1.1.8　分包人，指接受承包人根据合同约定对外分包的部分工程或服务的，具有相应资格的法人或其他组织。

1.1.9　发包人代表，指发包人指定的履行本合同的代表。

1.1.10　监理人，指发包人委托的具有相应资质的工程监理单位。

1.1.11　工程总监，指由监理人授权、负责履行监理合同的总监理工程师。

1.1.12　项目经理，指承包人按照合同约定任命的负责履行合同的代表。

1.1.13　工程，指永久性工程和（或）临时性工程。

1.1.14　永久性工程，指承包人根据合同约定，进行设计、施工、竣工试验、竣工后试验和试运行考核并交付发包人进行生产操作或使用的工程。

1.1.15　单项工程，指专用条件中列明的具有某项独立功能的工程单元，是永久性工程的组成部分。

1.1.16　临时性工程，指为实施、完成永久性工程及修补任何质量缺陷，在现场所需搭建的临时建筑物、构筑物，以及不构成永久性工程实体的其他临时设施。

1.1.17　现场或场地，指合同约定的由发包人提供的用于承包人现场办公，工程物资、机具设施存放和工程实施的任何地点。

1.1.18　项目基础资料，指发包人提供给承包人的经有关部门对项目批准或核准的文件、报告（如选厂报告、资源报告、勘察报告等）、资料（如气象、水文、地质等）、协议（如原料、燃料、水、电、气、运输等）和有关数据等，以及设计所需的其他基础资料。

1.1.19　现场障碍资料，指发包人需向承包人提供的进行工程设计、现场施工所需的地上和地下已有的建筑物、构筑物、线缆、管道、受保护的古建筑、古树木等坐标方位、数据和其他相关资料。

1.1.20　设计阶段,指规划设计、总体设计、初步设计、技术设计和施工图设计等阶段。设计阶段的组成,视项目情况而定。

1.1.21　工程物资,指设计文件规定的将构成永久性工程实体的设备、材料和部件,以及进行竣工试验和竣工后试验所需的材料等。

1.1.22　施工,指承包人把设计文件转化为永久性工程的过程,包括土建、安装和竣工试验等作业。

1.1.23　竣工试验,指工程和(或)单项工程被发包人接收前,应由承包人负责进行的机械、设备、部件、线缆和管道能性能试验。

1.1.24　变更,指在不改变工程功能和规模的情况下,发包人书面通知或书面批准的,对工程所作的任何更改。

1.1.25　施工竣工,指工程已按合同约定和设计要求完成土建、安装,并通过竣工试验。

1.1.26　工程接收,指工程和(或)单项工程通过竣工试验后,为使发包人的操作人员、使用人员进入岗位进行竣工后试验、试运行准备,由承包人与发包人进行工程交接,并由发包人颁发接收证书的过程。

1.1.27　竣工后试验,指工程被发包人接收后,按合同约定由发包人自行或在发包人组织领导下由承包人指导进行的工程的生产和(或)使用功能试验。

1.1.28　试运行考核,指根据合同约定,在工程完成竣工试验后,由发包人自行或在发包人的组织领导下由承包人指导下进行的包括合同目标考核验收在内的全部试验。

1.1.29　考核验收证书,指试运行考核的全部试验完成并通过验收后,由发包人签发的验收证书。

1.1.30　工程竣工验收,指承包人接到考核验收证书、完成扫尾工程和缺陷修复,并按合同约定提交竣工验收报告、竣工资料、竣工结算资料,由发包人组织的工程结算与验收。

1.1.31　合同期限,指从合同生效之日起,至双方在合同下的义务履行完毕之日止的期间。

1.1.32　基准日期,指递交投标文件截止日期之前30日的日期。

1.1.33　项目进度计划,指自合同生效之日起,按合同约定的工程全部实施阶段(包括设计、采购、施工、竣工试验、工程接收、竣工后试验至试运行考核等阶段)或若干实施阶段的时间计划安排。

1.1.34　施工开工日期,指合同协议书中约定的,承包人开始现场施工的绝对日期或相对日期。

1.1.35　竣工日期,指合同协议书中约定的,由承包人完成工程施工(含竣工试验)的绝对日期或相对日期,包括按合同约定的任何延长日期。

1.1.36　绝对日期,指以公历年、月、日所表明的具体期限。

1.1.37　相对日期,指以公历天数表明的具体期限。

1.1.38　关键路径,指项目进度计划中直接影响到竣工日期的时间计划线路。该关键路径由合同双方在讨论项目进度计划时商定。

1.1.39 日、月、年，指公历的日、月、年。本合同中所使用的任何期间的起点均指相应事件发生之日的下一日。如果任何时间的起算是以某一期间届满为条件，则起算点为该期间届满之日的下一日。任何期间的到期日均为该期间届满之日的当日。

1.1.40 工作日，指除中国法定节假日外的其他公历日。

1.1.41 合同价格，指合同协议书中约定的、承包人进行设计、采购、施工、竣工试验、竣工后试验、试运行考核和服务等工作的价款。

1.1.42 合同价格调整，指依据法律及合同约定需要增减的费用而对合同价格进行的相应调整。

1.1.43 合同总价，指根据合同约定，经调整后的合同结算价格。

1.1.44 预付款，是指根据合同约定，由发包人预先支付给承包人的款项。

1.1.45 工程进度款，指发包人根据合同约定的支付内容、支付条件，分期向承包人支付的设计、采购、施工和竣工试验的进度款，以及竣工后试验和试运行考核的服务费与工程总承包管理费等款项。

1.1.46 工程质量保修责任书，指依据有关质量保修的法律规定，发包人与承包人就工程质量保修相关事宜所签订的协议。

1.1.47 缺陷责任保修金，指按合同约定发包人从工程进度款中暂时扣除的，作为承包人在施工过程及缺陷责任期内履行缺陷责任担保的金额。

1.1.48 缺陷责任期，指承包人按合同约定承担缺陷保修责任的期间，一般应为 12 个月。因缺陷责任的延长，最长不超过 24 个月。具体期限在专用条款约定。

1.1.49 书面形式，指合同书、信件和数据电文等可以有形地表现所载内容的形式。数据电文包括电传、传真、电子数据交换和电子邮件。

1.1.50 违约责任，指合同一方不履行合同义务或履行合同义务不符合合同约定所须承担的责任。

1.1.51 不可抗力，指不能预见、不能避免并不能克服的客观情况，具体情形由双方在专用条款中约定。

1.1.52 根据本合同工程的特点，需补充约定的其他定义。在专用条款中约定。

1.2 合同文件

1.2.1 合同文件的组成。合同文件相互解释，互为说明。除专用条款另有约定外，组成本合同的文件及优先解释顺序如下：

(1)本合同协议书。

(2)本合同专用条款。

(3)中标通知书。

(4)招投标文件及其附件。

(5)本合同通用条款。

(6)合同附件。

(7)标准、规范及有关技术文件。

(8)设计文件、资料和图纸。

(9)双方约定构成合同组成部分的其他文件。

双方在履行合同过程中形成的双方授权代表签署的会议纪要、备忘录、补充文件、变更和洽商等书面形式的文件构成本合同的组成部分。

1.2.2 当合同文件的条款内容含糊不清或不相一致,并且不能依据合同约定的解释顺序阐述清楚时,在不影响工程正常进行的情况下,由当事人协商解决,当事人经协商未能达成一致,根据16.3款关于争议和裁决的约定解决。

1.2.3 合同中的条款标题仅为阅读方便,不作为对合同条款进行解释的依据。

1.3 语言文字

合同文件以中国的汉语简体语言文字编写、解释和说明。合同当事人在专用条款约定使用两种及以上语言时,汉语为优先解释和说明本合同的主导语言。

在少数民族地区,当事人可以约定使用少数民族语言编写、解释和说明本合同文件。

1.4 适用法律

本合同遵循中华人民共和国法律,指中华人民共和国法律、行政法规、部门规章,以及工程所在地的地方法规、自治条例、单行条例和地方政府规章。需要明示的国家和地方的具体适用法律的名称在专用条款中约定。

在基准日期之后,因法律变化导致承包人的费用增加的,发包人应合理增加合同价格;如果因法律变化导致关键路径工期延误的,应合理延长工期。

1.5 标准、规范

1.5.1 适用于本工程的国家标准规范,和(或)行业标准规范,和(或)工程所在地方的标准规范,和(或)企业标准规范的名称(或编号),在专用条款中约定。

1.5.2 发包人使用国外标准、规范的,负责提供原文版本和中文译本,并在专用条款中约定提供的标准、规范的名称、份数和时间。

1.5.3 没有相应成文规定的标准、规范时,由发包人在专用条款中约定的时间向承包人列明技术要求,承包人按约定的时间和技术要求提出实施方法,经发包人认可后执行。承包人需要对实施方法进行研发试验的,或须对施工人员进行特殊培训的,除合同价格已包含此项费用外,双方应另行签订协议作为本合同附件,其费用由发包人承担。

1.5.4 在基准日期之后,因国家颁布新的强制性规范、标准导致承包人的费用增加的,发包人应合理增加合同价格;导致关键路径工期延误的,发包人应合理延长工期。

1.6 保密事项

当事人一方对在订立和履行合同过程中知悉的另一方的商业秘密、技术秘密,以及任何一方明确要求保密的其他信息,负有保密责任,未经同意,不得对外泄露或用于本合同以外的目的。一方泄露或者在本合同以外使用该商业秘密、技术秘密等保密信息给另一方造成损失的,应承担损害赔偿责任。当事人为履行合同所需要的信息,另一方应予以提供。当事人认为必要时,可签订保密协议,作为合同附件。

第2条 发包人

2.1 发包人的主要权利和义务

2.1.1 负责办理项目的审批、核准或备案手续,取得项目用地的使用权,完成拆迁补偿工作,使项目具备法律规定的及合同约定的开工条件,并提供立项文件。

2.1.2　履行合同中约定的合同价格调整、付款、竣工结算义务。

2.1.3　有权按照合同约定和适用法律关于安全、质量、环境保护和职业健康等强制性标准、规范的规定，对承包人的设计、采购、施工、竣工试验等实施工作提议、修改和变更，但不得违反国家强制性标准、规范的规定。

2.1.4　有权根据合同约定，对因承包人原因给发包人带来的任何损失和损害，提出赔偿。

2.1.5　发包人认为必要时，有权以书面形式发出暂停通知。其中，因发包人原因造成的暂停，给承包人造成的费用增加由发包人承担，造成关键路径延误的，竣工日期相应顺延。

2.2　发包人代表

发包人委派代表，行使发包人委托的权利，履行发包人的义务，但发包人代表无权修改合同。发包人代表依据本合同并在其授权范围内履行其职责 。发包人代表根据合同约定的范围和事项，向承包人发出的书面通知，由其本人签字后送交项目经理。发包人代表的姓名、职务和职责在专用条款约定。发包人决定替换其代表时，应将新任代表的姓名、职务、职权和任命时间在其到任的15日前，以书面形式通知承包人。

2.3　监理人

2.3.1　发包人对工程实行监理的，监理人的名称、工程总监、监理范围、内容和权限在专用条款中写明。

监理人按发包人委托监理的范围、内容、职权利权限，代表发包人对承包人实施监督。监理人向承包人发出的通知，以书面形式由工程总监签字后送交承包人实施，并抄送发包人。

2.3.2　工程总监的职权与发包人代表的职权相重叠或不明确时，由发包人予以协调和明确，并以书面形式通知承包人。

2.3.3　除专用条款另有约定外，工程总监无权改变本合同当事人的任何权利和义务。

2.3.4　发包人更换工程总监时，应提前5日以书面形式通知承包人，并在通知中写明替换者的姓名、职务、职权、权限和任命时间。

2.4　安全保证

2.4.1　除专用条款另有约定外，发包人应负责协调处理施工现场周围的地下、地上已有设施和邻近建筑物、构筑物、古树名本、文物及坟墓等的安全保护工作，维护现场周围的正常秩序，并承担相关费用。

2.4.2　除专用条款另有约定外，发包人应负责工程现场临近正在使用、运行或由发包人用于生产的建筑物、构筑物、生产装置、设施、设备等，设置隔离设施，树立禁止入内、禁止动火的明显标志，判以书面形式通知承包人须遵守的安全规定和位置范围。因发包人的原因给承包人造成的损失和伤害，由发包人负责 。

2.4.3　本合同未作约定，而在工程主体结构或工程主要装置完成后，发包人要求进行涉及建筑主体及承重结构变动或涉及重大工艺变化的装修工程时，双方可另行签订委托合同，作为本合同附件。

发包人自行决定此类装修或发包人与第三方签订委托合同,由发包人或发包人另行委托的第三方提出设计方案及施工的,由此造成的损失、损害由发包人负责。

2.4.4　发包人负责对其代表、雇员、监理人及其委托的其他人员进行安全教育,并遵守承包人工程现场的安全规定。承包人应在工程现场以标牌明示相关安全规定,或将安全规定发送给发包人。因发包人的代表、雇员、监理人及其委托的其他人员未能遵守承包人工程现场的安全规定所发生的人身伤害、安全事故,由发包人负责。

2.4.5　发包人、发包人代表、雇员、监理人及其委托的其他人员应遵守7.8款健康、安全和环境保护的相关约定。

2.5　保安责任

2.5.1　现场保安工作的责任主体由专用条款约定。承担现场保安工作的一方负责与当地有关治安部门的联系、沟通和协调,并承担所发生的相关费用。

2.5.2　发包人与承包人商定工程实施阶段及区域的保安责任划分,并编制各自的相关保安制度、责任制度和报告制度,作为合同附件。

2.5.3　发包人按合同约定占用的区域、接收的单项工程和工程,由发包人承担相关保安工作,以及因此产生的费用、损害和责任。

第3条　承包人

3.1　承包人的主要权利和义务

3.1.1　承包人应按照合同约定的标准、规范、工程的功能、规模、考核目标和竣工日期,完成设计、采购、施工、竣工试验和(或)指导竣工后试验等工作,不得违反国家强制性标准、规范的规定。

本工程的具体承包范围,应依据合同协议书第一项"工程概况"中有关"工程承包范围"的约定。

3.1.2　承包人应按合同约定,自费修复因承包人原因引起的设计、文件、设备、材料、部件、施工中存在的缺陷,或在竣工试验和竣工后试验中发现的缺陷。

3.1.3　承包人应按合同约定和发包人的要求,提交相关报表。报表的类别、名称、内容、报告期、提交时间和份数,在专用条款中约定。

3.1.4　承包人有权根据4.6.4款承包人的复工要求、14.9款付款时间延误和17条不可抗力的约定,以书面形式向发包人发出暂停通知。除此之外,凡因承包人原因的暂停,造成承包人的费用增加由其自负,造成关键路径延误的应自费赶上。

3.1.5　对因发包人原因给承包人带来任何损失、损害或造成工程关键路径延误的,承包人有权要求赔偿和(或)延长竣工日期。

3.2　项目经理

3.2.1　项目经理,应是当事人双方所确认的人选。项目经理经授权并代表承包人负责履行本合同。项目经理的姓名、职责和权限在专用条款中约定。

项目经理应是承包人的员工,承包人应在合同生效后10日内向发包人提交项目经理与承包人之间的劳动合同,以及承包人为项目经理缴纳社会保险的有效证明,承包人不提交上述文件的,项目经理无权履行职责,由此影响工程进度或发生其他问题的,由承包人承担责任。

项目经理应常驻项目现场,且每月在现场时间不得少于专用条款约定的天数。项目经理不得同时担任其他项目的项目经理。项目经理确需离开项目现场时应事先取得发包人同意,并指定一名有经验的人员临时代行其职责。

承包人违反上述约定的,按照专用条款的约定,承担违约责任。

3.2.2 项目经理按合同约定的项目进度计划,并按发包人代表和(或)工程总监依据合同发出的指令组织项目实施。在紧急情况下,且无法与发包人代表和(或)工程总监取得联系时,项目经理有权采取必要的措施保证人身、工程和财产的安全,但须在事后48小时内向发包人代表和(或)工程总监送交书面报告。

3.2.3 承包人需要更换项目经理时,提前15日以书面形式通知发包人,并征得发包人的同意,继任的项目经理须继续履行3.2.1款约定的职责和权限。未经发包人同意,承包人不得擅自更换项目经理。承包人擅自更换项目经理的,按专用条款的约定,承担违约责任。

3.2.4 发包人有权以书面形式通知更换其认为不称职的项目经理,应说明更换因由,承包人应在接到更换通知后15日内向发包人提出书面的改进报告。发包人收到改进报告后仍以书面形式通知更换的,承包人应在接到第二次更换通知后的30日内进行更换,并将新任命的项目经理的姓名、简历以书面形式通知发包人。新任项目经理继续履行3.2.1款约定的职责和权限 。

3.3 工程质量保证

承包人应按合同约定的质量标准规范,确保设计、采购、加工制造、施工、竣工试验等各项工作的质量,建立有效的质量保证体系,并按照国家有关规定,通过质量保修责任书的形式约定保修范围、保修期限和保修责任。

3.4 安全保证

3.4.1 工程安全性能

承包人应按照合同约定和国家有关安全生产的法律规定, 进行设计、采购、施工、竣工试验,保证工程的安全性能。

3.4.2 安全施工

承包人应遵守7.8款职业健康、安全和环境保护的约定。

3.4.3 因承包人未遵守发包人按2.4.2款通知的安全规定和位置范围限定所造成的损失和伤害,由承包人负责。

3.4.4 承包人全面负责其施工场地的安全管理,保障所有进入施工场地的人员的安全。因承包人原因所发生的人身伤害、安全事故,由承包人负责。

3.5 职业健康和环境保护保证

3.5.1 工程设计

承包人应按照合同约定,并遵照《建设工程勘察设计管理条例》《建设工程环境保护条例》及其他相关法律规定进行工程的环境保护设计及职业健康防护设计,保证工程符合环境保护和职业健康相关法律和标准规定。

3.5.2 职业健康和环境保护

承包人应遵守7.8款职业健康、安全和环境保护的约定。

3.6　进度保证

承包人按4.1款约定的项目进度计划，合理有序地组织设计、采购、施工、竣工试验所需要的各类资源，以及派出有经验的竣工后试验的指导人员，采用有效的实施方法和组织措施，保证项目进度计划的实现。

3.7　现场保安

承包人承担其进入现场、施工开工至发包人接收单项工程和(或)工程之前的现场保安责任(含承包人的预制加工场地、办公及生活营区)。并负责编制相关的保安制度、责任制度和报告制度，提交给发包人。

3.8　分包

3.8.1　分包约定

承包人只能对专用条款约定列出的工作事项(含设计、采购、施工、劳务服务、竣工试验等)进行分包。

专用条款未列出的分包事项，承包人可在工程实施阶段分批分期就分包事项向发包人提交申请，发包人在接到分包事项申请后的15日内，予以批准或提出意见。发包人未能在15日批准亦未提出意见的，承包人有权在提交该分包事项后的第16日开始，将提出的拟分包事项对外分包。

3.8.2　分包人资质

分包人应符合国家法律规定的企业资质等级，否则不能作为分包人。承包人有义务对分包人的资质进行审查。

3.8.3　承包人不得将承包的工程对外转包，也不得以肢解方式将承包的全部工程对外分包。

3.8.4　设计、施工和工程物资等分包人，应严格执行国家有关分包事项的管理规定。

3.8.5　对分包人的付款

承包人应按分包合同约定，按时向分包人支付合同价款。除非专用条款另有约定外，未经承包人同意，发包人不得以任何形式向分包人支付任何款项。

3.8.6　承包人对分包人负责

承包人对分包人的行为向发包人负责，承包人和分包人就分包工作向发包人承担连带责任。

第4条　进度计划、延误和暂停

4.1　项目进度计划

4.1.1　项目进度计划

承包人负责编制项目进度计划，项目进度计划中的施工期限(含竣工试验)，应符合合同协议书的约定。关键路径及关键路径变化的确定原则、承包人提交项目进度计划的份数和时间，在专用条款约定。

项目进度计划经发包人批准后实施，但发包人的批准并不能减轻或免除承包人的合同责任。

4.1.2　自费赶上项目进度计划

承包人原因使工程实际进度明显落后于项目进度计划时，承包人有义务、发包人也有权利要求承包人自费采取措施，赶上项目进度计划。

4.1.3　项目进度计划的调整

出现下列情况，竣工日期相应顺延，并对项目进度计划进行调整：

(1)发包人根据5.2.1款提供的项目基础资料和现场障碍资料不真实、不准确、不齐全、不及时，或未能按14.3.1款约定的预付款金额和14.3.2款约定的付款时间付款，导致4.3.2款约定的设计开工日期延误，或4.4.2款约定的采购开始日期延误，或造成施工开工日期延误的。

(2)根据4.2.4款第2项的约定，因发包人原因，导致某个设计阶段审核会议时间的延误。

(3)根据4.2.4款第3项的约定，相关设计审查部门批准时间较合同约定的时间延长的。

(4)根据合同约定的其他延长竣工日期的情况。

4.1.4　发包人的赶工要求

合同实施过程中发包人书面提出加快设计、采购、施工、竣工试验的赶工要求，被承包人接受时，承包人应提交赶工方案，采取赶工措施。因赶工引起的费用增加，按13.2.4款的变更约定执行。

4.2　设计进度计划

4.2.1　设计进度计划

承包人根据批准的项目进度计划和5.3.1款约定的设计审查阶段及发包人组织的设计阶段审查会议的时间安排，编制设计进度计划。设计进度计划经发包人认可后执行。发包人的认可并不能解除承包人的合同责任。

4.2.2　设计开工日期

承包人收到发包人按5.2.1款提供的项目基础资料、现场障碍资料，以及14.3.2款的预付款收到后的第5日，作为设计开工日期。

4.2.3　设计开工日期延误

因发包人未能按5.2.1款的约定提供设计基础资料、现场障碍资料等相关资料，或未按14.3.1款和14.3.2款约定的预付款金额和支付时间支付预付款，造成设计开工日期延误的，设计开工日期和工程竣工日期相应顺延；因承包人原因造成设计开工日期延误的，按4.1.2款的约定，自费赶上。因发包人原因给承包人造成经济损失的，应支付相应费用。

4.2.4　设计阶段审查日期的延误

(1) 因承包人原因，未能按照合同约定的设计审查阶段及其审查会议的时间安排提交相关阶段的设计文件，或提交的相关设计文件不符合相关审核阶段的设计深度要求时，造成设计审查会议延误的，由承包人依据4.1.2款的约定，自费采取措施赶上；造成关键路径延误，或给发包人造成损失(审核会议准备费用)的，由承包人承担。

(2) 因发包人原因，未能按照合同约定的设计阶段审查会议的时间安排，造成某个设计阶段审查会议延误的，竣工日期相应顺延，因此给承包人带来的窝工损失，由发包人承担。

(3) 政府相关设计审查部门批准时间较合同约定时间延长的,竣工日期相应顺延。因此给双方带来的费用增加,由双方各自承担。

4.3 采购进度计划

4.3.1 采购进度计划

承包人的采购进度计划符合项目进度计划的时间安排,并与设计、施工和(或)竣工试验及竣工后试验的进度计划相衔接。采购进度计划的提交份数和日期,在专用条款约定。

4.3.2 采购开始日期

采购开始日期在专用条款约定。

4.3.3 采购进度延误

因承包人的原因导致采购延误,造成的停工、窝工损失和竣工日期延误的,由承包人负责。因发包人原因导致采购延误,给承包人造成的停工、窝工损失的,由发包人承担,若造成关键路径延误的,竣工日期相应顺延。

4.4 施工进度计划

4.4.1 施工进度计划

承包人应在现场施工开工15日前向发包人提交包括施工进度计划在内的总体施工组织设计。施工进度计划的开竣工时间,应符合合同协议书对施工开工和工程竣工日期的约定,并与项目进度计划的安排协调一致。发包人需承包人提交关键单项工程和(或)关键分部分项工程施工进度计划的,在专用条款中约定提交的份数和时间。

4.4.2 施工开工日期延误

施工开工日期延误的,根据下列约定确定延长竣工日期:

(1)因发包人原因造成承包人不能按时开工的,开竣工日期相应顺延。给承包人造成经济损失的,应支付相应费用。

(2)因承包人原因不能按时开工的,需说明正当理由,自费采取措施及早开工,竣工日期不予延长。

(3)因不可抗力造成施工开工日期延误的,竣工日期相应顺延。

4.4.3 竣工日期

(1)承包项目的试验阶段含竣工试验阶段时,按以下方式确定计划竣工日期和实际竣工日期:

①根据专用条款(9.1款工程接收)约定单项工程竣工日期,为单项工程的计划竣工日期;工程中最后一个单项工程的计划竣工日期,为工程的计划竣工日期。

②单项工程中最后一项竣工试验通过的日期,为该单项工程的实际竣工日期。

③工程中最后一个单项工程通过竣工试验的日期,为工程的实际竣工日期。

(2)承包项目的实施阶段不含竣工试验阶段时,按以下方式确定计划竣工日期和实际竣工日期:

①根据专用条款(9.1款工程接收)中所约定的单项工程竣工日期,为单项工程的计划竣工日期;工程中最后一个单项工程的计划竣工日期,为工程的计划竣工日期。

②承包人按合同约定,完成施工图纸规定的单项工程中的全部施工作业,并符合约定

的质量标准的日期,为单项工程的实际竣工日期。

③承包人按合同约定,完成施工图纸规定的工程中最后一个单项工程的全部施工作业,且符合合同约定的质量标准的日期,为工程的实际竣工日期。

(3)承包人为竣工试验或竣工后试验预留的施工部位或发包人要求预留的施工部位、不影响发包人实质操作使用的零星扫尾工程和缺陷修复,不影响竣工日期的确定。

4.5 误期赔偿

因承包人原因,造成工程竣工日期延误的,由承包人承担误期损害赔偿责任。每日延误的赔偿金额及累计的最高赔偿金额在专用条款中约定。发包人有权从工程进度款、竣工结算款或约定提交的履约保函中扣除赔偿金额。

4.6 暂停

4.6.1 因发包人原因的暂停

因发包人原因通知的暂停,应列明暂停的日期及预计暂停的期限。双方应遵守2.1.5款和3.1.4款的相关约定。

4.6.2 因不可抗力造成的暂停

因不可抗力造成工程暂停时,双方根据17.1款不可抗力发生时的义务和17.2款不可抗力的后果的条款的约定,安排各自的工作。

4.6.3 暂停时承包人的工作

当发生4.6.1款发包人的暂停和4.6.2款因不可抗力约定的暂停时,承包人应立即停止现场的实施工作,并根据合同约定负责在暂停期间,对工程、工程物资及承包人文件等进行照管和保护。因承包人未能尽到照管、保护的责任,造成损坏、丢失等,使发包人的费用增加,和(或)竣工日期延误的,由承包人负责。

4.6.4 承包人的复工要求

根据发包人通知暂停的,承包人有权在暂停45日后向发包人发出要求复工的通知。不能复工时,承包人有权根据13.2.5款调减部分工程的约定,以变更方式调减受暂停影响的部分工程。

发包人的暂停超过45日且暂停影响到整个工程,或发包人的暂停超过180日,或因不可抗力的暂停致使合同无法履行,承包人有权根据18.2款由承包人解除合同的约定,发出解除合同的通知。

4.6.5 发包人的复工

发包人发出复工通知后,有权组织承包人对受暂停影响的工程、工程物资进行检查,承包人应将检查结果及需要恢复、修复的内容和估算通知发包人,经发包人确认后,所发生的恢复、修复价款由发包人承担。因恢复、修复造成工程关键路径延误的,竣工日期相应延长。

4.6.6 因承包人原因的暂停

因承包人原因所造成部分工程或工程的暂停,所发生的损失、损害及竣工日期延误,由承包人负责。

4.6.7 工程暂停时的付款

因发包人原因暂停的复工后,未影响到整个工程实施时,双方应依据2.1.5款的约定商定因该暂停给承包人所增加的合理费用，承包人应将其款项纳入当期的付款申请，由发包人审查支付。

因发包人原因暂停的复工后，影响到部分工程实施时，且承包人根据4.6.4款要求调减部分工程并经发包人批准，发包人应从合同价格中调减该部分款项，双方还应依据2.1.5款的约定商定承包人因该暂停所增加的合理费用，承包人应将其增减的款项纳入当期付款申请，由发包人审查支付。

因发包人原因的暂停，致使合同无法履行时，且承包人根据4.6.4款第二段的约定发出解除合同的通知后，双方应根据18.2款由承包人解除合同的相关约定，办理结算和付款。

第5条　技术与设计

5.1　生产工艺技术、建筑设计方案

5.1.1　承包人提供的工艺技术和(或)建筑设计方案

承包人负责提供生产工艺技术(含专利技术、专有技术、工艺包)和(或)建筑设计方案(含总体布局、功能分区、建筑造型和主体结构等)时，应对所提供的工艺流程、工艺技术数据、工艺条件、软件、分析手册、操作指导书、设备制造指导书和其他资料要求，和(或)总体布局、功能分区、建筑造型及其结构设计等负责。

承包人应对专用条款约定的试运行考核保证值和(或)使用功能保证的说明负责。该试运行考核保证值和(或)使用功能保证的说明，作为发包人根据10.3.3款进行试运行考核的评价依据。

5.1.2　发包人提供的工艺技术和(或)建筑设计方案

发包人负责提供的生产工艺技术(含专利技术、专有技术、工艺包)和(或)建筑设计方案(含总体布局、功能分区、建筑造型和主体结构，或发包人委托第三方设计单位提供的建筑设计方案)时，应对所提供的工艺流程、工艺技术数据、工艺条件、软件、分析手册、操作指导书、设备制造指导书和其他承包人的文件资料、发包人的要求，和(或)总体布局、功能分区、建筑造型和主体结构等，或第三方设计单位提供的建筑设计方案负责。

发包人有义务指导、审查由承包人根据发包人提供的上述资料所进行的生产工艺设计和(或)建筑设计，并予以确认。工程和(或)单项工程试运行考核的各项保证值或使用功能保证说明及双方各自应承担的考核责任，在专用条款中约定，并作为发包人根据10.3.3款进行试运行考核和考核责任的评价依据。

5.2　设计

5.2.1　发包人的义务

(1)提供项目基础资料。发包人应按合同约定、法律或行业规定，向承包人提供设计需要的项目基础资料，并对其真实性、准确性、齐全性和及时性负责。上述项目基础资料不真实、不准确或不齐全时，发包人有义务按约定的时间向承包人提供进一步补充资料。提供项目基础资料的类别、内容、份数和时间在专用条款中约定。其中，工程场地的基准坐标资料(包括基准控制点、基准控制标高和基准坐标控制线)，发包人应按约定的时间，有义务配合承包人在现场的实测复验。承包人因纠正坐标资料中的错误，造成费用增加和(或)工期延误，由发包人负责其相关费用增加，竣工日期给予合理延长。

发包人提供的项目基础资料中有专利商提供的技术或工艺包，或是第三方设计单位提供的建筑造型等，发包人应组织专利商或第三方设计单位与承包人进行数据、条件和资料的交换、协调和交接。

发包人未能按约定时间提供项目基础资料及其补充资料，或提供的资料不真实、不准确、不齐全，或发包人计划变更，造成承包人设计停工、返工或修改的，发包人应按承包人额外增加的设计工作量赔偿其损失。造成工程关键路径延误的，竣工日期相应顺延。

(2)提供现场障碍资料。除专用条款另有约定外，发包人应按合同约定和适用法律规定，在设计开始前，提供与设计、施工有关的地上、地下已有的建筑物、构筑物等现场障碍资料，并对其真实性、准确性、齐全性和及时性负责。因提供的资料不真实、不准确、不齐全、不及时，造成承包人的设计停工、返工和修改的，发包人应按承包人额外增加的设计工作量赔偿其损失。造成工程关键路径延误的，竣工日期相应顺延。提供项目障碍资料的类别、内容、份数和时间安排，在专用条款中约定。

(3)承包人无法核实发包人所提供的项目基础资料中的数据、条件和资料的，发包人有义务给予进一步确认。

5.2.2　承包人的义务

(1)承包人与发包人(及其专利商、第三方设计单位)应以书面形式交接发包人按5.2.1款第(1)项提供与设计有关的项目基础资料、第(2)项提供的与设计有关的现场障碍资料。对这些资料中的短缺、遗漏、错误、疑问，承包人应在收到发包人提供的上述资料后15日内向发包人提出进一步的要求。因承包人未能在上述时间内提出要求而发生的损失由承包人自行承担；由此造成工程关键路径延误的，竣工日期不予顺延。其中，对工程场地的基准坐标资料(包括基准控制点、基准控制标高和基准坐标控制线)，承包人有义务约定实测复验的时间并纠正其错误(如果有)，因承包人对此项工作的延误，导致的费用增加和关键路线延误，由承包人承担。

(2)承包人有义务按照发包人提供的项目基础资料、现场障碍资料和国家有关部门、行业工程建设标准规范规定的设计深度开展工程设计，并对其设计的工艺技术和(或)建筑功能，以及工程的安全、环境保护、职业健康的标准，设备材料的质量、工程质量和完成时间等负责。因承包人设计的原因，造成的费用增加、竣工日期延误，由承包人承担。

5.2.3　遵守标准、规范

(1)1.5款约定的标准、规范，适用于发包人按单项工程接收和(或)整个工程接收。

(2)在合同实施过程中国家颁布了新的标准或规范时，承包人应向发包人提交有关新标准、新规范的建议书。对其中的强制性标准、规范，承包人应严格遵守，发包人作为变更处理；对于非强制性的标准、规范，发包人可决定采用或不采用，决定采用时，作为变更处理。

(3)依据适用法律和合同约定的标准、规范所完成的设计图纸、设计文件中的技术数据和技术条件，是工程物资采购质量、施工质量及竣工试验质量的依据。

5.2.4　操作维修手册

由承包人指导竣工后试验和试运行考核试验，并编制操作维修手册的，发包人应按5.2.1款第(1)项第二段的约定，责令其专利商或发包人的其他承包人向承包人提供其操作指南及分析手册，并对其资料的真实性、准确性、齐全性和及时性负责，专用条款另有约定时除外。发包人提交操作指南、分析手册，以及承包人提交操作维修手册的份数、提交期限，在专用条款中约定。

5.2.5　设计文件的份数和提交时间

相关设计阶段的设计文件、资料和图纸的提交份数和时间在专用条款中约定。

5.2.6　设计缺陷的自费修复，自费赶上

因承包人原因，造成设计文件存在遗漏、错误、缺陷和不足的，承包人应自费修复、弥补、纠正和完善。造成设计进度延误时，应自费采取措施赶上。

5.3　设计阶段审查

5.3.1　本工程的设计阶段、设计阶段审查会议的组织和时间安排，在专用条款约定。发包人负责组织设计阶段审查会议，并承担会议费用及发包人的上级单位、政府有关部门参加审查会议的费用。

5.3.2　承包人应根据5.3.1款的约定，向发包人提交相关设计审查阶段的设计文件，设计文件应符合国家有关部门、行业工程建设标准规范对相关设计阶段的设计文件、图纸和资料的深度规定。承包人有义务自费参加发包人组织的设计审查会议、向审查者介绍、解答、解释其设计文件，并自费提供审查过程中需提供的补充资料。

5.3.3　发包人有义务向承包人提供设计审查会议的批准文件和纪要。承包人有义务按相关设计审查阶段批准的文件和纪要，并依据合同约定及相关设计规定，对相关设计进行修改、补充和完善。

5.3.4　因承包人原因，未能按5.2.5款约定的时间，向发包人提交相关设计审查阶段的完整设计文件、图纸和资料，致使相关设计审查阶段的会议无法进行或无法按期进行，造成的竣工日期延误、窝工损失，以及发包人增加的组织会议费用，由承包人承担。

5.3.5　发包人有权在5.3.1款约定的各设计审查阶段之前，对相关设计阶段的设计文件、图纸和资料提出建议、进行预审和确认，发包人的任何建议、预审和确认，并不能减轻或免除承包人的合同责任和义务。

5.4　操作维修人员的培训

发包人委托承包人对发包人的操作维修人员进行培训的，另行签订培训委托合同，作为本合同的附件。

5.5　知识产权

双方可就本合同涉及的合同一方或合同双方（含一方或双方相关的专利商、第三方设计单位或设计人）的技术专利、建筑设计方案、专有技术、设计文件著作权等知识产权，签订知识产权及保密协议，作为本合同的组成部分。

第6条　工程物资

6.1　工程物资的提供

6.1.1　发包人提供的工程物资

(1)发包人依据5.2.3款第(3)项设计文件规定的技术参数、技术条件、性能要求、使用要求和数量，负责组织工程物资（包括其备品备件、专用工具及厂商提交的技术文件）的采购，负责运抵现场，并对其需用量、质量检查结果和性能负责。

由发包人负责提供的工程物资的类别、数量,在专用条款中列出。

(2)因发包人采购提供的工程物资(包括建筑构件等)不符合国家强制性标准、规范的规定,存在质量缺陷、延误抵达现场,给承包人造成窝工、停工或导致关键路径延误的,按第13条变更和合同价调整的约定执行。

在履行合同过程中,由于国家新颁布的强制性标准、规范,造成发包人负责提供的工程物资(包括建筑构件等)不符合新颁布的强制性标准时,由发包人负责修复或重新订货。如委托承包人修复,作为变更处理。

(3)发包人请承包人参加境外采购工作时,所发生的费用由发包人承担。

6.1.2 承包人提供的工程物资

(1)承包人应依据5.2.3款第(3)项设计文件规定的技术参数、技术条件、性能要求、使用要求和数量,负责组织工程物资采购(包括备品备件、专用工具及厂商提供的技术文件),负责运抵现场,并对其需用量、质量检查结果和性能负责。

由承包人负责提供的工程物资的类别、数量,在专用条款中列出。

(2)因承包人提供的工程物资(包括建筑构件等)不符合国家强制性标准、规范的规定,或合同约定的标准、规范所造成的质量缺陷,由承包人自费修复,竣工日期不予延长。

在履行合同过程中,由于国家新颁布的强制性标准、规范,造成承包人负责提供的工程物资(包括建筑构件等),虽符合合同约定的标准,但不符合新颁布的强制性标准时,由承包人负责修复或重新订货,并作为变更处理。

(3)由承包人提供的竣工后试验的生产性材料,在专用条款中列出类别和(或)清单。

6.1.3 承包人对供应商的选择

承包人应通过招标等竞争性方式选择相关工程物资的供货商或制造厂。对于依法必须进行招标的工程建设项目,应按国家相关规定进行招标。

承包人不得在设计文件中或以口头暗示方式指定供应商和制造厂,只有唯一厂家的除外。发包人不得以任何方式指定供应商和制造厂。

6.1.4 工程物资所有权

承包人根据6.1.2款约定提供的工程物资,在运抵现场的交货地点并支付了采购进度款,其所有权转为发包人所有。在发包人接收工程前,承包人有义务对工程物资进行保管、维护和保养,未经发包人批准不得运出现场。

6.2 检验

6.2.1 工厂检验与报告

(1)承包人遵守相关法律规定,负责6.1.2款约定的永久性工程设备、材料、部件和备品备件,以及竣工后试验物资的强制性检查、检验、监测和试验,并向发包人提供相关报告。报告内容、报告期和提交份数,在专用条款中约定。

(2)承包人邀请发包人参检时,在进行相关加工制造阶段的检查、检验、监测和试验之前,以书面形式通知发包人参检的内容、地点和时间。发包人在接到邀请后的5日内,以书面形式通知承包人参检或不参检。

(3)发包人承担其参检人员在参检期间的工资、补贴、差旅费和住宿费等,承包人负责办理进入相关厂家的许可,并提供方便。

(4)发包人委托有资格、有经验的第三方代表发包人自费参检的,应在接到承包人邀请函后5日内,以书面形式通知承包人,并写明受托单位及受托人员的名称、姓名及授予的职权。

(5)发包人及其委托人的参检,并不能解除承包人对其采购的工程物资的质量责任。

6.2.2 覆盖和包装的后果

发包人已在6.2.1款约定的日期内以书面形式通知承包人参检,并依据约定日期提前或按时到达指定地点,但加工制造的工程物资未经发包人现场检验已经被覆盖、包装或已运抵启运地点时,发包人有权责令承包人将其运回原地,拆除覆盖、包装,重新进行检查或检验或检测或试验及复原,承包人应承担因此发生的费用。造成工程关键路径延误的,竣工日期不予延长。

6.2.3 未能按时参检

发包人未能按6.2.1款的约定时间参检,承包人可自行组织检查、检验、检测和试验,质检结果视为是真实的。发包人有权在此后,以变更指令通知承包人重新检查、检验、检测和试验,或增加试验细节或改变试验地点。工程物资经质检合格的,所发生的费用由发包人承担,造成工程关键路径延误的,竣工日期相应顺延;工程物资经质检不合格时,所发生的费用由承包人承担,竣工日期不予延长。

6.2.4 现场清点与检查

(1)发包人应在其根据6.1.1款约定负责提供的工程物资运抵现场前5日通知承包人。发包人(或包括为发包人提供工程物资的供应商)与承包人(或包括其分包人)按每批货物的提货单据清点箱件数量及进行外观检查,并根据装箱单清点箱内数量、出厂合格证、图纸、文件资料等,并进行外观检查。经检查清点后双方人员签署交接清单。

经现场检查清点发现箱件短缺,箱件内的物资数量、图纸、资料短缺,或有外观缺陷的,发包人应负责补齐或自费修复,工程物资在缺陷未能修复之前不得用于工程。当发包人委托承包人修复缺陷时,另行签订追加合同。因上述情况造成工程关键路径延误的,竣工日期相应顺延。

(2)承包人应在其根据6.1.2款约定负责提供的工程物资运抵现场前5日通知发包人。承包人(或包括为承包人提供工程物资的供应商或分包人)与发包人(包括代表或其监理人)按每批货物的提货单据清点箱件数量及进行外观检查,并根据装箱单清点箱内数量、出场合格证、图纸、文件资料等,并进行外观检查。经检查清点后,双方人员签署开箱检验证明。

经现场检查清点发现箱件短缺,箱件内的数量、图纸、资料短缺,或有外观缺陷的,承包人应负责补齐或自费修复,工程物资在缺陷未能修复之前不得用于工程,因此造成的费用增加、竣工日期延误,由承包人负责。

6.2.5 质量监督部门及消防、环保等部门的参检

发包人、承包人随时接受质量监督部门、消防部门、环保部门、行业等专业检查人员对制造、安装及试验过程的现场检查,其费用由发包人承担,承包人为此提供方便,造成工程关键路径延误的,竣工日期相应顺延。

因上述部门在参检中提出的修改、更换等意见所增加的相关费用,应根据6.1.1款或

6.1.2 款约定的提供工程物资的责任方来承担；因此造成工程关键路径延误的，责任方为承包人时，竣工日期不予延长；责任方为发包人时，竣工日期相应顺延。

6.3 进口工程物资的采购、报关、清关和商检

6.3.1 工程物资的进口采购责任方及采购方式，在专用条款中约定。采购责任方负责报关、清关和商检，另一方有义务协助。

6.3.2 因工程物资报关、清关和商检的延误，造成工程关键路径延误时，承包人负责进口采购的，竣工日期不予延长，增加的费用由承包人承担；发包人负责进口采购的，竣工日期给予相应延长，承包人由此增加的费用由发包人承担。

6.4 运输与超限物资运输

承包人负责采购的超限工程物资（超重、超长、超宽、超高）的运输，由承包人负责，该超限物资的运输费用及其运输途中的特殊措施、拆迁、赔偿等全部费用，包含在合同价格内。运输过程中的费用增加，由承包人承担。造成工程关键路径延误时，竣工日期不予延长。专用条款另有约定的除外。

6.5 重新订货及后果

6.5.1 依据 6.1.1 款及 6.3.1 款的约定，由发包人负责提供的工程物资存在缺陷时，经发包人组织修复仍不合格的，由发包人负责重新订货并运抵现场。因此造成承包人停工、窝工的，由发包人承担所发生的实际费用；导致关键路径延误时，竣工日期相应顺延。

6.5.2 依据 6.1.2 款及 6.3.1 款的约定，由承包人负责提供的永久性工程设备、材料和部件存在缺陷时，经承包人修复仍不合格的，由承包人负责重新订货并运抵现场。因此造成的费用增加、竣工日期延误，由承包人负责。

6.6 工程物资保管与剩余

6.6.1 工程物资保管

根据 6.1.1 款由发包人负责提供的工程物资、6.1.2 款由承包人负责提供的工程物资的约定并委托承包人保管的，工程物资的类别和数量在专用条款中约定。

承包人应按说明书的相关规定对工程物资进行保管、维护、保养，防止变形、变质、污染和对人身造成伤害。承包人提交保管维护方案的时间在专用条款中约定，保管维护方案应包括：工程物资分类和保管、保养、保安、领用制度，以及库房、特殊保管库房、堆场、道路、照明、消防、设施、器具等规划。保管所需的一切费用，包含在合同价格内。由发包人提供的库房、堆场、设施和设备，在专用条款中约定。

6.6.2 剩余工程物资的移交

承包人保管的工程物资（含承包人负责采购提供的工程物资并受到了采购进度款，以及发包人委托保管的工程物资），在竣工试验完成后，剩余部分由承包人无偿移交给发包人，专用条款另有约定时除外。

第 7 条 施 工

7.1 发包人的义务

7.1.1 基准坐标资料

承包人因放线需请发包人与相关单位联系的事项，发包人有义务协助。

7.1.2 审查总体施工组织设计

发包人有权对承包人根据7.2.2款约定提交的总体施工组织设计进行审查,并在接到总体施工组织设计后20日内提出建议和要求。发包人的建议和要求,并不能减轻或免除承包人的任何合同责任。发包人未能在20日内提出任何建议和要求的,承包人有权按提交的总体施工组织设计实施。

7.1.3 进场条件和进场日期

除专用条款另有约定外,发包人应根据批准的初步设计和7.2.3款约定由承包人提交的临时占地资料,与承包人约定进场条件,确定进场日期。发包人应提供施工场地、完成进场道路、用地许可、拆迁及补偿等工作,保证承包人能够按时进入现场开始准备工作。进场条件和进场日期在专用条款约定。

因发包人原因造成承包人的进场时间延误,竣工日期相应顺延。发包人承担承包人因此发生的相关窝工费用。

7.1.4 提供临时用水、用电等和节点铺设

除专用条款另有约定外,发包人应按7.2.4款的约定,在承包人进场前将施工临时用水、用电等接至约定的节点位置,并保证其需要。上述临时使用的水、电等的类别、取费单价在专用条款中约定,发包人按实际计量结果收费。发包人无法提供的水、电等在专用条款中约定,相关费用由承包人纳入报价并承担相关责任。

发包人未能按约定的类别和时间完成节点铺设,使开工时间延误,竣工日期相应顺延。未能按约定的品质、数量和时间提供水、电等,给承包人造成的损失由发包人承担,导致工程关键路径延误的,竣工日期相应顺延。

7.1.5 办理开工等批准手续

发包人在开工日期前,办妥须要由发包人办理的开工批准或施工许可证、工程质量监督手续及其他所需的许可、证件和批文等。

7.1.6 施工过程中须由发包人办理的批准

承包人在施工过程中根据7.2.6款的约定,通知须由发包人办理的各项批准手续,由发包人申请办理。

因发包人未能按时办妥上述批准手续,给承包人造成的窝工损失,由发包人承担。导致工程关键路径延误的,竣工日期相相应顺延。

7.1.7 提供施工障碍资料

发包人按合同约定的内容和时间提供与施工场地相关的地下和地上的建筑物、构筑物和其他设施的坐标位置。发包人根据5.2.1款第(1)项、第(2)项的约定,已经提供的可不再提供。承包人对发包人在合同约定时间之后提供的障碍资料,可依据13.2.3款施工变更的约定提交变更申请,对于承包人的合理请求发包人应予以批准。因发包人未能提供上述施工障碍资料或提供的资料不真实、不准确、不齐全,给承包人造成损失或损害的,由发包人承担赔偿责任。导致工程关键路径延误的,竣工日期相应顺延。

7.1.8 承包人新发现的施工障碍

发包人根据承包人按照7.2.8款的约定发出的通知,与有关单位进行联系、协调、处理施工场地周围及临近的影响工程实施的建筑物、构筑物、文物建筑、古树、名木、地下管线、线缆、设施,以及地下文物、化石和坟墓等的保护工作,并承担相关费用。

对于新发现的施工障碍,承包人可依据13.2.3款施工变更范围第(3)项的约定提交变更申请,对于承包人的合理请求发包人应予以批准。施工障碍导致工程关键路径延误的,竣工日期相应顺延。

7.1.9 职业健康、安全、环境保护管理计划确认

发包人在收到承包人根据7.8款约定提交的“职业健康、安全、环境保护”管理计划后20日内对之进行确认。发包人有权检查其实施情况并对检查中发现的问题提出整改建议,承包人应按照发包人合理建议自费整改。

7.1.10 其他义务

发包人应履行专用条款中约定的由发包人履行的其他义务。

7.2 承包人的义务

7.2.1 放线

承包人负责对工程、单项工程、施工部位放线,并对放线的准确性负责。

7.2.2 施工组织设计

承包人应在施工开工15日前或双方约定的其他时间内,向发包人提交总体施工组织设计。随着施工进展向发包人提交主要单项工程和主要分部分项工程的施工组织设计。对发包人提出的合理建议和要求,承包人应自费修改完善。

总体施工组织设计提交的份数和时间,以及须提交施工组织设计的主要单项工程和主要分部分项工程的名称、份数和时间,在专用条款中约定。

7.2.3 提交临时占地资料

承包人应按专用条款约定的时间向发包人提交以下临时占用资料:

(1)根据6.6.1款保管工程物资所需的库房、堆场、道路用地的坐标位置、面积、占用时间、用途说明,并须单列需要由发包人租地的坐标位置、面积、占用时间和用途说明。

(2)施工用地的坐标位置、面积、占用时间、用途说明,并须单列要求发包人租地的坐标位置、面积、占用时间和用途说明。

(3)进入施工现场道路的入口坐标位置,并须指明要求发包人铺设与城乡公共道路相连接的道路走向、长度、路宽、等级、桥涵承重、转弯半径和时间要求。

因承包人未能按时提交上述资料,导致7.1.3款约定的进场日期延误的,由此增加的费用和(或)竣工日期延误,由承包人负责。

7.2.4 临时用水、用电等

承包人应在施工开工日期30日前或双方约定的其他时间,按本专用条款中约定的发包人能够提供的临时用水、用电等类别,向发包人提交施工(含工程物资保管)所需的临时用水、用电等的品质、正常用量、高峰用量、使用时间和节点位置等资料。承包人自费负责计量仪器的购买、安装和维护,并依据7.1.4款专用条款中约定的单价向发包人交费,双方另有约定的除外。

因承包人未能按合约约定提交上述资料,造成发包人费用增加和竣工日期延误时,由承包人负责。

7.2.5　协助发包人办理开工等批准手续

承包人应在工程开工20日前,通知发包人向有关部门办理须由发包人办理的开工批准或施工许可证、工程质量监督手续及其他许可、证件、批件等。发包人需要时,承包人有义务提供协助。发包人委托承包人代办并被承包人接受时,双方可另行签订协议,作为本合同的附件。

7.2.6　施工过程中需通知办理的批准

承包人在施工过程中因增加场外临时用地,临时要求停水、停电、中断道路交通,爆破作业,或可能损坏道路、管线、电力、邮电、通信等公共设施的,应提前10日通知发包人办理相关申请批准手续,并按发包人的要求,提供需要承包人提供的相关文件、资料、证件等。

因承包人未能在10日前通知发包人或未能按时提供由发包人办理申请所需的承包人的相关文件、资料和证件等,造成承包人窝工、停工和竣工日期延误的,由承包人负责。

7.2.7　提供施工障碍资料

承包人应按合同约定,在每项地下或地上施工部位开工20日前,向发包人提交施工场地的具体范围及其坐标位置,发包人须对上述范围内提供相关的地下和地下的建筑物、构筑物和其他设施的坐标位置[不包括发包人根据5.2.1款第(1)项、第(2)项中已提供的现场障碍资料]。发包人在合同约定时间之后提出的现场障碍资料,按照13.2.3款的施工变更的约定办理。

发包人已提供上述相关资料,因承包人未能履行保护义务,造成的损失、损害和责任,由承包人负责。因此造成工程关键路径延误的,承包人按4.1.2款的约定,自费赶上。

7.2.8　新发现的施工障碍

承包人对在施工过程中新发现的场地周围及临近影响施工的建筑物、构筑物、文物建筑、古树、名木,以及地下管线、线缆、构筑物、文物、化石和坟墓等,立即采取保护措施,并及时通知发包人。新发现的施工障碍,按照13.2.3款的施工变更约定办理。

7.2.9　施工资源

承包人应保证其人力、机具、设备、设施、措施材料、消耗材料、周转材料及其他施工资源,满足实施工程的需求。

7.2.10　设计文件的说明和解释

承包人应在施工开工前向施工分包人和监理人说明设计文件的意图,解释设计文件,及时解决施工过程中出现的有关问题。

7.2.11　工程的保护与维护

承包人应在开工之日起至发包人接收工程或单项工程之日止,负责工程或单项工程的照管、保护、维护和保安责任,保证工程或单项工程除不可抗力外,不受到任何损失、损害。

7.2.12　清理现场

承包人负责在施工过程中及完工后对现场进行清理、分类堆放,将残余物、废弃物、垃圾等运往发包人或当地有关部门指定的地点。消理现场的费用在专用条款中写明。承包人应将不再使用的机具、设备、设施和临时工程等撤离现场,或运到发包人指定的场地。

7.2.13　其他义务

承包人应履行专用条款中约定的应由承包人履行的其他相关义务。

7.3　施工技术方法

承包人的施工技术方法符合有关操作规程、安全规程及质量标准。

发包人应在收到承包人提交的该方法后的 5 日内予以确认或提出建议,发包人的任何此类确认和建议,并不能减轻或免除承包人的合同责任。

7.4　人力和机具资源

7.4.1　承包人应按专用条款约定的格式、内容、份数和提交时间,向发包人提交施工人力资源计划一览表。施工人力资源计划应符合施工进度计划的需要,并按专用条款约定的报表格式、内容、份数和报告期,向发包人提供实际进场的人力资源信息。

承包人未能按施工人力资源计划一览表投入足够工种和人力,导致实际施工进度明显落后于施工进度计划时,发包人有权通知承包人按计划一览表列出的工种和人数,在合理时间内调派人员进入现场,并自费赶上进度。否则,发包人有权责令承包人将某些单项工程、分部分项工程的施工另行分包,因此发生的费用及延误的时间由承包人承担。

7.4.2　承包人应按专用条款约定的格式、内容、份数和提交时间,向发包人提交主要施工机具资源计划一览表。施工机具资源计划符合施工进度计划的需要,并按专用条款约定的报表格式、内容、份数和报告期,向发包人提供实际进场的主要施工机具信息。

承包人未能按施工机具资源计划一览表投入足够的机具,导致实际施工进度落后于施工进度计划时,发包人有权通知承包人按该一览表列出的机具数量,在合理时间内调派机具进入现场。否则,发包人有权向承包人提供相关机具,因此所发生的费用及延误的时间由承包人承担。

7.5　质量与检验

7.5.1　质量与检验

(1)承包人及其分包人随时接受发包人、监理人所进行的安全、质量的监督和检查。承包人应为此类监督、检查提供方便。

(2)发包人委托第三方对施工质量进行检查、检验、检测和试验时,应以书面形式通知承包人。第三方的验收结果视为发包人的验收结果。

(3)承包人应遵守施工质量管理的有关规定,负有对其操作人员进行培训、考核、图纸交底、技术交底、操作规程交底、安全程序交底和质量标准交底,以及消除事故隐患的责任。

(4)承包人应按照设计文件、施工标准和合同约定,负责编写施工试验和检测方案,对工程物资(包括建筑构配件)进行检查、检验、检测和试验,不合格的不得使用,并有义务自费修复和(或)更换不合格的工程物资,因此造成竣工日期延误的,由承包人负责;发包人提供的工程物资经承包人检查、检验、检测和试验不合格的,发包人应自费修复和(或)更换,因此造成关键路径延误的,竣工日期相应顺延。承包人因此增加的费用,由发包人承担。

(5)承包人的施工应符合合同约定的质量标准。施工质量评定以合同中约定的质量检验评定标准为依据。对不符合质量标准的施工部位,承包人应自费修复、返工、更换等,因此造成竣工日期延误的,由承包人负责。

7.5.2 质检部位与参检方。质检部位分为:发包人、监理人与承包人三方参检的部位,监理人与承包人两方参检的部位,第三方和(或)承包人一方参检的部位。对施工质量进行检查的部位、检查标准及验收的表格格式在专用条款中约定。

承包人应将按上述约定,经其一方检查合格的部位报发包人或监理人备案。发包人和工程总监有权随时对备案的部位进行抽查或全面检查。

7.5.3 通知参检方的参检。承包人自行检查、检验、检测和试验合格的,按7.5.2款专用条款约定的质检部位和参检方,通知相关参检单位在24小时内参加检查。参检方未能按时参加的,承包人应将自检合格的结果于其后的24小时内送交发包人和(或)监理人签字,24小时后未能签字,视为质检结果已被发包人认可。此后3日内,承包人可发出视为发包人和(或)监理人已确认该质检结果的通知。

7.5.4 质量检查的权利。发包人及其授权的监理人或第三方,在不妨碍承包人正常作业的情况下,具有对任何施工区域进行质量监督、检查、检验、检测和试验的权利。承包人应为此类质量检查活动提供便利。经质检发现因承包人原因引起的质量缺陷时,发包人有权下达修复、暂停、拆除、返工、重新施工、更换等指令。由此增加的费用由承包人承担,竣工日期不予延长。

7.5.5 重新进行质量检查。按7.5.3款的约定,经质量检查合格的工程部位,发包人有权在不影响工程正常施工的条件下,重新进行质量检查。检查、检验、检测、试验结果不合格时,因此发生的费用由承包人承担,造成工程关键路径延误的,竣工日期不予延长;检查、检验、检测、试验的结果合格时,承包人增加的费用由发包人承担,工程关键路径延误的,竣工日期相应顺延。

7.5.6 因发包人代表和(或)监理人的指令失误,或其他非承包人原因发生的追加施工费用,由发包人承担。造成工程关键路径延误,竣工日期相应顺延。

7.6 隐蔽工程和中间验收

7.6.1 隐蔽工程和中间验收。需要质检的隐蔽工程和中间验收部位的分类、部位、质检内容、质检标准、质检表格和参检方在专用条款中约定。

7.6.2 验收通知和验收。承包人对自检合格的隐蔽工程或中间验收部位,应在隐蔽工程或中间验收前的48小时以书面形式通知发包人和(或)监理人验收。通知应包括隐蔽和中间验收的内容、验收时间和地点。验收合格,双方在验收记录上签字后,方可覆盖、进行紧后作业,编制并提交隐蔽工程竣工资料以及发包人或监理人要求提供的相关资料。

发包人和(或)监理人在验收合格24小时后不在验收记录上签字的,视为发包人和(或)监理人已经认可验收记录,承包人可隐蔽或进行紧后作业。经发包人和(或)监理人验收不合格的,承包人需在发包人和(或)监理人限定的时间内修正,重新通知发包人和(或)监理人验收。

7.6.3 未能按时参加验收。发包人和(或)监理人不能按时参加隐蔽工程或中间验收部位验收的,应在收到验收通知24小时内以书面形式向承包人提出延期要求,延期不能超过48小时。发包人未能按以上时间提出延期验收,又未能参加验收的,承包人可自行组织验收,其验收记录视为已被发包人、监理人认可。

因应发包人和(或)监理人要求所进行延期验收造成关键路径延误的,竣工日期相应顺延;给承包人造成的停工、窝工损失,由发包人承担。

7.6.4　再检验。发包人和(或)监理人在任何时间内,均有权要求对已经验收的隐蔽工程重新检验,承包人应按要求拆除覆盖、剥离或开孔,并在检验后重新覆盖或修复。隐蔽工程经重新检验不合格时,由此发生的费用由承包人承担,竣工日期不予延长;经检验合格时,承包人因此增加的费用由发包人承担,工程关键路径的延误,竣工日期相应顺延。

7.7　对施工质量结果的争议

7.7.1　双方对施工质量结果有争议时,应首先协商解决。经协商未达成一致意见的,委托双方一致同意的具有相应资格的工程质量检测机构进行检测。

根据检测机构的鉴定结果,责任方为承包人时,因此造成的费用增加或竣工日期延误,由承包人负责;责任方为发包人时,因此造成的费用增加由发包人承担,工程关键路径因争议受到延误的,竣工日期相应顺延。

7.7.2　根据检测机构的鉴定结果,合同双方均有责任时,根据各方的责任大小,协商分担发生的费用;因此造成工程关键路径延误时,商定对竣工日期的延长时间。双方对分担的费用、竣工日期延长不能达成一致时,按16.3款争议和裁决的约定程序解决。

7.8　职业健康、安全、环境保护

7.8.1　职业健康、安全、环境保护管理

(1)遵守有关健康、安全、环境保护的各项法律规定,是双方的义务。

(2)职业健康、安全、环境保护管理实施计划。承包人应在现场开工前或约定的其他时间内,将职业健康、安全、环境保护管理实施计划提交给发包人。该计划的管理、实施费用包括在合同价格中。发包人应在收到该计划后15日内提出建议,并予以确认。承包人应根据发包人的建议自费修正。职业健康、安全、环境保护管理实施计划的提交份数和提交时间,在专用条款中约定。

(3)在承包人实施职业健康、安全、环境保护管理实施计划的过程中,发包人需要在该计划之外采取特殊措施的,按第13条变更和合同价格调整的约定,作为变更处理。

(4)承包人应确保其在现场的所有雇员及其分包人的雇员都经过了足够的培训并具有经验,能够胜任职业健康、安全、环境保护管理工作。

(5)承包人应遵守所有与实施本工程和使用施工设备相关的现场职业健康、安全和环境保护的法律规定,并按规定各自办理相关手续。

(6)承包人应为现场开工部分的工程建立职业健康保障条件、搭设安全设施并采取环保措施等,为发包人办理施工许可证提供条件。因承包人原因导致施工许可的批准推迟,造成费用增加或工程关键路径延误时,由承包人负责。

(7)承包人应配备专职工程师或管理人员,负责管理、监督、指导职工职业健康、安全保护和环境保护工作。承包人应对其分包人的行为负责。

(8)承包人应随时接受政府有关行政部门、行业机构、发包人、监理人的职业健康、安全、环境保护检查人员的监督和检查,并为此提供方便。

7.8.2 现场职业健康管理

(1)承包人应遵守适用的职业健康的法律和合同约定(包括对雇用、职业健康、安全、福利等方面的规定),负责现场实施过程中其人员的职业健康和保护。

(2)承包人应遵守适用的劳动法规,保护其雇员的合法休假权等合法权益,并为其现场人员提供劳动保护用品、防护器具、防暑降温用品、必要的现场食宿条件和安全生产设施。

(3)承包人应对其施工人员进行相关作业的职业健康知识培训、危险及危害因素交底、安全操作规程交底、采取有效措施,按有关规定提供防止人身伤害的保护用具。

(4)承包人应在有毒有害作业区域设置警示标志和说明。发包人及其委托人员未经承包人允许、未配备相关保护器具,进入该作业区域所造成的伤害,由发包人承担责任和费用。

(5)承包人应对有毒有害岗位进行防治检查,对不合格的防护设施、器具、搭设等及时整改,消除危害职业健康的隐患。

(6)承包人应采取卫生防疫措施,配备医务人员、急救设施,保持食堂的饮食卫生,保持住地及其周围的环境卫生,维护施工人员的健康。

7.8.3 现场安全管理

(1)发包人、监理人应对其在现场的人员进行安全教育,提供必要的个人安全用品,并对他们所造成的安全事故负责。发包人、监理人不得强令承包人违反安全施工、安全操作及竣工试验和(或)竣工后试验的有关安全规定。因发包人、监理人及其现场工作人员的原因,导致的人身伤害和财产损失,由发包人承担相关责任及所发生的费用。工程关键路径延误时,竣工日期给予顺延。

因承包人原因,违反安全施工、安全操作、竣工试验和(或)竣工后试验的有关安全规定,导致的人身伤害和财产损失,工程关键路径延误时,由承包人承担。

(2)双方人员应遵守有关禁止通行的须知,包括禁止进入工作场地以及临近工作场地的特定区域。未能遵守此约定,造成伤害、损坏和损失的,由未能遵守此项约定的一方负责。

(3)承包人应按合同约定负责现场的安全工作,包括其分包人的现场。对有条件的现场实行封闭管理。应根据工程特点,在施工组织设计文件中制定相应的安全技术措施,并对专业性较强的工程部分编制专项安全施工组织设计,包括维护安全、防范危险和预防火灾等措施。

(4)承包人(包括承包人的分包人、供应商及其运输单位)应对其现场内及进出现场途中的道路、桥梁、地下设施等,采取防范措施使其免遭损坏,专用条款另有约定的除外。因未按约定采取防范措施所造成的损坏和(或)竣工日期延误,由承包人负责。

(5)承包人应对其施工人员进行安全操作培训,安全操作规程交底,采取安全防护措施,设置安全警示标志和说明,进行安全检查,消除事故隐患。

(6)承包人在动力设备、输电线路、地下管道、密封防震车间、高温高压、易燃易爆区域和地段,以及临街交通要道附近作业时,应对施工现场及毗邻的建筑物、构筑物和特殊作业环境可能造成的损害采取安全防护措施。施工开始前承包人须向发包人和(或)监理人提交安全防护措施方案,经认可后实施。发包人和(或)监理人的认可,并不能减轻或免除承包人的责任。

(7)承包人实施爆破、放射性、带电、毒害性及使用易燃易爆、毒害性、腐蚀性物品作业(含运输、储存、保管)时,应在施工前10日以书面形式通知发包人和(或)监理人,并提交相应的安全防护措施方案,经认可后实施。发包人和(或)监理人的认可,并不能减轻或免除承包人的责任。

(8)安全防护检查。承包人应在作业开始前,通知发包人代表和(或)监理人对其提交的安全措施方案,以及现场安全设施搭设、安全通道、安全器具和消防器具配置、对周围环境安全可能带来的隐患等进行检查,并根据发包人和(或)监理人提出的整改建议自费整改。发包人和(或)监理人的检查、建议,并不能减轻或免除承包人的合同责任。

7.8.4　现场的环境保护管理

(1)承包人负责在现场施工过程中保护现场周围的建筑物、构筑物、文物建筑、古树、名木,以及地下管线、线缆、构筑物、文物、化石和坟墓等进行保护。因承包人未能通知发包人,并在未能得到发包人进一步指示的情况下,所造成的损害、损失、赔偿等费用增加,和(或)竣工日期延误,由承包人负责。

(2)承包人应采取措施,并负责控制和(或)处理现场的粉尘、废气、废水、固体废物和噪声对环境的污染和危害,因此发生的伤害,赔偿、罚款等费用增加,和(或)竣工日期延误,由承包人负责。

(3)承包人及时或定期将施工现场残留、废弃的垃圾运到发包人或当地有关行政部门指定的地点,防止对周围环境的污染及对作业的影响。因违反上述约定导致当地行政部门的罚款、赔偿等增加的费用,由承包人承担。

7.8.5　事故处理

(1)承包人(包括其分包人)的人员,在现场作业过程中发生死亡、伤害事件时,承包人应立即采取救护措施,并立即报告发包人和(或)救援单位,发包人有义务为此项抢救提供必要条件。承包人应维护好现场并采取防止事故蔓延的相应措施。

(2)对重大伤亡、重大财产、环境损害及其他安全事故,承包人应按有关规定立即上报有关部门,并立即通知发包人代表和监理人。同时,按政府有关部门的要求处理。

(3)合同双方对事故责任有争议时,依据16.3款争议和裁决的约定程序解决。

(4)因承包人的原因致使建筑工程在合理使用期限、设备保证期内造成人身和财产损害的,由承包人承担损害赔偿责任。

(5)因承包人原因发生员工食物中毒及职业健康事件的,承包人应承担相关责任。

第8条　竣工试验

本合同工程包含竣工试验,遵守本条约定。

8.1　竣工试验的义务

8.1.1　承包人的义务

(1)承包人应在单项工程和(或)工程的竣工试验开始前,完成相应单项工程和(或)工程的施工作业(不包括:为竣工试验、竣工后试验必须预留的施工部位、不影响竣工试验的缺陷修复和零星扫尾工程);并在竣工试验开始前,按合同约定需完成对施工作业部位的检查、检验、检测和试验。

(2)承包人应在竣工试验开始前,根据7.6款隐蔽工程和中间验收部位的约定,向发包人提交相关的质检资料及其竣工资料。

(3)根据第10条竣工后试验的约定,由承包人指导发包人进行竣工后试验的,承包人须完成5.4款约定的操作维修人员培训,并在竣工试验前提交5.2.4款约定的操作维修手册。

(4)承包人应在达到竣工试验条件20日前,将竣工试验方案提交给发包人。发包人应在10日内对方案提出建议和意见,承包人应根据发包人提出的合理建议和意见,自费对竣工试验方案进行修正。竣工试验方案经发包人确认后,作为合同附件,由承包人负责实施。发包人的确认并不能减轻或免除承包人的合同责任。竣工试验方案应包括以下内容:

①竣工试验方案编制的依据和原则;

②组织机构设置、责任分工;

③单项工程竣工试验的试验程序、试验条件;

④单件、单体、联动试验的试验程序、试验条件;

⑤竣工试验的设备、材料和部件的类别、性能标准、试验及验收格式;

⑥水、电、动力等条件的品质和用量要求;

⑦安全程序、安全措施及防护设施;

⑧竣工试验的进度计划、措施方案、人力及机具计划安排;

⑨其他。

竣工试验方案提交的份数和提交时间,在专用条款中约定。

(5)承包人的竣工试验包括根据6.1.2款约定的由承包人提供的工程物资的竣工试验,以及根据8.1.2款第(3)项发包人委托给承包人进行工程物资的竣工试验。

(6)承包人按照试验条件、试验程序,以及5.2.3款第(3)项约定的标准、规范和数据,完成竣工试验。

8.1.2　发包人的义务

(1)发包人应按经发包人确认后的竣工试验方案,提供电力、水、动力及由发包人提供的消耗材料等。提供的电力、水、动力及相关消耗材料等须满足竣工试验对其品质、用量及时间的要求。

(2)当合同约定应由承包人提供的竣工试验的消耗材料和备品备件用完或不足时,发包人有义务提供其库存的竣工试验所需的相关消耗材料和备品备件。其中:因承包人原因造成损坏的或承包人提供不足的,发包人有权从合同价格中扣除相应款项;因合理耗损是发包人原因造成的,发包人应免费提供。

(3)发包人委托承包人对根据6.1.1款约定由发包人提供的工程物资进行竣工试验的服务费,已包含在合同价格中。发包人在合同实施过程中委托承包人进行竣工试验的,依据第13条变更和合同价格调整的约定,作为变更处理。

(4)承包人应按发包人提供的试验条件、试验程序对发包人根据本款第(3)项委托给承包人工程物资进行竣工试验,其试验结果须符合5.2.3款第(3)项约定的标准、规范和数据，发包人对该部分的试验结果负责。

8.1.3　竣工试验领导机构。竣工试验领导机构负责竣工试验的领导、组织和协调。承包人提供竣工试验所需的人力、机具并负责完成试验。发包人负责组织、协调、提供竣工试验方案中约定的相关条件及竣工试验的验收。

8.2　竣工试验的检验和验收

8.2.1　承包人应根据 5.2.3 款第(3)项约定的标准、规范、数据，以及 8.1.1 款第(4)项竣工试验方案的第(5)子项的约定进行检验和验收。

8.2.2　承包人应在竣工试验开始前，依据 8.1.1 款的约定，对各方提供的试验条件进行检查落实，条件满足的，双方人员应签字确认。因发包人提供的竣工试验条件的延误，给承包人带来窝工损失，由发包人负责。导致竣工试验进度延误的，竣工日期相应顺延；因承包人原因未能按时落实竣工试验条件，使竣工试验进度延误时，承包人应按4.1.2款的约定自费赶上。

8.2.3　承包人应在某项竣工试验开始 36 小时前，向发包人和(或)监理人发出通知，通知应包括试验的项目、内容、地点和验收时间。发包人和(或)监理人应在接到通知后的 24 小时内，以书面形式做出回复，试验合格后，双方应在试验记录及验收表格上签字。

发包人和(或)监理人在验收合格的 24 小时后，不在试验记录和验收表格上签字，视为发包人和(或)监理人已经认可此项验收，承包人可进行隐蔽和(或)紧后作业。

验收不合格的，承包人应在发包人和(或)监理人指定的时间内修正，并通知发包人和(或)监理人重新验收。

8.2.4　发包人和(或)监理人不能按时参加试验和验收时，应在接到通知后的 24 小时内以书面形式向承包人提出延期要求，延期不能超过 24 小时。未能按以上时间提出延期试验，又未能参加试验和验收的，承包人可按通知的试验项目内容自行组织试验，试验结果视为经发包人和(或)监理人认可。

8.2.5　不论发包人和(或)监理人是否参加竣工试验和验收，发包人均有权责令重新试验。如因承包人的原因重新试验不合格，承包人应承担由此所增加的费用，造成竣工试验进度延误时，竣工日期不予延长；如重新试验合格，承包人增加的费用，和(或)竣工日期的延长，按照第 13 条变更和合同价格调整的约定，作为变更处理。

8.2.6　竣工试验验收日期的约定

(1)某项竣工试验的验收日期和时间。按该项竣工试验通过的日期和时间，作为该项竣工试验验收的日期和时间。

(2)单项工程竣工试验的验收日期和时间。按其中最后一项竣工试验通过的日期和时间，作为该单项工程竣工试验验收的日期和时间。

(3)工程的竣工试验日期和时间。按最后一个单项工程通过竣工试验的日期和时间，作为整个工程竣工试验验收的日期和时间。

8.3　竣工试验的安全和检查

8.3.1　承包人应按 7.8 款职业健康、安全和环境保护的约定，并结合竣工试验的通电、通水、通气、试压、试漏、吹扫、转动等特点，对触电危险、易燃易爆、高温高压、压力试验、机械设备运转等制定竣工试验的安全程序、安全制度、防火措施、事故报告制度及事故处理方案在内的安全操作方案，并将该方案提交给发包人确认，承包人应按照发包人提出的合理建议、意见和要求，自费对方案修正，并经发包人确认后实施。发包人的确认并不能减轻或免除承包人的合同责任。承包人为竣工试验提供安全防护措施和防护用品的费用已包含在合同价格中。

8.3.2　承包人应对其人员进行竣工试验的安全培训，并对竣工试验的安全操作程序、场地环境、操作制度、应急处理措施等进行交底。

8.3.3　发包人和(或)监理人有义务按照经确认的竣工试验安全方案中的安全规程、安全制度、安全措施等，对其管理人员和操作维修人员进行竣工试验的安全教育，自费提供参加监督、检查人员的防护设施。

8.3.4　发包人和(或)监理人有权监督、检查承包人在竣工试验安全方案中列出的工作及落实情况，有权提出安全整改及发出整顿指令。承包人有义务按照指令进行整改、整顿，所增加的费用由承包人承担。因此造成工程竣工试验进度计划延误时，承包人应遵照4.1.2款的约定自费赶上。

8.3.5　按8.1.3款竣工试验领导机构的决定，双方密切配合开展竣工试验的组织、协调和实施工作，防止人身伤害和事故发生。

因发包人的原因造成的事故，由发包人承担相应责任、费用和赔偿。造成工程竣工试验进度计划延误时，竣工日期相应顺延。

因承包人的原因造成的事故，由承包人承担相应责任、费用和赔偿。造成工程竣工试验进度计划延误时，承包人应按4.1.2款的约定自费赶上。

8.4　延误的竣工试验

8.4.1　因承包人的原因使某项、某单项工程落后于竣工试验进度计划的，承包人按4.1.2款的约定自费采取措施，赶上竣工试验进度计划。

8.4.2　因承包人的原因造成竣工试验延误，致使合同约定的工程竣工日期延误时，承包人应根据4.5款误期损害赔偿的约定，承包误期赔偿责任。

8.4.3　承包人无正当理由，未能按竣工试验领导机构决定的竣工试验进度计划进行某项竣工试验，且在收到试验领导机构发出的通知后的10日内仍未进行该项竣工试验时，造成竣工日期延误时，由承包人承担误期赔偿责任。且发包人有权自行组织该项竣工试验，由此产生的费用由承包人承担。

8.4.4　发包人未能根据8.1.2款的约定履行其义务，导致承包人竣工试验延误，发包人应承担承包人因此发生的合理费用，竣工试验进度计划延误时，竣工日期相应顺延。

8.5　重新试验和验收

8.5.1　承包人未能通过相关的竣工试验，可依据8.1.1款第(6)项的约定重新进行此项试验，并按8.2款的约定进行检验和验收。

8.5.2　不论发包人和(或)监理人是否参加竣工试验和验收，承包人未能通过的竣工试验，发包人均有权通知承包人再次按8.1.1款第(6)项的约定进行此项竣工试验，并按8.2款的约定进行检验和验收。

8.6　未能通过竣工试验

8.6.1　因发包人的下述原因导致竣工试验未能通过的，承包人进行竣工试验的费用由发包人承担，使竣工试验进度计划延误时，竣工日期相应延长：

(1)发包人未能按确认的竣工试验方案中的技术参数、时间及数量提供电力、动力、水等试验条件，导致竣工试验未能通过。

(2)发包人指令承包人按发包人的竣工试验条件、试验程序和试验方法进行试验和竣工试验，导致该项竣工试验未能通过。

(3)发包人对承包人竣工试验的干扰，导致竣工试验未能通过。

(4)因发包人的其他原因，导致竣工试验未能通过。

8.6.2　因承包人原因未能通过竣工试验，该项竣工试验允许再进行，但再进行最多为两次，两次试验后仍不符合验收条件的，相关费用、竣工日期及相关事项，按下述约定处理：

(1)该项竣工试验未能通过，对该项操作或使用不存在实质影响，承包人自费修复。无法修复时，发包人有权扣减该部分的相应付款，视为通过。

(2)该项竣工试验未能通过，对该单项工程未产生实质性操作和使用影响，发包人可相应扣减该单项工程的合同价款，可视为通过；若使竣工日期延误的，承包人承担误期损害赔偿责任。

(3)该项竣工试验未能通过，对操作或使用有实质性影响，发包人有权指令承包人更换相关部分，并进行竣工试验。发包人因此增加的费用，由承包人承担。使竣工日期延误时，承包人承担误期损害赔偿责任。

(4)未能通过竣工试验，使单项工程的任何主要部分丧失了生产、使用功能时，发包人有权指令承包人更换相关部分，承包人自行承担因此增加的费用；竣工日期延误，并应承担误期损害赔偿责任。发包人因此增加费用的，由承包人负责赔偿。

(5)未能通过的竣工试验，使整个工程丧失了生产和(或)使用功能时，发包人有权指令承包人重新设计、重置相关部分，承包人承担因此增加的费用(包括发包人的费用)；竣工日期延误的，并应承担误期损害赔偿责任。发包人有权根据16.2.1款发包人的索赔约定，向承包人提出索赔，或根据18.1.2款第(7)项的约定，解除合同。

8.7　竣工试验结果的争议

8.7.1　协商解决。双方对竣工试验结果有争议的，应首先通过协商解决。

8.7.2　委托鉴定机构。双方经协商，对竣工试验结果仍有争议的，共同委托一个具有相应资格的检测机构进行鉴定。经检测鉴定后，按下述约定处理：

(1)责任方为承包人时，所需的鉴定费用及因此造成发包人增加的合理费用由承包人承担，竣工日期不予延长。

(2)责任方为发包人时，所需的鉴定费用及因此造成承包人增加的合理费用由发包人承担，竣工日期相应顺延。

(3)双方均有责任时，根据责任大小协商分担费用，并按竣工试验计划的延误情况协商竣工日期延长。

8.7.3　当双方对检测机构的鉴定结果有争议，依据16.3款争议和裁决的约定解决。

第9条　工程接收

9.1　工程接收

9.1.1　按单项工程和(或)按工程接收。根据工程项目的具体情况和特点,在专用条款约定按单项工程和(或)按工程进行接收。

(1)根据第10条竣工后试验的约定,由承包人负责指导发包人进行单项工程和(或)工程竣工后试验,并承担试运行考核责任的。在专用条款中约定接收单项工程的先后顺序及时间安排,或接收工程的时间安排。

由发包人负责单项工程和(或)工程竣工后试验及其试运行考核责任的,在专用条款中约定接收工程的日期或接收单项工程的先后顺序及时间安排。

(2)对不存在竣工试验或竣工后试验的单项工程和(或)工程,承包人完成扫尾工程和缺陷修复,并符合合同约定的验收标准的,按合同约定办理工程接收和竣工验收。

9.1.2　接收工程时承包人提交的资料。除按8.1.1款第(1)至(3)项约定已经提交的资料外,需提交竣工试验完成的验收资料的类别、内容、份数和提交时间,在专用条款中约定。

9.2　接收证书

9.2.1　承包人应在工程和(或)单项工程具备接收条件后的10日内,向发包人提交接收证书申请,发包人应在接到申请后的10日内组织接收,并签发工程和(或)单项工程接收证书。

单项工程的接收以8.2.6款第(2)项约定的日期,作为接收日期。

工程的接收以8.2.6款第(3)项约定的日期,作为接收日期。

9.2.2　扫尾工程和缺陷修复。对工程或(和)单项工程的操作、使用没有实质影响的扫尾工程和缺陷修复,不能作为发包人不接收工程的理由。经发包人与承包人协商确定的承包人完成该扫尾工程和缺陷修复的合理时间,作为接收证书的附件。

9.3　接收工程的责任

9.3.1　保安责任。自单项工程和(或)工程接收之日起,发包人承担其保安责任。

9.3.2　照管责任。自单项工程和(或)工程接收之日起,发包人承担其照管责任。发包人负责单项工程和(或)工程的维护、保养、维修,但不包括需由承包人完成的缺陷修复和零星扫尾的工程部位及其区域。

9.3.3　投保责任。如合同约定施工期间工程的应投保方是承包人,承包人应负责对工程进行投保并将保险期限保持到9.2.1款约定的发包人接收工程的日期。该日期之后由发包人负责对工程投保。

9.4　未能接收工程

9.4.1　不接收工程。如发包人收到承包人送交的单项工程和(或)工程接收证书申请后的15日内不组织接收,视为单项工程和(或)工程的接收证书申请已被发包人认可。从第16日起,发包人应根据9.3款的约定承担相关责任。

9.4.2　未按约定接收工程。承包人未按约定提交单项工程和(或)工程接收证书申请的,或未符合单项工程或工程接收条件的,发包人有权拒绝接收单项工程和(或)工程。

发包人未能遵守本款约定,使用或强令接收不符合接受条件的单项工程和(或)工程的,将承担9.3 款接收工程约定的相关责任,以及已被使用或强令接收的单项工程和(或)工程后进行操作、使用等所造成的损失、损坏、损害和(或)赔偿责任。

第10条　竣工后试验

本合同工程包含竣工后试验的,遵守本条约定。

10.1　权利与义务

10.1.1　发包人的权利与义务

(1)发包人有权对10.1.2款第(2)项约定的由承包人协助发包人编制的竣工后试验方案进行审查并批准,发包人的批准并不能减轻或免除承包人的合同责任。

(2)竣工后试验联合协调领导机构由发包人组建,在发包人的组织领导下,由承包人知道,依据批准的竣工后试验方案进行分工、组织完成竣工后试验的各项准备工作、进行竣工后试验和试运行考核。联合协调领导机构的设置方案及其分工职责等作为本合同的组成部分。

(3)发包人对承包人根据10.1.2款第(4)项提出的建议,有权向承包人发出不接受或接受的通知。

发包人未能接受承包人的上述建议,承包人有义务仍按本款第(2)项的组织安排执行。承包人因执行发包人的此项安排而发生事故、人身伤害和工程损害时,由发包人承担其责任。

(4)发包人在竣工后试验阶段向承包人发出的组织安排、指令和通知,应以书面形式送达承包人的项目经理,由项目经理在回执上签署收到日期、时间和签名。

(5)发包人有权在紧急情况下,以口头或书面形式向承包人发出紧急指令,承包人应立即执行。如承包人未能按发包人的指令执行,因此造成的事故责任、人身伤害和工程损害,由承包人承担。发包人应在发出口头指令后12小时内,将该口头指令再以书面送达承包人的项目经理。

(6)发包人在竣工后试验阶段的其他义务和工作,在专用条款中约定。

10.1.2　承包人的责任和义务

(1)承包人在发包人组建的竣工后试验联合协调领导机构的统一安排下,派出具有相应资格和经验的人员指导竣工后试验。承包人派出的开车经理或指导人员在竣工后试验期间离开现场,必须事先得到发包人批准。

(2)承包人应根据合同约定和工程竣工后试验的特点,协助发包人编制竣工后试验方案,并在竣工试验开始前编制完成。竣工后试验方案应包括:工程、单项工程及其相关部位的操作试验程序、资源条件、试验条件、操作规程、安全规程、事故处理程序及进度计划等。竣工后试验方案经发包人审查批准后实施。竣工后试验方案的份数和时间在专用条款中约定。

(3)因承包人未能执行发包人的安排、指令和通知,而发生的事故、人身伤害和工程损害,由发包人承担其责任。

(4)承包人有义务对发包人的组织安排、指令和通知提出建议,并说明因由。

(5)在紧急情况下,发包人以口头指令承包人进行的操作、工作及作业,承包人应立即执行。承包人应对此项指令做好记录,并做好实施的记录。发包人应在12小时内,将上述口头指令再以书面形式送达承包人。

发包人未能在12小时内将此项口头指令以书面形式送达承包人时，承包人及其项目经理有权在接到口头指令后的24小时内，以书面形式将该口头指令交发包人，发包人须在回执上签字确认，并签署接到的日期和时间。当发包人未能在24小时内在回执上签字确认，视为已被发包人确认。

承包人因执行发包人的口头指令而发生事故责任、人身伤害、工程损害和费用增加时，由发包人承担。但承包人错误执行上述口头指令而发生事故责任、人身伤害、工程损害和费用增加时，由承包人负责。

(6)操作维修手册的缺陷责任。因承包人负责编制的操作维修手册存在缺陷所造成的事故责任、人身伤害和工程损害，由承包人承担；因发包人（包括其专利商）提供的操作指南存在缺陷，造成承包人操作手册的缺陷，因此发生事故责任、人身伤害、工程损害和承包人的费用增加时，由发包人负责。

(7)承包人根据合同约定和（或）行业规定，在竣工后试验阶段的其他义务和工作，在专用条款中约定。

10.2　竣工后试验程序

10.2.1　发包人应根据联合协调领导机构批准的竣工后试验方案，提供全部电力、水、燃料、动力、原材料、辅助材料、消耗材料以及其他试验条件，并组织安排其管理人员、操作维修人员和其他各项准备工作。

10.2.2　承包人应根据经批准的竣工后试验方案，提供竣工后试验所需要的其他临时辅助设备、设施、工具和器具，以及应由承包人完成的其他准备工作。

10.2.3　发包人应根据批准的竣工后试验方案，按照单项工程内的任何部分、单项工程、单项工程之间或（和）工程的竣工后试验程序和试验条件，组织竣工后试验。

10.2.4　联合协调领导机构组织全面检查并落实工程、单项工程及工程的任何部分竣工后试验所需要的资源条件、试验条件、安全设施条件、消防设施条件、紧急事故处理设施条件和（或）相关措施，保证记录仪器、专用记录表格的齐全和数量的充分。

10.2.5　竣工后试验日期的通知。发包人应在接收单项工程或（和）接收工程日期后的15日内通知承包人开始竣工后试验的日期。专用条款另有约定时除外。

因发包人原因未能在接收单项工程和（或）工程的20日内，或在专用条款中约定的日期内进行竣工后试验，发包人应自第21日开始或自专用条款中约定的开始日期后的第二日开始，承担承包人由此发生的相关窝工费用，包括人工费、临时辅助设备、设施的闲置费、管理费及其合理利润。

10.3　竣工后试验及试运行考核

10.3.1　按照批准的竣工后试验方案的试验程序、试验条件、操作程序进行试验，达到合同约定的工程和（或）单项工程的生产功能和（或）使用功能。

10.3.2　发包人的操作人员和承包人的指导人员，在竣工后试验过程中的同一个岗位上的试验条件记录、试验记录及表格上，应如实填写数据、条件、情况、时间、姓名及约定的其他内容。

10.3.3　试运行考核

(1)根据5.1.1款约定,由承包人提供生产工艺技术和(或)建筑设计方案的,承包人应保证工程在试运行考核周期内,达到5.1.1款专用条款中约定的考核保证值和(或)使用功能。

(2)根据5.1.2款约定,由发包人提供生产工艺技术和(或)建筑设计方案的,承包人应保证在试运行考核周期内达到5.1.2款专用条款中约定的,应由承包人承担的工程相关部分的考核保证值和(或)使用功能。

(3)试运行考核的时间周期由双方根据相关行业对试运行考核周期的规定,在专用条款中约定。

(4)试运行考核通过后或使用功能通过后,双方应共同整理竣工后试验及其试运行考核结果,并编写评价报告。报告一式两份,经合同双方签字或盖章后各持一份,作为本合同组成部分。发包人并应根据10.7款的约定颁发考核验收证书。

10.3.4　产品和(或)服务收益的所有权。单项工程和(或)工程竣工后试验及试运行考核期间的任何产品收益和(或)服务收益,均属发包人所有。

10.4　竣工后试验的延误

10.4.1　根据10.2.5款竣工后试验日期通知的约定,非因承包人原因,发包人未能在发出竣工后试验通知后的90日内开始竣工后试验的,工程和(或)单项工程视为通过了竣工后试验和试运行考核。除非专用条款另有规定。

10.4.2　因承包人的原因造成竣工后试验延误时,承包人应采取措施,尽快组织,配合发包人开始并通过竣工后试验。当延误造成发包人的费用增加时,发包人有权根据16.2.1款的约定向承包人提出索赔。

10.4.3　按10.3.3款第(3)项试运行考核时间周期的约定,在试运行考核期间,因发包人原因导致考核中断或停止,且中断或停止的累计天数超过第10.3.3款第(3)项专用条款中约定的试运行考核周期时,试运行考核应在中断或停止后的60日内重新开始,超过此期限视为单项工程和(或)工程已通过了试运行考核。

10.5　重新进行竣工后试验

10.5.1　根据5.1.1款或5.1.2款及其专用条款中的约定,因承包人原因导致工程、单项工程或工程的任何部分未能通过竣工后试验,承包人应自费修补其缺陷,由发包人依据10.2.3款约定的试验程序、试验条件,重新组织进行此项试验。

10.5.2　承包人根据10.5.1款重新进行试验,仍未能通过该项试验时,承包人应自费继续修补缺陷,并在发包人的组织领导下,按10.2.3款约定的试验程序、试验条件,再次进行此项试验。

10.5.3　因承包人原因,重新进行竣工后试验,给发包人增加了额外费用时,发包人有权根据16.2.1款的约定向承包人提出索赔。

10.6　未能通过考核

因承包人原因使工程和(或)单项工程未能通过考核,但尚具有生产功能、使用功能时,按以下约定处理:

(1)未能通过试运行考核的赔偿。

①承包人提供的生产工艺技术或建筑设计方案未能通过试运行考核。

承包人提供的生产工艺技术和(或)建筑设计方案未能通过试运行考核时,承包人在根据5.1.1款专用条款约定的工程和(或)单项工程试运行考核保证值和(或)使用功能保证的说明书,并按照在本项专用条款中约定的未能通过试运行考核的赔偿金额或赔偿计算公式计算的金额,向发包人支付相应赔偿金额后,视为承包人通过了试运行考核。

②发包人提供的生产工艺技术或建筑设计方案未能通过试运行考核。

发包人提供的生产工艺技术和(或)建筑设计方案未能通过试运行考核时,承包人根据5.1.2款专用条款约定的工程和(或)单项工程试运行考核中应由承包人承担的相关责任,并按照在本项专用条款对相关责任约定的赔偿金额或赔偿公式计算的金额,向发包人支付相应赔偿金额后,视为承包人通过了试运行考核。

(2)承包人对未能通过试运行考核的工程和(或)单项工程,若提出自费调查、调整和修正并被发包人接受,双方商定相应的调查、修正和试验期限,发包人应为此提供方便。在通过该项考核之前,发包人可暂不按本款第(1)项约定提出赔偿。

(3)发包人接受了本款第(2)项约定,但在商定的期限内发包人未能给承包人提供方便,致使承包人无法在约定期限内进行调查、调整和修正的,视为该项试运行考核已被通过。

10.7 竣工后试验及考核验收证书

10.7.1 在专用条款中约定按工程和(或)按单项工程颁发竣工后试验及考核验收证书。

10.7.2 发包人根据10.3款、10.4款、10.5.1款、10.5.2款及10.6款的约定对通过或视为通过竣工后试验和(或)试运行考核的,应按10.7.1款颁发竣工后试验及考核验收证书。该证书中写明的试运行考核通过的日期和时间,为实际完成考核或视为通过试运行考核的日期和时间。

10.8 丧失了生产价值和使用价值

因承包人的原因,工程和(或)单项工程未能通过竣工后试验,并使整个工程丧失了生产价值或使用价值时,发包人有权提出未能履约的索赔,并扣罚已提交的履约保函。但发包人不得将本合同以外的连带合同损失包括在未履约索赔之中。

连带合同损失指市场销售合同损失、市场预计盈利、生产流动资金贷款利息、竣工后试验及试运行考核周期以外所签订的原材料、辅助材料、电力、水、燃料等供应合同损失,以及运输合同等损失,适用法律另有规定除外。

第11条 质量保修责任

11.1 质量保修责任书

11.1.1 质量保修责任书

按照相关法律规定签订质量保修责任书是竣工验收的条件之一。双方应按法律规定的保修内容、范围、期限和责任,签订质量保修责任书,作为本合同附件。9.2.1款接收证书中写明的单项工程和(或)工程的接收日期,或单项工程和(或)工程视为被接收的日期,是承包人保修责任开始的日期,也是缺陷责任期的开始日期。

11.1.2 未能提交质量保修责任书

承包人未能提交质量保修责任书、无正当理由不与发包人签订质量保修责任书,发包人可不与承包人办理竣工结算,不承担尚未支付的竣工结算款项的相应利息,即使合同已约定延期支付利息。

如承包人提交了质量保修责任书,提请与发包人签订该责任书并在合同中约定了延期付款利息,但因发包人原因未能及时签署质量保修责任书,发包人应从接到该责任书的第11日起承担竣工结算款项延期支付的利息。

11.2 缺陷责任保修金

11.2.1 缺陷责任保修金金额

缺陷责任保修金的金额,在专用条款中约定。

11.2.2 缺陷责任保修金的暂扣

缺陷责任保修金的暂扣方式,在专用条款中约定。

11.2.3 缺陷责任保修金的支付。

发包人应依据第14.5.2款缺陷责任保修金支付的约定,支付被暂扣的缺陷责任保修金。

第12条 工程竣工验收

12.1 竣工验收报告及完整的竣工资料

12.1.1 工程符合9.1款工程接收的相关约定,和(或)发包人已按10.7款的约定颁发了竣工后试验及考核验收证书,且承包人完成了9.2.2款约定的扫尾工程和缺陷修复,经发包人或监理人验收后,承包人应依据8.1.1款第(1)、(2)、(3)项,8.2款竣工试验的检验与验收,10.3.3款第(4)项竣工后试验及其试运行考核结果等资料,向发包人提交竣工验收报告和完整的工程竣工资料。竣工验收报告和完整的竣工资料的格式、内容和份数在专用条款约定。

12.1.2 发包人应在接到竣工验收报告和完整的竣工资料后25日内提出修改意见或予以确认,承包人应按照发包人的意见自费对竣工验收报告和竣工资料进行修改。25日内发包人未提出修改意见,视为竣工资料和竣工验收报告已被确认。

12.1.3 分期建设、分期投产或分期使用的工程,按12.1.1款及12.1.2款的约定办理。

12.2 竣工验收

12.2.1 组织竣工验收

发包人应在接到竣工验收报告和完整的竣工资料,并根据12.1.2款的约定被确认后的30日内,组织竣工验收。

12.2.2 延后组织的竣工验收

发包人未能根据12.2.1款的约定,在30日内组织竣工验收时,按照14.12.1款至14.12.3款的约定,结清竣工结算的款项。

在12.2.1款约定的时间之后,发包人进行竣工验收时,承包人有义务参加。发包人在验收后的25日内,对承包人的竣工验收报告或竣工资料提出的进一步修改意见,承包人应按照发包人的意见自费修改。

12.2.3 分期竣工验收

分期建设、分期投产或分期使用的合同工程的竣工验收,按12.1.3款、12.2.1款的约定,分期组织竣工验收。

第13条　变更和合同价格调整

13.1　变更权

13.1.1　变更权

发包人拥有批准变更的权限。自合同生效后至工程竣工验收前的任何时间内，发包人有权依据监理人的建议、承包人的建议，以及13.2款约定的变更范围，下达变更指令。变更指令以书面形式发出。

13.1.2　变更

由发包人批准并发出的书面变更指令，属于变更。包括发包人直接下达的变更指令，或经发包人批准的由监理人下达的变更指令。

承包人对自身的设计、采购、施工、竣工试验、竣工后试验存在的缺陷，应自费修正、调整和完善，不属于变更。

13.1.3　变更建议权

承包人有义务随时向发包人提交书面变更建议，包括缩短工期，降低发包人的工程、施工、维护、营运的费用，提高竣工工程的效率或价值，给发包人带来的长远利益和其他利益。发包人接到此类建议后，应发出不采纳、采纳或补充进一步资料的书面通知。

13.2　变更范围

13.2.1　设计变更范围

(1)对生产工艺流程的调整，但未扩大或缩小初步设计批准的生产路线和规模，或未扩大或缩小合同约定的生产路线和规模。

(2)对平面布置、竖面布置、局部使用功能的调整，但未扩大初步设计批准的建筑规模，未改变初步设计批准的使用功能；或未扩大合同约定的建筑规模，未改变合同约定的使用功能。

(3)对配套工程系统的工艺调整、使用功能调整。

(4)对区域内基准控制点、基准标高和基准线的调整。

(5)对设备、材料、部件的性能、规格和数量的调整。

(6)因执行基准日期之后新颁布的法律、标准、规范引起的变更。

(7)其他超出合同约定的设计事项。

(8)上述变更所需的附加工作。

13.2.2　采购变更范围

(1)承包人已按发包人批准的名单，与相关供货商签订采购合同或已开始加工制造、供货、运输等，发包人通知承包人选择该名单中的另一家供货商。

(2)因执行基准日期之后新颁布的法律、标准、规范引起的变更。

(3)发包人要求改变检查、检验、检测、试验的地点和增加的附加试验。

(4)发包人要求增减合同中约定的备品备件、专用工具、竣工后试验物资的采购数量。

(5)上述变更所需的附加工作。

13.2.3　施工变更范围

(1)根据13.2.1款的设计变更，造成施工方法改变、设备、材料、部件、人工和工程量的增减。

(2)发包人要求增加的附加试验、改变试验地点。

(3)根据5.2.1款第(1)、(2)项外,新增加的施工障碍处理。

(4)发包人对竣工试验经验收或视为验收合格的项目,通知重新进行竣工试验。

(5)因执行基准日期之后新颁布的法律、标准、规范引起的变更。

(6)现场其他签证。

(7)上述变更所需的附加工作。

13.2.4　发包人的赶工指令。承包人接受了发包人的书面指示,以发包人认为必要的方式加快设计、施工或其他任何部分的进度时,承包人为实施该赶工指令需对项目进度计划进行调整,并对所增加的措施和资源提出估算,经发包人批准后,作为变更处理。当发包人未能批准此项变更,承包人有权按合同约定的相关阶段的进度计划执行。

因承包人原因,实际进度明显落后于上述批准的项目进度计划时,承包人应按4.1.2款的约定,自费赶上;竣工日期延误时,按4.5款的约定承担误期赔偿责任。

13.2.5　调减部分工程。发包人的暂停超过45日,承包人请求复工时仍不能复工,或因不可抗力持续而无法继续施工的,双方可按合同约定以变更方式调减受暂停影响的部分工程。

13.2.6　其他变更。根据工程的具体特点,在专用条款中约定。

13.3　变更程序

13.3.1　变更通知。发包人的变更应事先以书面形式通知承包人。

13.3.2　变更通知的建议报告。承包人接到发包人的变更通知后,有义务在10日内向发包人提交书面建议报告。

(1)如承包人接受发包人变更通知中的变更,建议报告中应包括:支持此项变更的理由,实施此项变更的工作内容,设备、材料、人力、机具、周转材料、消耗材料等资源消耗,以及相关管理费用和合理利润的估算。相关管理费用和合理利润的百分比,应在专用条款中约定。此项变更引起竣工日期延长时,应在报告中说明理由,并提交与此变更相关的进度计划。

承包人未提交增加费用的估算及竣工日期延长,视为该项变更不涉及合同价格调整和竣工日期延长,发包人不再承担此项变更的任何费用及竣工日期延长的责任。

(2)如承包人不接受发包人变更通知中的变更,建议报告中应包括不支持此项变更的理由,理由包括:

①此变更不符合法律、法规等有关规定。

②承包人难以取得变更所需的特殊设备、材料、部件。

③承包人难以取得变更所需的工艺、技术。

④变更将降低工程的安全性、稳定性、适用性。

⑤对生产性能保证值、使用功能保证的实现产生不利影响等。

13.3.3　发包人的审查和批准。发包人应在接到承包人根据13.3.2款约定提交的书面建议报告后10日内对此项建议给予审查,并发出批准、撤销、改变、提出进一步要求的书面通知。承包人在等待发包人回复的时间内,不能停止或延误任何工作。

(1)发包人接到承包人根据13.3.2款第(1)项的约定提交的建议报告,对其理由、估算和(或)竣工日期延长经审查批准后,应以书面形式下达变更指令。

发包人在下达的变更指令中,未能确认承包人对此项变更提出的估算和(或)竣工日期延长亦未提出异议的,自发包人接到此项书面建议报告后的第11日开始,视为承包人提交的变更估算和(或)竣工日期延长,已被发包人批准。

(2)发包人对承包人根据13.3.2款第(2)项提交的不接受此项变更的理由进行审查后,发出继续执行、改变、提出进一步补充资料的书面通知,承包人应予以执行。

13.3.4　承包人根据13.1.3款的约定提交变更建议书的,其变更程序按照本变更程序的约定办理。

13.4　紧急性变更程序

13.4.1　发包人有权以书面形式或口头形式发出紧急性变更指令,责令承包人立即执行此项变更。承包人接到此类指令后,应立即执行。发包人以口头形式发出紧急性变更指令的,须在48小时内以书面方式确认此项变更,并送交承包人项目经理。

13.4.2　承包人应在紧急性变更指令执行完成后的10日内,向发包人提交实施此项变更的工作内容,资源消耗和估算。因执行此项变更造成工程关键路径延误时,可提出竣工日期延长要求,但应说明理由,并提交与此项变更相关的进度计划。

承包人未能在此项变更完成后的10日内提交实际消耗的估算和(或)延长竣工日期的书面资料,视为该项变更不涉及合同价格调整和竣工日期延长,发包人不再承担此项变更的任何责任。

13.4.3　发包人应在接到承包人根据13.4.2款提交的书面资料后的10日内,以书面形式通知承包人被批准的合理估算,和(或)给予竣工日期的合理延长。

发包人在接到承包人的此项书面报告后的10日内,未能批准承包人的估算和(或)竣工日期延长亦未说明理由的,自接到该报告的第11日后,视为承包人提交的估算和(或)竣工日期延长已被发包人批准。

承包人对发包人批准的变更费用、竣工日期的延长存有争议时,双方应友好协商解决,协商不成时,依据16.3款争议和裁决的程序解决。

13.5　变更价款确定

变更价款按以下方法确定:

13.5.1　合同中已有相应人工、机具、工程量等单价(含取费)的,按合同中已有的相应人工、机具、工程量等单价(含取费)确定变更价款。

13.5.2　合同中无相应人工、机具、工程量等单价(含取费)的,按类似于变更工程的价格确定变更价款。

13.5.3　合同中无相应人工、机具、工程量等单价(含取费),亦无类似于变更工程的价格的,双方通过协商确定变更价款。

13.5.4　专用条款中约定的其他方法。

13.6　建议变更的利益分享

因发包人批准采用承包人根据13.1.3款提出的变更建议,使工程的投资减少、工期缩短、发包人获得长期运营效益或其他利益的,双方可按专用条款的约定进行利益分享,必要时双发可另行签订利益分享补充协议,作为合同附件。

13.7　合同价格调整

在下述情况发生后30日内,合同双方均有权将调整合同价格的原因及调整金额,以书面形式通知对方或监理人。经发包人确认的合理金额,作为合同价格的调整金额,并在支付当期工程进度款时支付或扣减调整的金额。一方收到另一方通知后15日内不予确认,也未能提出修改意见的,视为已经同意该项价格的调整。合同价格调整包括以下情况:

(1)合同签订后,因法律、国家政策和需遵守的行业规定发生变化,影响到合同价格增减的。

(2)合同执行过程中,工程造价管理部门公布的价格调整,涉及承包人投入成本增减的。

(3)一周内非承包人原因的停水、停电、停气、道路中断等,造成工程现场停工累计超过8小时的(承包人须提交报告并提供可证实的证明和估算)。

(4)发包人根据13.3款至13.5款变更程序中批准的变更估算的增减。

(5)本合同约定的其他增减的款项调整。

对于合同中未约定的增减款项,发包人不承担调整合同价格的责任。法律另有规定时除外。合同价格的调整不包括合同变更。

13.8　合同价格调整的争议

经协商,双方未能对工程变更的费用、合同价格的调整或竣工日期的延长达成一致,根据16.3款关于争议和裁决的约定解决。

第14条　合同总价和付款

14.1　合同总价和付款

14.1.1　合同总价

本合同为总价合同,除根据第13条变更和合同价格的调整,以及合同中其他相关增减金额的约定进行调整外,合同价格不做调整。

14.1.2　付款

(1)合同价款的货币币种为人民币,由发包人在中国境内支付给承包人。

(2)发包人应依据合同约定的应付款类别和付款时间安排,向承包人支付合同价款。承包人指定的银行账户,在专用条款中约定。

14.2　担保

14.2.1　履约保函

合同约定由承包人向发包人提交履约保函时,履约保函的格式、金额和提交时间,在专用条款中约定。

14.2.2　支付保函

合同约定由承包人向发包人提交履约保函时,发包人向承包人提交支付保函。支付保函的格式、内容和提交时间在专用条款中约定。

14.2.3　预付款保函

合同约定由承包人向发包人提交预付款保函时,预付款保函的格式、金额和提交时间在专用条款中约定。

14.3　预付款

14.3.1　预付款金额

发包人同意将按合同价格的一定比例作为预付款金额,具体金额在专用条款中约定。

14.3.2　预付款支付

合同约定了预付款保函时,在合同生效后,发包人收到承包人提交的预付款保函后10日内,根据14.3.1款约定的预付款金额,一次支付给承包人;未约定预付款保函时,发包人应在合同生效后10日内,根据14.3.1款约定的预付款金额,一次支付给承包人。

14.3.3　预付款抵扣

(1)预付款的抵扣方式、抵扣比例和抵扣时间安排,在专用条款中约定。

(2)在发包人签发工程接收证书或合同解除时,预付款尚未抵扣完的,发包人有权要求承包人支付尚未抵扣完的预付款。承包人未能支付的,发包人有权按如下程序扣回预付款的余额:

①从应付给承包人的款项中或属于承包人的款项中一次或多次扣除;

②应付给承包人的款项或属于承包人的款项不足以抵扣时,发包人有权从预付款保函(如约定提交)中扣除尚未抵扣完的预付款;

③应付给承包人或属于承包人的款项不足以抵扣且合同未约定承包人提交预付款保函时,承包人应与发包人签订支付尚未抵扣完的预付款支付时间安排协议书;

④承包人未能按上述协议书执行,发包人有权从履约保函(如有)中抵扣尚未扣完的预付款。

14.4　工程进度款

14.4.1　工程进度款。工程进度款支付方式、支付条件和支付时间等,在专用条款中约定。

14.4.2　根据工程具体情况,应付的其他进度款,在专用条款中约定。

14.5　缺陷责任保修金的暂扣与支付

14.5.1　缺陷责任保修金的暂时扣减。发包人可根据11.2.1款约定的缺陷责任保修金金额和11.2.2款缺陷责任保修金暂扣的约定,暂时扣减缺陷责任保修金。

14.5.2　缺陷责任保修金的支付

(1)发包人应在办理工程竣工验收和竣工结算时,将按14.5.1款暂时扣减的全部缺陷责任保修金金额的一半支付给承包人,专用条款另有约定时除外。此后,承包人未能按发包人通知修复缺陷责任期内出现的缺陷或委托发包人修复该缺陷的,修复缺陷的费用,从余下的缺陷责任保修金金额中扣除。发包人应在缺陷责任期届满后15日内,将暂扣的缺陷责任保修金余额支付给承包人。

(2)专用条款约定承包人可提交缺陷责任保修金保函的,在办理工程竣工验收和竣工结算时,如承包人请求提供用于替代剩余的缺陷责任保修金的保函,发包人应在接到承包人按合同约定提交的缺陷责任保修金保函后,向承包人支付保修金的剩余金额。此后,如承包人未能自费修复缺陷责任期内出现的缺陷或委托发包人修复该缺陷的,修复缺陷的费用从该保函中扣除。发包人应在缺陷责任期届满后15日内,退还该保函。保函的格式、金额和提交时间，在专用条款中约定。

14.6 按月工程进度申请付款

14.6.1 按月申请付款。按月申请付款的，承包人应以合同协议书约定的合同价格为基础，按每月实际完成的工程量（含设计、采购、施工、竣工试验和竣工后试验等）的合同金额，向发包人或监理人提交付款申请。承包人提交付款申请报告的格式、内容、份数和时间，在专用条款中约定。

按月付款申请报告中的款项包括：

（1）按 14.4 款工程进度款约定的款项类别。

（2）按 13.7 款合同价格调整约定的增减款项。

（3）按 14.3 款预付款约定的支付及扣减的款项。

（4）按 14.5 款缺陷责任保修金约定暂扣及支付的款项。

（5）根据 16.2 款索赔结果增减的款项。

（6）根据另行签订的本合同补充协议增减的款项。

14.6.2 如双方约定了 14.6.1 款按月工程进度申请付款的方式，则不能再约定按 14.7 款按付款计划表申请付款的方式。

14.7 按付款计划表申请付款

14.7.1 按付款计划表申请付款

按付款计划表申请付款的，承包人应以合同协议书约定的合同价格为基础，按照专用条款约定的付款期数、计划每期达到的主要形象进度和（或）完成的主要计划工程量（含设计、采购、施工、竣工试验和竣工后试验等）等目标任务，以及每期付款金额，并依据专用条款约定的格式、内容、份数和提交时间，向发包人或监理人提交当期付款申请报告。

每期付款申请报告中的款项包括：

（1）按专用条款中约定的当期计划申请付款的金额。

（2）按 13.7 款合同价款调整约定的增减款项。

（3）按 14.3 款预付款约定的，支付及扣减的款项。

（4）按 14.5 款缺陷责任保修金约定暂扣及支付的款项。

（5）根据 16.2 款索赔结果增减的款项。

（6）根据另行签订的本合同的补充协议增减的款项。

14.7.2 发包人按付款计划表付款时，承包人的实际工作和（或）实际进度比付款计划表约定的关键路径的目标任务落后 30 日及以上时，发包人有权与承包人商定减少当期付款金额，并有权与承包人共同调整付款计划表。承包人以后各期的付款申请及发包人的付款，以调整后的付款计划表为依据。

14.7.3 如双方约定了按 14.7 款付款计划表的方式申请付款，不能再约定按 14.6 款按月工程进度付款申请的方式。

14.8 付款条件与时间安排

14.8.1 付款条件

双方约定由承包人提交履约保函时，履约保函的提交应为发包人支付各项款项的前提条件；未约定履约保函时，发包人按约定支付各项款项。

14.8.2　预付款的支付

工程预付款的支付依据 14.3.2 款预付款支付的约定执行。预付款抵扣完后，发包人应及时向承包人退还付款保函。

14.8.3　工程进度款

(1)按月工程进度申请与付款。依据 14.6.1 款按月工程进度申请付款和付款时，发包人应在收到承包人按 14.6.1 款提交的每月付款申请报告之日起的 25 日内审查并支付。

(2)按付款计划表申请与付款。依据 14.7.1 款按付款计划表申请付款和付款时，发包人应在收到承包人按 14.7.1 款提交的每期付款申请报告之日起的 25 日内审查并支付。

14.9　付款时间延误

14.9.1　因发包人的原因未能按 14.8.3 款约定的时间向承包人支付工程进度款的，应从发包人收到付款申请报告后的第 26 日开始，以中国人民银行颁布的同期同类贷款利率向承包人支付延期付款的利息，作为延期付款的违约金额。

14.9.2　发包人延误付款 15 日以上，承包人有权向发包人发出要求付款的通知，发包人收到通知后仍不能付款，承包人可暂停部分工作，视为发包人导致的暂停，并遵照 4.6.1款发包人的暂停的约定执行。

双方协商签订延期付款协议书的，发包人应按延期付款协议书中约定的期数、时间、金额和利息付款；当双方未能达成延期付款协议，导致工程无法实施，承包人可停止部分或全部工程，发包人应承担违约责任，导致工程关键路径延误时，竣工日期顺延。

14.9.3　发包人的延误付款达 60 日以上，并影响到整个工程实施的，承包人有权根据 18.2 款的约定向发包人发出解除合同的通知，并有权就因此增加的相关费用向发包人提出索赔。

14.10　税务与关税

14.10.1 发包人与承包人按国家有关纳税规定，各自履行各自的纳税义务，含与进口工程物资相关的各项纳税义务。

14.10.2　合同一方享有本合同进口工程设备、材料、设备配件等进口增值税和关税减免时，另一方有义务就办理减免税手续给予协助和配合。

14.11　索赔款项的支付

14.11.1　经协商或调解确定的，或经仲裁裁定的，或法院判决的发包人应得的索赔款项，发包人可从应支付给承包人的当月工程进度款或当期付款计划表的付款中扣减该索赔款项。当支付给承包人的各期工程进度款中不足以抵扣发包人的索赔款项时，承包人应当另行支付。承包人未能支付，可协商支付协议，仍未支付时，发包人可从履约保函(如有)中抵扣。如履约保函不足以抵扣，承包人须另行支付该索赔款项，或以双方协商一致的支付协议的期限支付。

14.11.2　经协商或调解确定的，或经仲裁裁决的，或法院判决的承包人应得的索赔款项，承包人可在当月工程进度款或当期付款计划表的付款申请中单列该索赔款项，发包人应在当期付款中支付该索赔款项。发包人未能支付该索赔款项时，承包人有权从发包人提交的支付保函(如有)中抵扣。如未约定支付保函,发包人须另行支付该索赔款项。

14.12 竣工结算

14.12.1 提交竣工结算资料

承包人应在根据12.1款的约定提交的竣工验收报告和完整的竣工资料被发包人确定后的30日内,向发包人递交竣工结算报告和完整的竣工结算资料。竣工结算资料的格式、内容和份数,在专用条款中约定。

14.12.2 最终竣工结算资料

发包人应在收到承包人提交的竣工结算报告和完整的竣工结算资料后的30日内,进行审查并提出修改意见,双方就竣工结算报告和完整的竣工结算资料的修改达成一致意见后,由承包人自费进行修正,并提交最终的竣工结算报告和最终的结算资料。

14.12.3 结清竣工结算的款项

发包人应在收到承包人按14.12.2款的约定提交的最终竣工结算资料的30日内,结清竣工结算的款项。竣工款结清后5日内,发包人应将承包人按14.2.1款约定提交的履约保函返还给承包人;承包人应将发包人按14.2.2款约定提交的支付保函返还给发包人。

14.12.4 未能答复竣工结算报告

发包人在接到承包人根据14.12.1款约定提交的竣工结算报告和完整的竣工结算资料的30日内,未能提出修改意见,也未予答复的,视为发包人认可了该竣工结算资料作为最终竣工结算资料。发包人应根据14.12.3款的约定,结清竣工结算的款项。

14.12.5 发包人未能结清竣工结算的款项

(1)发包人未能按14.12.3款的约定,结清应付给承包人的竣工结算的款项余额的,承包人有权从发包人根据14.2.2款约定提交的支付保函中扣减该款项的余额。

合同未约定发包人按14.2.2款提交支付保函或支付保函不足以抵偿应向承包人支付的竣工结算款项时,发包人从承包人提交最终结算资料后的第31日起,支付拖欠的竣工结算款项的余额,并按中国人民银行同期同类贷款利率支付相应利息。

(2)根据14.12.4款的约定,发包人未能在约定的30日内对竣工结算资料提出修改意见和答复,也未能向承包人支付竣工结算款项的余额的,应从承包人提交该报告后的第31日起,支付拖欠的竣工结算款项的余额,并按中国人民银行同期同类的贷款利率支付相应利息。

发包人在承包人提交最终竣工结算资料的90日内,仍未结清竣工结算款项的,承包人可依据16.3款争议和裁决的约定解决。

14.12.6 未能按时提交竣工结算报告及完整的结算资料

工程竣工验收报告经发包人认可后的30日内,承包人未能向发包人提交竣工结算报告及完整的结算资料,造成工程竣工结算不能正常进行或工程竣工结算不能按时结清,发包人要求承包人交付工程时,承包人应进行交付;发包人未要求交付工程时,承包人须承担保管、维护和保养的费用和责任,不包括根据第9条工程接收的约定已被发包人使用、接收的单项工程和工程的任何部分。

14.12.7 承包人未能支付竣工结算的款项

(1)承包人未能按14.12.3款的约定,结清应付给发包人的竣工结算中的款项余额时,发包人有权从承包人根据14.2.1款约定提交的履约保函中扣减该款项的余额。

履约保函的金额不足以抵偿时,承包人应从最终竣工结算资料提交之后的31日起,支付拖欠的竣工结算款项的余额,并按中国人民银行同期同类贷款利率支付相应利息。承包人在最终竣工结算资料提交后的90日内仍未支付时,发包人有权根据16.3款争议和裁决的约定解决。

(2)合同未约定履约保函时,承包人应从最终竣工结算资料提交后的第31日起,支付拖欠的竣工结算款项的余额,并按中国人民银行同期同类贷款利率支付相应利息。如承包人在最终竣工结算资料提交后的90日内仍未支付,发包人有权根据16.3款争议和裁决的约定解决。

14.12.8 竣工结算的争议

如在发包人收到承包人递交的竣工结算报告及完整的结算资料后的30日内,双方对工程竣工结算的价款发生争议,应共同委托一家具有相应资质等级的工程造价咨询单位进行竣工结算审核,按审核结果,结清竣工结算的款项。审核周期由合同双方与工程造价审核单位约定。对审核结果仍有争议时,依据16.3款争议和裁决的约定解决。

第15条 保 险

15.1 承包人的投保

15.1.1 按适用法律和专用条款约定的投保类别,由承包人投保的保险种类,其投保费用包含在合同价格中。由承包人投保的保险种类、保险范围、投保金额、保险期限和持续有效的时间等在专用条款中约定。

(1)适用法律规定及专用条款约定的,由承包人负责投保的,承包人应依据工程实施阶段的需要按期投保。

(2)在合同执行过程中,新颁布的适用法律规定由承包人投保的强制性保险,根据第13条变更和合同价格调整的约定调整合同价格。

15.1.2 保险单对联合被保险人提供保险时,保险赔偿对每个联合被保险人分别施用。承包人应代表自己的被保险人,保证其被保险人遵守保险单约定的条件及其赔偿金额。

15.1.3 承包人从保险人收到的理赔款项,应用于保单约定的损失、损害、伤害的修复、购置、重建和赔偿。

15.1.4 承包人应在投保项目及其投保期限内,向发包人提供保险单副本、保费支付单据复印件和保险单生效的证明。

承包人未提交上述证明文件的,视为未按合同约定投保,发包人可以自己名义投保相应保险,由此引起的费用及理赔损失,由承包人承担。

15.2 一切险和第三方责任险

对于建筑工程一切险、安装工程一切险和第三者责任险,无论应投保方是任何一方,其在投保时均应将本合同的另一方,本合同项下分包商、供货商、服务商同时列为保险合同项下的被保险人。具体的应投保方在专用条款中约定。

15.3　保险的其他规定

15.3.1　由承包人负责采购运输的设备、材料、部件的运输险，由承包人投保。此项保险费用已包含在合同价格中，专用条款中另有约定时除外。

15.3.2　保险事项的意外事件发生时，在场的各方均有责任努力采取必要措施，防止损失、损害的扩大。

15.3.3　本合同约定以外的险种，根据各自的需要自行投保，保险费用由各自承担。

第16条　违约、索赔和争议

16.1　违约责任

16.1.1　发包人的违约责任

当发生下列情况时：

(1)发包人未能履行5.1.2款，5.2.1款第(1)、(2)项的约定，未能按时提供真实、准确、齐全的工艺技术和(或)建筑设计方案、项目基础资料和现场障碍资料。

(2)发包人未能按第13条的约定调整合同价格，未能按第14条有关预付款、工程进度款、竣工结算约定的款项类别、金额、承包人指定的账户和时间支付相应款项。

(3)发包人未能履行合同中约定的其他责任和义务。

发包人应采取补救措施，并赔偿因上述违约行为给承包人造成的损失。因其违约行为造成工程关键路径延误时，竣工日期顺延。发包人承担违约责任，并不能减轻或免除合同中约定的应由发包人继续履行的其他责任和义务。

16.1.2　承包人的违约责任

当发生下列情况时：

(1)承包人未能履行6.2款对其提供的工程物资进行检验的约定、7.5款施工质量与检验的约定，未能修复缺陷。

(2)承包人经三次试验仍未能通过竣工试验，或经三次试验仍未能通过竣工后试验，导致的工程任何主要部分或整个工程丧失了使用价值、生产价值、使用利益。

(3)承包人未经发包人同意或未经必要的许可或适用法律不允许分包的，将工程分包给他人。

(4)承包人未能履行合同约定的其他责任和义务。

承包人应采取补救措施，并赔偿因上述违约行为给发包人造成的损失。承包人承担违约责任，并不能减轻或免除合同中约定的由承包人继续履行的其他责任和义务。

16.2　索赔

16.2.1　发包人的索赔

发包人认为，承包人未能履行合同约定的职责、责任、义务，且根据本合同约定、与本合同有关的文件、资料的相关情况与事项，承包人应承担损失、损害赔偿责任，但承包人未能按合同约定履行其赔偿责任时，发包人有权向承包人提出索赔。索赔依据法律及合同约定，并遵循如下程序进行：

(1)发包人应在索赔事件发生后的30日内，向承包人送交索赔通知。未能在索赔事件发生后的30日内发出索赔通知，承包人不再承担任何责任，法律另有规定的除外。

(2)发包人应在发出索赔通知后的30日内，以书面形式向承包人提供说明索赔事件的正当理由、条款根据、有效的可证实的证据和索赔估算等相关资料。

(3)承包人应在收到发包人送交的索赔资料后30日内与发包人协商解决,或给予答复,或要求发包人进一步补充提供索赔的理由和证据。

(4)承包人在收到发包人送交的索赔资料后30日内未与发包人协商、未予答复、或未向发包人提出进一步要求,视为该项索赔已被承包人认可。

(5)当发包人提出的索赔事件持续影响时,发包人每周应向承包人发出索赔事件的延续影响情况,在该索赔事件延续影响停止后的30日内,发包人应向承包人送交最终索赔报告和最终索赔估算。索赔程序与本款第(1)项至第(4)项的约定相同。

16.2.2 承包人的索赔

承包人认为,发包人未能履行合同约定的职责、责任和义务,且根据本合同的任何条款的约定,与本合同有关的文件、资料的相关情况和事项,发包人应承担损失、损害赔偿责任及延长竣工日期的,发包人未能按合同约定履行其赔偿义务或延长竣工日期时,承包人有权向发包人提出索赔。索赔依据法律和合同约定,并遵循如下程序进行:

(1)承包人应在索赔事件发生后30日内,向发包人发出索赔通知。未在索赔事件发生后的30日内发出索赔通知,发包人不再承担任何责任,法律另有规定除外。

(2)承包人应在发出索赔事件通知后的30日内,以书面形式向发包人提交说明索赔事件的正当理由、条款根据、有效的可证实的证据和索赔估算资料的报告。

(3)发包人应在收到承包人送交的有关索赔资料的报告后30日内与承包人协商解决,或给予答复,或要求承包人进一步补充索赔理由和证据;

(4)发包人在收到承包人按本款第(3)项提交的报告和补充资料后的30日内未与承包人协商,或未予答复,或未向承包人提出进一步补充要求,视为该项索赔已被发包人认可。

(5)当承包人提出的索赔事件持续影响时,承包人每周应向发包人发出索赔事件的延续影响情况,在该索赔事件延续影响停止后的30日内,承包人向发包人送交最终索赔报告和最终索赔估算。索赔程序与本款第(1)项至第(4)项的约定相同。

16.3 争议和裁决

16.3.1 争议的解决程序

根据本合同或与本合同相关的事项所发生的任何索赔争议,合同双方首先应通过友好协商解决。争议的一方,应以书面形式通知另一方,说明争议的内容、细节及因由。在上述书面通知发出之日起的30日内,经友好协商后仍存争议时,合同双方可提请双方一致同意的工程所在地有关单位或权威机构对此项争议进行调解;在争议提交调解之日起30日内,双方仍存争议时,或合同任何一方不同意调解的,按专用条款的约定通过仲裁或诉讼方式解决争议事项。

16.3.2 争议不应影响履约

发生争议后,须继续履行其合同约定的责任和义务,保持工程继续实施。除非出现下列情况,任何一方不得停止工程或部分工程的实施:

(1)当事人一方违约导致合同确已无法履行,经合同双方协议停止实施。

(2)仲裁机构或法院责令停止实施。

16.3.3　停止实施的工程保护

根据16.3.2款约定,停止实施的工程或部分工程,当事人按合同约定的职责、责任和义务,保护好与合同工程有关的各种文件、资料、图纸、已完工程,以及尚未使用的工程物资。

第17条　不可抗力

17.1　不可抗力发生时的义务

17.1.1　通知义务

觉察或发现不可抗力事件发生的一方,有义务立即通知另一方。根据本合同约定,工程现场照管的责任方,在不可抗力事件发生时,应在力所能及的条件下迅速采取措施,尽力减少损失;另一方全力协助并采取措施。需暂停实施的施工或工作,立即停止。

17.1.2　通报义务

工程现场发生不可抗力时,在不可抗力事件结束后的48小时内,承包人(如为工程现场的照管方)须向发包人通报受害和损失情况。当不可抗力事件持续发生时,承包人每周应向发包人和工程总监报告受害情况。对报告周期另有约定时除外。

17.2　不可抗力的后果

因不可抗力事件导致的损失、损害、伤害所发生的费用及延误的竣工日期,按如下约定处理:

(1)永久性工程和工程物资等的损失、损害,由发包人承担。

(2)受雇人员的伤害,分别按照各自的雇用合同关系负责处理。

(3)承包人的机具、设备、财产和临时工程的损失、损害,由承包人承担。

(4)承包人的停工损失,由承包人承担。

(5)不可抗力事件发生后,因一方迟延履行合同约定的保护义务导致的延续损失、损害,由迟延履行义务的一方承担相应责任及其损失。

(6)发包人通知恢复建设时,承包人应在接到通知后的20日内,或双方根据具体情况约定的时间内,提交清理、修复的方案及其估算,以及进度计划安排的资料和报告,经发包人确认后,所需的清理、修复费用由发包人承担。恢复建设的竣工日期相应顺延。

第18条　合同解除

18.1　由发包人解除合同

18.1.1　通知改正

承包人未能按合同履行其职责、责任和义务,发包人可通知承包人,在合理的时间内纠正并补救其违约行为。

18.1.2　由发包人解除合同

发包人有权基于下列原因,以书面形式通知解除合同或解除合同的部分工作。发包人应在发出解除合同通知15日前告知承包人。发包人解除合同并不影响其根据合同约定享有的任何其他权利。

(1)承包人未能遵守14.2.1款履约保函的约定。

(2)承包人未能执行18.1.1款通知改正的约定。

(3)承包人未能遵守3.8.1款至3.8.4款的有关分包和转包的约定。

(4)承包人实际进度明显落后于进度计划,发包人指令其采取措施并修正进度计划时,承包人无作为。

(5)工程质量有严重缺陷,承包人无正当理由使修复开始日期拖延达30日以上。

(6)承包人明确表示或以自己的行为明显表明不履行合同,或经发包人以书面形式通知其履约后仍未能依约履行合同,或以明显不适当的方式履行合同。

(7)根据8.6.2款第(4)项和(或)10.8款的约定,未能通过的竣工试验、未能通过的竣工后试验,使工程的任何部分和(或)整个工程丧失了主要使用功能、生产功能。

(8)承包人破产、停业清理或进入清算程序,或情况表明承包人将进入破产和(或)清算程序。

发包人不能为另行安排其他承包人实施工程而解除合同或解除合同的部分工作。发包人违反该约定时,承包人有权依据本项约定,提出仲裁或诉讼。

18.1.3 解除合同通知后停止和进行的工作

承包人收到解除合同通知后的工作。承包人应在解除合同30日内或双方约定的时间内,完成以下工作:

(1)除为保护生命、财产或工程安全、清理和必须执行的工作外,停止执行所有被通知解除的工作。

(2)将发包人提供的所有信息及承包人为本工程编制的设计文件、技术资料及其他文件移交给发包人。在承包人留有的资料文件中,销毁与发包人提供的所有信息相关的数据及资料的备份。

(3)移交已完成的永久性工程及负责已运抵现场的永久性工程物资。在移交前,妥善做好已完工程和已运抵现场的永久性工程物资的保管、维护和保养。

(4)移交相应实施阶段已经付款的并已完成的和尚待完成的设计文件、图纸、资料、操作维修手册、施工组织设计、质检资料、竣工资料等。

(5)向发包人提交全部分包合同及执行情况说明。其中包括:承包人提供的工程物资(含在现场保管的、已经订货的、正在加工的、运输途中的、运抵现场尚未交接的),发包人承担解除合同通知之日之前发生的、合同约定的此类款项。承包人有义务协助并配合处理与其有合同关系的分包人的关系。

(6)经发包人批准,承包人应将其与被解除合同或被解除合同中的部分工作相关的和正在执行的分包合同及相关的责任和义务转让至发包人和(或)发包人指定方的名下,包括永久性工程及工程物资,以及相关工作。

(7)承包人按照合同约定,继续履行其未被解除的合同部分工作。

(8)在解除合同的结算尚未结清之前,承包人不得将其机具、设备、设施、周转材料、措施材料撤离现场和(或)拆除,除非得到发包人同意。

18.1.4 解除日期的结算

根据18.1.2款的约定,承包人收到解除合同或解除合同部分工作的通知后,发包人应立即与承包人商定已发生的合同款项,包括14.3款的预付款、14.4款的工程进度款、13.7款的合同价格调整的款项、14.5款的缺陷责任保修金暂扣的款项、16.2款的索赔款项、本合同补充协议的款项,以及合同约定的任何应增减的款项。经双方协商一致的合同款项,作为解除日期的结算资料。

18.1.5　解除合同后的结算

(1)双方应根据18.1.4款解除合同日期的结算资料,结清双方应收应付款项的余额。此后,发包人应将承包人根据14.2.1款约定提交的履约保函返还给承包人,承包人应将发包人根据14.2.2款约定提交的支付保函返还给发包人。

(2)如合同解除时仍有未被扣减完的预付款,发包人应根据14.3.3预付款抵扣的约定扣除,并在此后将约定提交的预付款保函返还给承包人。

(3)发包人尚有其他未能扣减完的应收款余额时,有权从14.2.1款约定的承包人提交的履约保函中扣减,并在此后将履约保函返还给承包人。

(4)发包人按上述约定扣减后,仍有未能收回的款项时;或合同未能约定提交履约保函和预付款保函,仍有未能扣减应收款项的余额时,可扣留与应收款价值相当的承包人的机具、设备、设施、周转材料等作为抵偿。

18.1.6　承包人的撤离

(1)全部合同解除的撤离。承包人有权按18.1.5款第(4)项的约定,将未被因抵偿扣留的机具、设备、设施等自行撤离现场,并承担撤离和拆除临时设施的费用。发包人为此提供必要条件。

(2)部分合同解除的撤离。承包人接到发包人发出撤离现场的通知后,将其多余的机具、设备、设施等自费拆除并自费撤离现场[不包括根据18.1.5款第(4)项约定被抵偿的机具等]。发包人为此提供必要条件。

18.1.7　解除合同后继续实施工程的权利。发包人可继续完成工程或委托其他承包人继续完成工程。发包人有权与其他承包人使用已移交的永久性工程的物资,及承包人为本工程编制的设计文件、实施文件及资料,以及使用根据18.1.5款第(4)项约定扣留抵偿的设施、机具和设备。

18.2　由承包人解除合同

18.2.1　由承包人解除合同。基于下列原因,承包人有权以书面形式通知发包人解除合同,但在发出解除合同通知15日前告知发包人:

(1)发包人延误付款达60日以上,或根据4.6.4款承包人要求复工,但发包人在180日内仍未通知复工的。

(2)发包人实质上未能根据合同约定履行其义务,影响承包人实施工作停止30日以上。

(3)发包人未能按14.2.2款的约定提交支付保函。

(4)出现第17条约定的不可抗力事件,导致继续履行合同主要义务已成为不可能或不必要。

(5)发包人破产、停业清理或进入清算程序,或情况表明发包人将进入破产和(或)清算程序,或发包人无力支付合同款项。

发包人接到承包人根据本款第(1)项至第(3)项解除合同的通知后,发包人随后给予了付款,或同意复工或继续履行其义务或提供了支付保函时,承包人应尽快安排并恢复正常工作。因此造成关键路线延误,竣工日期顺延;承包人因此增加的费用,由发包人承担。

18.2.2　承包人发出解除合同的通知后，有权停止和必须进行的工作如下：

(1)除为保护生命、财产、工程安全，清理和必须执行的工作外，停止所有进一步的工作。

(2)移交已完成的永久性工程及承包人提供的工程物资（包括现场保管的、已经订货的、正在加工制造的、正在运输途中的、现场尚未交接的）。在未移交之前，承包人有义务妥善做好已完工程和已购工程物资的保管、维护和保养。

(3)移交已经付款并已经完成和尚待完成的设计文件、图纸、资料、操作维修手册、施工组织设计、质检资料、竣工资料等。应发包人的要求，对已经完成但尚未付款的相关设计文件、图纸和资料等，按商定的价格付款后，承包人按约定的时间提交给发包人。

(4)向发包人提交全部分包合同及执行情况说明，由发包人承担其费用。

(5)应发包人的要求，承包人将分包合同转让至发包人和（或）发包人指定方的名下，包括永久性工程及其物资，以及相关工作。

(6)在承包人自留文件资料中，销毁发包人提供的所有信息及其相关的数据及资料的备份。

18.2.3　解除合同日期的结算资料

根据18.2.1款的约定，发包人收到解除合同的通知后，应与承包人商定已发生的工程款项，包括14.3款预付款、14.4款工程进度款、13.7款合同价格调整的款项、14.5款保修金暂扣与支付的款项、16.2款索赔的款项、本合同补充协议的款项及合同任何条款约定的增减款项，以及承包人拆除临时设施和机具、设备等撤离到承包人企业所在地的费用[当出现18.2.1款第(4)项不可抗力的情况，撤离费用由承包人承担]。经双方协商一致的合同款项，作为解除日期的结算依据。

18.2.4　解除合同后的结算

(1)双方应根据18.2.3款解除合同日期的结算资料，结清解除合同时双方的应收应付款项的余额。此后，承包人应将发包人根据14.2.2款约定提交的支付保函返还给发包人，发包人将承包人根据14.2.1款约定提交的履约保函返还给承包人。

(2)如合同解除时发包人仍有未被扣减完的预付款，发包人可根据14.3.3款预付款抵扣的约定扣除，此后，应将预付款保函返还给承包人。

(3)如合同解除时承包人尚有其他未能收回的应收款余额，承包人可从14.2.2款约定的发包人提交的支付保函中扣减，此后，应将支付保函返还给发包人。

(4)如合同解除时承包人尚有其他未能收回的应收款余额，而合同未约定发包人按14.2.2款提交支付保函，发包人应根据18.2.3款的约定，经协商一致的解除合同日期结算资料后的第1日起，按中国人民银行同期同类贷款利率，支付拖欠的余额和利息。发包人在此后的60日内仍未支付，承包人有权根据16.3款争议和裁决的约定解决。

(5)如合同解除时承包人尚有未能付给发包人的付款余额，发包人有权根据18.1.5款约定的解除合同后的结算中的第(2)项至第(4)项进行结算。

18.2.5　承包人的撤离。在合同解除后，承包人应将除为安全需要外的所有其他物资、机具、设备和设施，全部撤离现场。

18.3　合同解除后的事项

18.3.1　付款约定仍然有效

合同解除后,由发包人或由承包人解除合同的结算及结算后的付款约定仍然有效,直至解除合同的结算工作结清。

18.3.2　解除合同的争议

合同双方对解除合同或对解除日期的结算有争议的,应采取友好协商方式解决。经友好协商仍存在争议或有一方不接受友好协商时,根据16.3款争议和裁决的约定解决。

第19条　合同生效与终止

19.1　合同生效

在合同协议书中约定的合同生效条件满足之日生效。

19.2　合同份数

合同正本、合同副本的份数,以及合同双方应持的份数,在专用条款中约定。

19.3　合同义务

合同双方应在合同终止后,遵循诚实信用原则,履行通知、协助、保密等义务。

第20条　补充条款

双方对本通用条款内容的具体约定、补充或修改在专用条款中约定。

第三部分　专用条款

第1条　一般规定

1.1　定义与解释

1.1.51　双方约定的视为不可抗力时间处理的其他情形如下:＿＿＿＿＿＿＿＿

1.1.52　双方根据本合同工程的特点,补充约定的其他定义:＿＿＿＿＿＿＿＿

1.3　语言文字

本合同除使用汉语外,还使用＿＿＿＿＿＿语言。

1.4　适用法律

合同双方需要明示的法律、行政法规、地方性法规:＿＿＿＿＿＿＿＿

1.5　标准、规范

1.5.1　本合同适用的标准、规范(名称):＿＿＿＿＿＿＿＿

1.5.2　发包人提供的国外标准、规范的名称、份数和时间:＿＿＿＿＿＿

1.5.3　没有成文规范、标准规定的约定:＿＿＿＿＿＿＿＿

发包人的技术要求及提交时间:＿＿＿＿＿＿＿＿

承包人提交实施方法的时间:＿＿＿＿＿＿＿＿

1.6　保密事项

双方签订的商业保密协议(名称):＿＿＿＿＿＿＿＿,作为本合同附件。

双方签订的技术保密协议(名称):＿＿＿＿＿＿＿＿,作为本合同附件。

第2条　发包人

2.2　发包人代表

发包人代表的姓名:＿＿＿＿＿＿＿＿

发包人代表的职务:＿＿＿＿＿＿＿＿

发包人代表的职责：____

2.3　监理人

2.3.1　监理单位名称：____

工程总监理姓名：____

监理的范围：____

监理的内容：____

监理的权限：____

2.5　保安责任

2.5.1　现场保安责任的约定。在以下两者中选择其一，作为合同双方对现场保安责任的约定。

□ 发包人负责保安的归口管理

□ 委托承包人负责保安管理

2.5.2　保安区域责任划分及双方相关保安制度、责任制度和报告制度的约定：____

____

第3条　承包人

3.1　承包人的一般义务和权利

3.1.3　经合同双方商定，承包人应提交的报表类别、名称、要求、报告期、提交的时间和份数：____

3.2　项目经理

3.2.1　项目经理姓名：____

项目经理职责：____

项目经理权限：____

因擅自更换项目经理或项目经理兼职其他项目经理的违约约定：______________

项目经理每月在现场时间未达到合同约定天数的，每少一天应向发包人支付违约金________元。

3.8　分包

3.3.1　分包约定

约定的分包工作事项：____

第4条　进度计划、延误和暂停

4.1　项目进度计划

4.1.1　项目进度计划中的关键路径及关键路径变化的确定原则：________

承包人提交项目进度计划的份数和时间：____________________

4.3　采购进度计划

4.3.1　采购进度计划提交的份数和日期：__________________________

4.3.2　采购开始日期：____

4.4　施工进度计划

4.4.1　施工进度计划（以表格或文字表述）

提交关键单项工程施工计划的名称、份数和时间：__________________

提交关键分部分项工程施工计划的名称、份数和时间：________________

4.5 误期赔偿

因承包人原因使竣工日期延误，每延误1日的误期赔偿金额为合同协议书的合同价格的______%或人民币金额为：______________、累计最高赔偿金额为合同协议书的合同价格的：________%或人民币金额为：______________。

第5条 技术与设计

5.1 生产工艺技术、建筑艺术造型

5.1.1 承包人提供的生产工艺技术和(或)建筑设计方案

根据工程考核特点，在以下类型中选择其一，作为双方的约定：

☐ 按工程量考核，工程考核保证值和(或)使用功能说明：

____

☐ 按单项工程考核，各单项工程考核保证值和(或)使用功能说明：

____

5.1.2 发包人提供生产工艺技术和(或)建筑设计方案

其中，

发包人应承担的工程和(或)单项工程试运行考核保证值和(或)使用功能说明如下：

____

承包人应承担的工程和(或)单项工程试运行考核保证值和(或)使用功能说明如下：

____

5.2 设计

5.2.1 发包人的义务

(1)提供项目基础资料。发包人提供的项目基础资料的类别、内容、份数和时间：__

____

(2)提供现场障碍资料。发包人提供的现场障碍资料的类别、内容、份数和时间：__

____

5.2.2 承包人的义务

(1)经合同双方商定，发包人提供的项目基础资料、现场障碍资料的如下部分，可按本款中约定的如下时间期限，提出进一步要求__________________

5.2.4 操作维修手册

发包人提交的操作指南、分析手册的份数和提交期限：________________

承包人提交的操作维修手册的份数和最终提交期限：__________________

5.2.5 设计文件的份数和提交时间

规划设计阶段设计文件、资料和图纸的份数和提交时间：______________

初步设计阶段设计文件、资料和图纸的份数和提交时间：______________

技术设计阶段设计文件、资料和图纸的份数和提交时间：______________

施工图设计阶段设计文件、资料和图纸的份数和提交时间：____________

5.3　设计阶段审查

5.3.1　设计审查阶段及审查会议时间

本工程的设计阶段(名称):________________________________

设计审查阶段及其审查会议的时间安排:______________________

第6条　工程物资

6.1　工程物资的提供

6.1.1　发包人提供的工程物资

(1)工程物资的类别、估算数量:__________________________

6.1.2　承包人提供的工程物资

(1)工程物资的类别、估算数量:__________________________

(2)竣工后试验的生产性材料的类别或(和)清单:_____________

6.2　检验

6.2.1　工程检验与报告

(1)报告提交日记、报告内容和提交份数:_____________________

6.3　进口工程物资的采购

6.3.1　采购责任方及采购方式:______________________________

6.6　工程物资保管与剩余

6.6.1　工程物资保管

委托承包人保管的工程物资的类别和估算数量:_________________

承包人提交保管、维护方案的时间:__________________________

由发包人提供的库房、堆场、设施及设备:_____________________

第7条　施　工

7.1　发包人的义务

7.1.3　进场条件和进场日期

承包人的进场条件:_____________________________________

承包人的进厂日期:_____________________________________

7.1.4　临时用水电等提供和节点铺设

发包人提供的临时用水、用电等类别、取费单价:________________

7.1.10　由发包人履行的其他义务:___________________________

7.2　对承包人的义务

7.2.2　施工组织设计

提交工程总体施工组织设计的份数和时间:_____________________

需要提交的主要单项工程、主要分部分项工程施工组织设计的名称、份数和时间:__

____

7.2.3　提交临时占地资料

提交临时占地资料的时间:_________________________________

7.2.4　提供临时用水电等资料

承包人需要水电等品质、正常用量、高峰量和使用时间:___________

发包人能够满足施工临时用水、电等类别和数量：______

水电等节点位置资料的提交时间：______

7.2.12 清理现场的费用：______

7.2.13 由承包人履行的其他义务：______

7.4 人力和机具资源

7.4.1 人力资源计划一览表的格式、内容、份数和提交时间：______

人力资源实际进场的报表格式、份数和报告期：______

7.4.2 主要机具计划一览表的格式、内容、份数和提交时间：______

主要机具实际进场的报表格式、份数和报告期：______

7.5 质量与检验

7.5.2 质检部位与参检方

三方参检的部位、标准及表格形式：______

两方参检的部位、标准及表格形式：______

第三方检查的部位、标准及表格形式：______

承包人自检的部位、标准及表格形式：______

7.6 隐蔽工程和中间验收

7.6.1 隐蔽工程和中间验收

需要质检的隐蔽工程和中间验收部位的分类、部位、质检内容、标准、表格和参检方的约定：______

7.8 职业健康、安全、环境保护

7.8.1 职业健康、安全、环境保护管理

(2)提交职业健康、安全、环境管理计划的份数和时间：______

第8条 竣工试验

本合同工程，包含竣工试验阶段/不包含竣工试验阶段。保留其一，作为双方约定。

8.1 竣工试验的义务

8.1.1 承包人的一般义务

(4)竣工试验方案

提交竣工试验方案的份数和时间：______

第9条 工程接收

9.1 工程接收

9.1.1 按单项工程或(和)按工程接收

在以下两种情况中选择其一，作为双方对工程接收的约定：

□ 由承包人负责指导发包人进行单项工程或(和)工程竣工后试验，并承担试运行考核责任的，接收单项工程的先后顺序及时间安排，或接收工程的时间安排如下：______

______

□ 由发包人负责单项工程或(和)工程竣工后试验及其试运行考核责任的，接收单项工程的先后顺序及时间安排，或接受工程的时间安排如下：______

9.1.2　接收工程提交的资料

提交竣工试验资料的类别、内容、份数和时间:____________________

第10条　竣工后试验

本合同包含承包人知道竣工后试验/不含承包人知道竣工后试验。保留其一,作为双方约定。

10.1　权利和义务

10.1.1　发包人的权利和义务

(6)其他义务和工作:____

10.1.2　承包人的责任和义务

(2)竣工后试验方案的份数和完成时间:____________________

(7)其他义务和工作:____

10.2　竣工后试验程序

10.2.5　竣工后试验日期的通知

单项工程或(和)工程竣工后试验开始日期的约定:________________

10.3　竣工后试验及试运行考核

10.3.3 试运行考核

(3)试运行考核周期:______小时(或日、周、月、年)

10.6　未能通过考核

(1)未能通过试运行考核的赔偿。

①承包人提供的生产工艺技术或建筑设计方案未能通过试运行考核的赔偿根据工程情况,在以下方式中选择一项,作为双方的考核赔偿约定:

□各单项工程的赔偿金额(或赔偿公式)分别为:__________________

□工程的赔偿金额(或赔偿公式):________________________________

②发包人提供的生产工艺技术或建筑设计方案未能通过试运行考核的赔偿,其中承包人应承担相关责任的赔偿金额(或赔偿公式)分别为:____________

10.7　考核验收证书

10.7.1　在以下方式中选择其一,作为颁发竣工后试验及考核验收证书的约定。

□ 按工程颁发竣工后试验及考核验收证书

□ 按单项工程和工程颁发竣工后试验及考核验收证书

第11条　质量保修责任

11.2　缺陷责任保修金

11.2.1　缺陷责任保修金金额

缺陷责任保修金金额为合同协议书约定的合同价格的____%。

11.2.2　缺陷责任保修金金额的暂扣

缺陷责任保修金金额的暂扣方式:__________________________________

第12条　工程竣工验收

12.1　竣工资料及竣工验收报告

12.1.1　竣工资料和竣工验收报告

竣工验收报告的格式、份数和提交时间：________________________

完整竣工资料的格式、份数和提交时间：________________________

第 13 条　变更和合同价格调整

13.2　变更范围

13.2.6　其他变更

双方根据本工程特点，商定的其他变更范围：____________________

13.5　变更价款确定

13.5.4　变更价款约定的其他方法：_____________________________

13.6　建议变更的利益分享

建议变更的利益分享的约定：________________________________

第 14 条　合同总价和付款

14.1　合同总价和付款

14.1.2　付款

(2)承包人指定的开户银行及银行账户：______________________

14.2　担保

14.2.1　履约保函

在以下方式中选择其一，作为双方对履约保函的约定。

□ 承包人不提交履约保函

□ 承包人提交履约保函的格式、金额和时间：___________________

14.2.2　支付保函

在以下方式中选择其一，作为双方对支付保函的约定。

□ 发包人不提交支付保函

□ 发包人提交支付保函的格式、金额和时间：___________________

14.2.3　预付款保函

在以下方式中选择其一，作为双方对预付款保函的约定。

□ 承包人不提交预付款保函

□ 承包人提交预付款保函的格式、金额和时间：_________________

14.3　预付款

14.3.1　预付款金额

预付款的金额为：_______________________________________

14.3.3　预付款抵扣

(1)预付款的抵扣方式、抵扣比例和抵扣时间安排：______________

14.4　工程进度款

14.4.1　工程进度款

工程进度款的支付方式、支付条件和支付时间：__________________

14.4.2　其他进度款

其他进度款有：______________________

14.5　缺陷责任保修金的暂扣与支付

14.5.2　缺陷责任保修金的支付

(2)缺陷责任保修金保函的格式、金额和时间:______________

14.6　按月工程进度申请付款

按月付款申请报告的格式、内容、份数和提交时间:______________

14.7　按付款计划表申请付款

付款期数、每期付款金额、每期需达到的主要计划形象进度和主要计划工程量进度:

____

付款申请报告的格式、内容、份数和提交时间:______________

14.12　竣工结算

14.12.1　提交竣工结算资料

竣工结算资料的格式、内容和份数:____________________

第15条　保　险

15.1　承包人的投保

15.1.1　合同双方商定,由承包人负责投保的保险种类、保险范围、投保金额、保险期限和持续有效的时间:____________________________

15.2　一切险和第三方责任

土建工程一切险的投保方及对投保的相关要求:______________

安装工程及竣工试验一切险的投保方及对投保的相关要求:________

第三者责任险的应投保方及对投保的相关要求:______________

第16条　违约、索赔和裁决

16.3　争议和裁决

16.3.1　争议的解决程序

在争议提交调解之日起30日内,双方仍存有争议时,或合同任何一方不同意调解的,在以下方式中选择其一,作为双方解决争议事项的约定。

□ 提交__________仲裁委员会,按照申请仲裁时该会现行有效的仲裁规则进行仲裁。仲裁裁决是终局的,对双方均有约束力。

□ 向_______所在地人民法院提起诉讼。

第19条　合同生效与合同终止

19.2　合同份数

本合同正本一式:______份,合同副本一式:_____份。合同双方应持的正本份数:_______,副本份数:_______。

第20条　补充条款

20.1　承包合同工程的内容及合同工作范围划分:________________

20.2　承包合同的单项工程一览表:________________

20.3　合同价格清单分项表:________________

20.4　其他合同附件:________________

附录二　《房屋建筑和市政基础设施项目工程总承包管理办法》

第一章　总　则

第一条　为规范房屋建筑和市政基础设施项目工程总承包活动，提升工程建设质量和效益，根据相关法律法规，制定本办法。

第二条　从事房屋建筑和市政基础设施项目工程总承包活动，实施对房屋建筑和市政基础设施项目工程总承包活动的监督管理，适用本办法。

第三条　本办法所称工程总承包，是指承包单位按照与建设单位签订的合同，对工程设计、采购、施工或者设计、施工等阶段实行总承包，并对工程的质量、安全、工期和造价等全面负责的工程建设组织实施方式。

第四条　工程总承包活动应当遵循合法、公平、诚实守信的原则，合理分担风险，保证工程质量和安全，节约能源，保护生态环境，不得损害社会公共利益和他人的合法权益。

第五条　国务院住房和城乡建设主管部门对全国房屋建筑和市政基础设施项目工程总承包活动实施监督管理。国务院发展改革部门依据固定资产投资建设管理的相关法律法规履行相应的管理职责。

县级以上地方人民政府住房和城乡建设主管部门负责本行政区域内房屋建筑和市政基础设施项目工程总承包（以下简称工程总承包）活动的监督管理。县级以上地方人民政府发展改革部门依据固定资产投资建设管理的相关法律法规在本行政区域内履行相应的管理职责。

第二章　工程总承包项目的发包和承包

第六条　建设单位应当根据项目情况和自身管理能力等，合理选择工程建设组织实施方式。

建设内容明确、技术方案成熟的项目，适宜采用工程总承包方式。

第七条　建设单位应当在发包前完成项目审批、核准或者备案程序。采用工程总承包方式的企业投资项目，应当在核准或者备案后进行工程总承包项目发包。采用工程总承包方式的政府投资项目，原则上应当在初步设计审批完成后进行工程总承包项目发包；其中，按照国家有关规定简化报批文件和审批程序的政府投资项目，应当在完成相应的投资决策审批后进行工程总承包项目发包。

第八条　建设单位依法采用招标或者直接发包等方式选择工程总承包单位。

工程总承包项目范围内的设计、采购或者施工中，有任一项属于依法必须进行招标的项目范围且达到国家规定规模标准的，应当采用招标的方式选择工程总承包单位。

第九条　建设单位应当根据招标项目的特点和需要编制工程总承包项目招标文件，主要包括以下内容：

（一）投标人须知；

（二）评标办法和标准；

（三）拟签订合同的主要条款；

（四）发包人要求，列明项目的目标、范围、设计和其他技术标准，包括对项目的内容、范围、规模、标准、功能、质量、安全、节约能源、生态环境保护、工期、验收等的明确要求；

（五）建设单位提供的资料和条件，包括发包前完成的水文地质、工程地质、地形等勘察资料，以及可行性研究报告、方案设计文件或者初步设计文件等；

（六）投标文件格式；

（七）要求投标人提交的其他材料。

建设单位可以在招标文件中提出对履约担保的要求，依法要求投标文件载明拟分包的内容；对于设有最高投标限价的，应当明确最高投标限价或者最高投标限价的计算方法。

推荐使用由住房和城乡建设部会同有关部门制定的工程总承包合同示范文本。

第十条　工程总承包单位应当同时具有与工程规模相适应的工程设计资质和施工资质，或者由具有相应资质的设计单位和施工单位组成联合体。工程总承包单位应当具有相应的项目管理体系和项目管理能力、财务和风险承担能力，以及与发包工程相类似的设计、施工或者工程总承包业绩。

设计单位和施工单位组成联合体的，应当根据项目的特点和复杂程度，合理确定牵头单位，并在联合体协议中明确联合体成员单位的责任和权利。联合体各方应当共同与建设单位签订工程总承包合同，就工程总承包项目承担连带责任。

第十一条　工程总承包单位不得是工程总承包项目的代建单位、项目管理单位、监理单位、造价咨询单位、招标代理单位。

政府投资项目的项目建议书、可行性研究报告、初步设计文件编制单位及其评估单位，一般不得成为该项目的工程总承包单位。政府投资项目招标人公开已经完成的项目建议书、可行性研究报告、初步设计文件的，上述单位可以参与该工程总承包项目的投标，经依法评标、定标，成为工程总承包单位。

第十二条　鼓励设计单位申请取得施工资质，已取得工程设计综合资质、行业甲级资质、建筑工程专业甲级资质的单位，可以直接申请相应类别施工总承包一级资质。鼓励施工单位申请取得工程设计资质，具有一级及以上施工总承包资质的单位可以直接申请相应类别的工程设计甲级资质。完成的相应规模工程总承包业绩可以作为设计、施工业绩申报。

第十三条　建设单位应当依法确定投标人编制工程总承包项目投标文件所需要的合理时间。

第十四条　评标委员会应当依照法律规定和项目特点，由建设单位代表、具有工程总承包项目管理经验的专家，以及从事设计、施工、造价等方面的专家组成。

第十五条　建设单位和工程总承包单位应当加强风险管理，合理分担风险。

建设单位承担的风险主要包括：

（一）主要工程材料、设备、人工价格与招标时基期价相比，波动幅度超过合同约定幅度的部分；

（二）因国家法律法规政策变化引起的合同价格的变化；

（三）不可预见的地质条件造成的工程费用和工期的变化；

(四)因建设单位原因产生的工程费用和工期的变化;

(五)不可抗力造成的工程费用和工期的变化。

具体风险分担内容由双方在合同中约定。

鼓励建设单位和工程总承包单位运用保险手段增强防范风险能力。

第十六条 企业投资项目的工程总承包宜采用总价合同,政府投资项目的工程总承包应当合理确定合同价格形式。采用总价合同的,除合同约定可以调整的情形外,合同总价一般不予调整。

建设单位和工程总承包单位可以在合同中约定工程总承包计量规则和计价方法。

依法必须进行招标的项目,合同价格应当在充分竞争的基础上合理确定。

第三章 工程总承包项目实施

第十七条 建设单位根据自身资源和能力,可以自行对工程总承包项目进行管理,也可以委托勘察设计单位、代建单位等项目管理单位,赋予相应权利,依照合同对工程总承包项目进行管理。

第十八条 工程总承包单位应当建立与工程总承包相适应的组织机构和管理制度,形成项目设计、采购、施工、试运行管理以及质量、安全、工期、造价、节约能源和生态环境保护管理等工程总承包综合管理能力。

第十九条 工程总承包单位应当设立项目管理机构,设置项目经理,配备相应管理人员,加强设计、采购与施工的协调,完善和优化设计,改进施工方案,实现对工程总承包项目的有效管理控制。

第二十条 工程总承包项目经理应当具备下列条件:

(一)取得相应工程建设类注册执业资格,包括注册建筑师、勘察设计注册工程师、注册建造师或者注册监理工程师等;未实施注册执业资格的,取得高级专业技术职称;

(二)担任过与拟建项目相类似的工程总承包项目经理、设计项目负责人、施工项目负责人或者项目总监理工程师;

(三)熟悉工程技术和工程总承包项目管理知识以及相关法律法规、标准规范;

(四)具有较强的组织协调能力和良好的职业道德。

工程总承包项目经理不得同时在两个或者两个以上工程项目担任工程总承包项目经理、施工项目负责人。

第二十一条 工程总承包单位可以采用直接发包的方式进行分包。但以暂估价形式包括在总承包范围内的工程、货物、服务分包时,属于依法必须进行招标的项目范围且达到国家规定规模标准的,应当依法招标。

第二十二条 建设单位不得迫使工程总承包单位以低于成本的价格竞标,不得明示或者暗示工程总承包单位违反工程建设强制性标准、降低建设工程质量,不得明示或者暗示工程总承包单位使用不合格的建筑材料、建筑构配件和设备。

工程总承包单位应当对其承包的全部建设工程质量负责,分包单位对其分包工程的质量负责,分包不免除工程总承包单位对其承包的全部建设工程所负的质量责任。

工程总承包单位、工程总承包项目经理依法承担质量终身责任。

第二十三条 建设单位不得对工程总承包单位提出不符合建设工程安全生产法律、

法规和强制性标准规定的要求,不得明示或者暗示工程总承包单位购买、租赁、使用不符合安全施工要求的安全防护用具、机械设备、施工机具及配件、消防设施和器材。

工程总承包单位对承包范围内工程的安全生产负总责。分包单位应当服从工程总承包单位的安全生产管理,分包单位不服从管理导致生产安全事故的,由分包单位承担主要责任,分包不免除工程总承包单位的安全责任。

第二十四条　建设单位不得设置不合理工期,不得任意压缩合理工期。

工程总承包单位应当依据合同对工期全面负责,对项目总进度和各阶段的进度进行控制管理,确保工程按期竣工。

第二十五条　工程保修书由建设单位与工程总承包单位签署,保修期内工程总承包单位应当根据法律法规规定以及合同约定承担保修责任,工程总承包单位不得以其与分包单位之间保修责任划分而拒绝履行保修责任。

第二十六条　建设单位和工程总承包单位应当加强设计、施工等环节管理,确保建设地点、建设规模、建设内容等符合项目审批、核准、备案要求。

政府投资项目所需资金应当按照国家有关规定确保落实到位,不得由工程总承包单位或者分包单位垫资建设。政府投资项目建设投资原则上不得超过经核定的投资概算。

第二十七条　工程总承包单位和工程总承包项目经理在设计、施工活动中有转包违法分包等违法违规行为或者造成工程质量安全事故的,按照法律法规对设计、施工单位及其项目负责人相同违法违规行为的规定追究责任。

第四章　附　则

第二十八条　本办法自2020年3月1日起施行。

附录三　水利部《关于水利工程建设项目代建制管理的指导意见》

近年来,国家将水利作为基础设施建设和保障改善民生的重要领域,不断加大投入力度,大规模水利建设深入推进,项目点多面广量大,基层建设任务繁重,管理能力相对不足。在水利建设项目特别是基层中小型项目中推行代建制等新型建设管理模式,发挥市场机制作用,增强基层管理力量,实现专业化的项目管理十分必要。为积极、稳妥推进水利工程建设项目代建制,规范项目代建管理,根据《中共中央国务院关于加快水利改革发展的决定》(中发〔2011〕1号)、《国务院关于投资体制改革的决定》(国发〔2004〕20号)等有关文件及规定,结合水利工程建设项目的特点,制定本指导意见。

(一)水利工程建设项目代建制,是指政府投资的水利工程建设项目通过招标等方式,选择具有水利工程建设管理经验、技术和能力的专业化项目建设管理单位(以下简称代建单位),负责项目的建设实施,竣工验收后移交运行管理单位的制度。

(二)水利工程建设项目代建制为建设实施代建,代建单位对水利工程建设项目施工准备至竣工验收的建设实施过程进行管理。

(三)实行代建制的项目(以下简称代建项目),代建单位按照合同约定,履行工程代建相关职责,对代建项目的工程质量、安全、进度和资金管理负责。地方政府负责协调落实地方配套资金和征地移民等工作，为工程建设创造良好的外部环境。

（四）代建项目应严格执行基本建设程序，落实项目法人责任制、招标投标制、建设监理制和合同管理制，遵守工程建设质量、安全、进度和资金管理有关规定。

（五）各级水行政主管部门按照规定权限负责管辖范围内水利工程建设项目代建制的监督管理工作，受理有关水利工程建设项目代建制实施的投诉，查处违法违规行为。

（六）代建单位应具备以下条件：

（1）具有独立的事业或企业法人资格。

（2）具有满足代建项目规模等级要求的水利工程勘测设计、咨询、施工总承包一项或多项资质以及相应的业绩；或者是由政府专门设立（或授权）的水利工程建设管理机构并具有同等规模等级项目的建设管理业绩；或者是承担过大型水利工程项目法人职责的单位。

（3）具有与代建管理相适应的组织机构、管理能力、专业技术与管理人员。

（七）近3年在承接的各类建设项目中发生过较大以上质量、安全责任事故或者有其他严重违法、违纪和违约等不良行为记录的单位不得承担项目代建业务。

（八）拟实施代建制的项目应在可行性研究报告中提出实行代建制管理的方案，经批复后在施工准备前选定代建单位。

（九）代建单位由项目主管部门或项目法人（以下简称项目管理单位）负责选定。招标选择代建单位应严格执行招标投标相关法律法规，并进入公共资源交易市场交易。不具备招标条件的，经项目主管部门同级政府批准，可采取其他方式选择代建单位。

（十）代建单位确定后，项目管理单位应与代建单位依法签订代建合同。代建合同内容应包括项目建设规模、内容、标准、质量、工期、投资和代建费用等控制指标，明确双方的责任、权利、义务、奖惩等法律关系及违约责任的认定与处理方式。代建合同应报项目管理单位上级水行政主管部门备案。

（十一）代建单位不得将所承担的项目代建工作转包或分包。代建单位可根据代建合同约定，对项目的勘察、设计、监理、施工和设备、材料采购等依法组织招标，不得以代建为理由规避招标。代建单位（包括与其有隶属关系或股权关系的单位）不得承担代建项目的施工以及设备、材料供应等工作。

（十二）项目管理单位的主要职责包括：

（1）选定代建单位，并与代建单位签订代建合同。

（2）落实建设资金，配合地方政府做好征地、移民、施工环境等相关工作。

（3）监督检查工程建设的质量、安全、进度和资金使用管理情况，并协助做好上级有关部门（单位）的稽察、检查、审计等工作。

（4）协调做好项目重大设计变更、概算调整相关文件编报工作。

（5）组织或参与工程阶段验收、专项验收和竣工验收。

（6）代建合同约定的其他职责。

（十三）代建单位的主要职责包括：

（1）根据代建合同约定，组织项目招标投标，择优选择勘察设计、监理、施工单位和设备、材料供应商；负责项目实施过程中各项合同的洽谈与签订工作，对所签订的合同实行全过程管理。

(2)组织项目实施,抓好项目建设管理,对建设工期、施工质量、安全生产和资金管理等负责,依法承担项目建设单位的质量责任和安全生产责任。

(3)组织项目设计变更、概算调整相关文件编报工作。

(4)组织编报项目年度实施计划和资金使用计划,并定期向项目管理单位报送工程进度、质量、安全以及资金使用等情况。

(5)配合做好上级有关部门(单位)的稽察、检查、审计等工作。

(6)按照验收相关规定,组织项目分部工程、单位工程、合同工程验收;组织参建单位做好项目阶段验收、专项验收、竣工验收各项准备工作;按照基本建设财务管理相关规定,编报项目竣工财务决算。竣工验收后及时办理资产移交和竣工财务决算审批手续。

(7)代建合同约定的其他职责。

(十四)代建项目资金管理要严格执行国家有关法律法规和基本建设财务管理制度,落实财政部《关于切实加强政府投资项目代建制财政财务管理有关问题的指导意见》(财建〔2004〕300号)有关要求,做好代建项目建账核算工作,严格资金管理,确保专款专用。

(十五)实行代建制的项目,各级政府和项目管理单位应认真落实建设资金,确保资金足额及时到位,保障工程的顺利实施。代建项目建设资金的拨付按财政部门相关规定和合同约定执行。

(十六)代建管理费要与代建单位的代建内容、代建绩效挂钩,计入项目建设成本,在工程概算中列支。代建管理费由代建单位提出申请,由项目管理单位审核后,按项目实施进度和合同约定分期拨付。

(十七)代建项目实施完成并通过竣工验收后,经竣工决算审计确认,决算投资较代建合同约定项目投资有结余,按照财政部门相关规定,从项目结余资金中提取一定比例奖励代建单位。

(十八)代建单位未经批准擅自调整建设规模、内容和标准,擅自进行重大设计变更的,因管理不善致使工程未达到设计要求或者质量不合格的,按照代建合同约定和国家有关规定处理。代建项目决算投资超出代建合同约定项目投资的,按代建合同约定处理。

各地要高度重视水利工程建设项目代建管理工作,加强组织领导,明确责任分工,健全工作机制,完善各项制度,稳妥有序推进,注意积累经验。各省、自治区、直辖市水行政主管部门可依据本指导意见制定本行政区域水利工程建设项目代建管理的具体办法。本指导意见执行过程中如有意见和建议,请及时反馈水利部建设与管理司。

附录四　山东省水利厅《山东省水利工程建设项目设计施工总承包指导意见(试行)》

一、为了深化我省水利改革,创新水利工程建设管理模式,提高水利工程建设管理水平,规范水利工程建设项目总承包行为,根据《中华人民共和国建筑法》(主席令第91号)、《中共中央国务院关于加快水利改革发展的决定》(中发〔2011〕1号)、《水利部关于深化水利改革的指导意见》(水规计〔2014〕48号)、《住房和城乡建设部关于进一步推进工程总承包发展的若干意见》(建市〔2016〕93号)等有关规定,结合我省水利工程建设实际,制定本指导意见。

二、本省行政区域内公益性水利工程建设项目的总承包,适用本指导意见。

三、本指导意见所称水利工程建设项目总承包,是指工程总承包单位按照与项目法人签订的合同,对工程项目的设计、采购、施工等实行全过程或若干阶段的承包,并对承包工程的质量、安全、工期、造价等全面负责的承包方式。

四、水利工程建设项目总承包可以实行整体项目总承包,也可以对其中的单项工程或专业工程实行总承包。工程监理、第三方质量检测以及征地拆迁、移民安置不列入总承包范围。

鼓励中、小型水利工程建设项目采取集中建设、分类打捆的方式实行总承包。

严禁总承包单位将工程转包或违法分包。

五、水利工程建设项目实行总承包从项目可行性研究报告或初步设计报告批准后开始,一般采用设计—采购—施工总承包(EPC)或设计—施工总承包(D—B)方式,也可以根据工程项目特点和实际需要,按照风险合理分担原则和承包工作内容采用其他总承包方式。

工程项目实行总承包,由项目法人提出申请,报组建项目法人的同级人民政府或水行政主管部门核准。

六、工程总承包单位可以是满足所有资质要求的独立法人单位,隶属于同一经营实体的设计、施工单位,或具备单独资质单位组成的联合体。招标人公开发包前已完成可行性研究报告、勘察设计文件编制的,其可行性研究报告编制单位、勘察设计文件编制单位可以参与工程总承包项目的投标。工程总承包单位应同时具备下列条件:

(一)与工程规模相适应的水利水电行业勘测设计、施工资质;

(二)具有与工程项目总承包相适应的工程勘察设计能力、设备采购能力、工程施工能力、工程项目管理能力和财务能力,企业信誉良好;

(三)单独资质单位组成联合体承担工程项目总承包的,须签订联合体协议,确定牵头单位,明确各成员单位的责任和权利;

(四)工程项目总承包招标文件要求的其他条件。

七、工程总承包项目设计负责人和施工负责人可以由同一人担任,但应同时具备相应的设计和施工注册执业资格。由两人担任的,施工负责人应提前进入设计工作组,参与工程前期与设计过程。工程总承包项目的设计负责人和施工负责人应当担任过同等工程项目的设计负责人或施工项目经理,熟悉工程建设相关法律法规和技术标准。

八、水利建设项目工程总承包应当严格遵守《中华人民共和国招标投标法》《中华人民共和国招标投标法实施条例》等法律法规,采用公开招标或经批准的其他方式,选择具有相应资质和能力的工程总承包单位。采用工程总承包的水利建设项目,应当进入省、市公共资源交易市场进行交易。

九、工程总承包采用总价合同或单价合同方式,总承包合同应根据建设项目的风险情况合理设置激励和风险对等分担条款,明确项目主要材料价差的风险额度、调整范围及调整方法。

工程总承包发包价格应以初步设计批准的概算或批准概算的单价为控制标准,初步设计概算未明确概算单项总价或概算单价的,可以按照相应水利定额或合同约定价格确定。临时工程宜采用总价合同方式。

十、工程项目总承包应采用综合评估法评标，招标人应根据工程特点和要求合理设置评分权重和评标办法。当联合体投标时，以联合体中信誉较低者计分。

十一、实行工程总承包的水利建设项目，采用项目法人负责建设管理、工程总承包单位负责建设实施、水行政主管部门等政府部门负责监督管理的建设方式。

采用工程总承包的建设项目，项目建议书、可行性研究报告或初步设计报告编制，应当严格执行相关规范规程要求并达到相应设计深度，保证地质勘察和设计质量，明确重大技术方案、建设标准，严格核定工程量和概(估)算。

十二、工程总承包单位应当按照合同约定，对总承包内容全面负责，履行下列职责：

(一)按照法律法规、相关强制性标准、规范规程和合同约定，组织实施设计、采购、施工和试运行，承担合同约定的相关工作。

(二)组建与总承包项目相适应的管理机构，建立覆盖设计、采购、施工、试运行全过程的工程质量安全管理体系和职业健康及环境管理体系，保证质量、安全、环境、职业健康所需资金的投入，落实各项保障措施，规范、有序地开展各项管理工作，实现合同约定的工程进度、质量、安全等建设目标。

(三)按时完成合同约定的工程勘测设计、设备采购、工程施工、调试、试运行工作，对工程质量和安全负责，并保证试运行期工程安全和档案资料完整。

(四)配合做好工程验收和工程移交工作。项目验收按照水利部《水利工程建设项目验收管理规定》《水利水电建设工程验收规程》执行。工程实施过程中各类工程管理技术文件、报验表格等应作相应调整，在相关表格中增加"工程总承包企业"栏目，由工程总承包单位签署意见。

(五)按照合同约定，承担总承包项目保修期内的保修义务。按照水利工程档案管理规定，及时将工程档案资料移交项目法人归档。

(六)积极配合政府相关部门的检查、稽察、审计等工作，及时整改存在问题。严格执行国家和省有关水利工程前期工作、建设管理、财务管理、质量和安全管理的各项规定。

(七)法律法规规定和合同约定的工程总承包单位的其他职责。

十三、项目法人对工程建设负总责，应加强对工程总承包单位的管理，严格落实国家、省有关规定和合同条款，履行下列职责：

(一)负责项目建议书、可行性研究报告、初步设计报告和设计变更的报批以及资金筹措等前期及工程准备阶段(工程总承包范围外)的相关工作。

(二)按照相关规定和合同约定，落实工程征地拆迁以及其他建设条件，在工程现场设立管理机构并派驻专职负责人，及时提供合同约定的各项建设条件、协调各方关系，保证工程正常实施。

(三)按照规定办理工程质量与安全监督手续以及项目划分报审和项目开工备案等手续，统筹项目各参建单位加强质量管理，落实质量终身责任制。

(四)加强合同管理，督促工程总承包单位履行合同义务。对工程总承包单位在合同履行中存在过失或者偏差行为，可能造成重大损失或者严重影响合同目标实现的，应当及时采取有效措施，必要时可以依据合同约定，终止合同。

（五）严格执行水利工程设计变更管理规定，保证设计变更不得低于初步设计批准的质量安全标准，不得降低工程质量、耐久性和安全度。

（六）按照合同约定，及时、足额向工程总承包单位支付工程进度款项，及时组织工程验收和结算。

（七）法律法规规定和合同约定的项目法人的其他职责。

十四、工程总承包项目的监理单位应当依据有关规定和合同约定，对工程质量、施工安全、建设进度、环保、水保、计量支付和缺陷责任期工程修复等进行监理，对总承包单位编制的采购与施工的组织实施计划、专项技术方案、项目实施进度计划、质量安全保障措施、计量支付、工程变更等进行审核。

十五、总承包工程项目通过完工验收后，合同双方应当及时进行工程完工结算和支付。实行总价合同的，按合同约定总价结算；实行单价合同的，按实际完成的工程量结算。工程固定资产的移交，按照有关规定及合同约定办理。

十六、总承包项目执行质量安全监督制度，各级水利工程质量与安全监督机构应当按照分级管理的原则，对工程建设质量与安全实施监督。

十七、各级水行政主管部门应当按照分级管理的原则，加强对总承包项目的监督管理和指导，发现问题应及时提出整改意见，并跟踪落实整改。

十八、工程项目总承包遇到不可抗力影响合同继续执行时，由合同双方协商签订补充协议或申请第三方调解仲裁。

十九、本指导意见由山东省水利厅负责解释。

二十、本指导意见自2019年2月20日起施行，有效期至2021年2月19日。

附录五 《山东省公益性水利工程代建制试行办法》（鲁水建字〔2014〕12号）

第一章 总 则

第一条 为进一步深化水利工程建设管理体制改革，提高建设管理水平和投资效益，根据国家和省相关法律、法规及规章，结合本省水利工程建设特点，制定本办法。

第二条 本办法适用于本省行政区域内概算投资2 000万元以上的公益性水利工程，其他水利工程建设项目可参照执行。

第三条 本办法所称水利工程建设项目代建制，是指通过直接委托或竞争方式，选择具有水利工程建设管理经验、技术和能力的项目建设管理单位（以下简称代建单位），负责水利建设项目的投资管理和组织实施，直至通过竣工验收后交付运行管理单位使用的制度。有关行政部门对实行代建制建设项目的审批程序不变。

第四条 各级水行政主管部门按照分级管理的原则负责实行代建制水利建设项目的监督管理工作。

第五条 水利工程建设项目代建制，按阶段可分为全过程代建和建设实施代建两种方式。全过程代建的，在项目建议书或可行性研究报告批复后选定代建单位；建设实施代建的，在项目初步设计批复后委托代建单位。按委托方式可分为政府委托代建和项目法人委托代建。

第六条　实行代建制的项目，一般由政府、水行政主管部门或其组建的项目法人负责选定代建单位。

第七条　水利工程代建项目实行合同管理。委托单位需与代建单位依法依规签订代建合同，并负责对代建单位进行履约考核等工作。

第八条　一个项目一般应当由一个单位进行代建，确因行政区划等原因也可由多个代建单位承担。

第九条　实行代建制的水利工程建设项目，代建单位应按照国家和省相关法律法规以及合同约定，对项目的勘察、设计、监理、施工和主要设备、材料采购等依法进行招标。

第二章　项目委托单位和代建单位的主要职责

第十条　项目委托单位的主要职责：

委托单位依据与代建单位的合同约定，行使以下职责：

（一）组织编报项目建议书、组织或参与编报可行性研究报告（包括土地预审、移民、环评、水保等各类专项报告），提出项目功能、规模、标准、质量、工期等。

（二）组织或参与项目相关设计编报工作。全过程代建的，协助组织编报项目初步设计、施工图设计和招标设计；建设实施代建的，组织编报项目可行性研究报告和初步设计，参与组织编报项目施工图设计和招标设计。

（三）负责建设资金筹措和工作关系的协调。

（四）负责组织办理与项目相关的审批、许可等项目有关的审批、许可手续。

（五）监督检查工程建设进展和资金使用管理情况，并协助做好上级有关单位（部门）的稽察、审计等工作。

（六）组织或参与工程法人验收、阶段验收、专项验收和竣工验收。

第十一条　项目代建单位的主要职责：

代建单位依据与委托单位的合同约定，可行使以下职责：

（一）组织或参与项目相关设计编报工作。全过程代建的，组织或参与编报项目可行性研究报告，组织编报项目初步设计、招标设计和施工图设计；建设实施代建的，组织编报项目招标设计和施工图设计。

（二）负责办理或协助办理项目移民征地、水保、环评、消防等与项目有关的审批、许可手续。

（三）负责办理或协助办理招标备案、开工备案、质量与安全监督、验收申请和资产移交等手续。

（四）组织项目招投标，择优选择项目勘察、设计、监理、施工单位和主要设备、材料供应商；组织项目实施，抓好项目建设管理，对项目建设工期、施工质量、安全生产和资金管理等负总责。依法承担项目建设单位的质量责任和安全生产责任。

（五）负责项目实施过程中各项合同的洽谈与签订工作，对所签订的合同实行全过程管理。

（六）按合同明确的建设目标，及时编报项目年度实施计划和资金使用计划，并定期向委托单位和主管部门报送工程进度、质量和施工安全以及资金使用等情况。

（七）按照验收相关规定，组织项目分部工程、单位（或合同）工程完工验收；组织参建单位做好项目阶段验收、专项验收各项准备工作。

（八）组织完成质量评定，做好竣工财务决算的编制和审计配合工作，整理汇编工程建设档案，负责项目竣工验收的资料整理等验收准备工作，竣工验收后及时办理资产移交手续。

（九）配合做好上级有关单位（部门）的稽察、审计等工作。

（十）按照合同的约定行使项目建设单位的其他职责。

第三章　代建单位的资格条件和确定程序

第十二条　水利工程建设项目代建单位应具备以下条件：

（一）具有独立的事业或企业法人资格。

（二）具有与从事水利工程建设管理相适应的组织机构、管理能力、专业技术与管理人员。

（三）具有与代建项目规模相适应的水利工程设计、监理、咨询、施工总承包一项或多项资质以及相应的业绩；或者承担过国家或省大型水利工程项目法人职责，建设管理经验丰富的单位。

第十三条　有下列情形之一的单位，不得承担水利工程建设项目代建业务：

（一）不能满足第十二条规定的；

（二）近 3 年在承接的各类建设项目中发生过较大以上质量、安全责任事故或者有其他严重违法、违纪和违约等不良行为记录的。

第十四条　代建单位由委托单位通过直接委托、竞争性谈判或招标等方式确定，报上级水行政主管部门审查同意。其中经招标确定的项目代建单位如具有与代建项目相适应的设计、咨询、监理资质，且招标设计包含相关内容，可直接承担设计、咨询、监理工作任务。

第十五条　委托单位应当与代建单位签订代建合同。全过程代建的，在项目代建初期可根据批准的项目建议书签订项目代建初步合同，待项目可研批复后签订正式代建合同；建设实施代建的，按照批复的项目初步设计签订代建合同。

第十六条　代建合同内容应包括项目建设规模、内容、标准、质量、工期、投资和代建费用等控制指标，以及项目实施计划、资源配置，并明确双方的责任、权利、义务、奖惩等法律关系。

第十七条　项目代建费（建设管理费）实行概算管理，纳入初步设计概算。全过程代建的，将代建费用纳入初步设计概算，代建费用控制在建设管理费之内，由项目代建单位组织编报；建设实施代建的，按批复的建设管理费列支。

第十八条　代建单位确定后，委托单位应当按照合同规定做好督查、协调等工作，不得违反合同越权干涉代建单位的正常建设管理工作。

第四章　代建项目资金管理和奖惩规定

第十九条　代建项目资金管理应严格执行国家和省有关财务会计规定。实行专款专用，专账核算，严格资金使用管理。

第二十条　实行代建的建设项目，委托单位应认真落实资金，确保建设资金足额及时到位,保障工程的顺利实施。

第二十一条 建设项目代建期间,建设资金的拨付按财政部门相关规定和合同约定执行。

第二十二条 水利工程建设项目代建费的使用由项目代建单位提出申请、委托单位核实,按项目实施进度和合同规定分期拨付。

工程价款结算要符合财政部、建设部《建设工程价款结算暂行办法》以及财政国库集中支付等有关规定。项目竣工验收前,代建费的拨付额不少于代建费总额的70%;竣工验收并将资产移交运行管理单位后,代建费拨付额不超过代建费总额的90%;其余代建费在代建项目竣工验收合格之日起一年质保期满后一次性付清。

第二十三条 项目代建单位应当按批准的建设规模、内容、标准组织实施。实施完成并通过竣工验收后,经审计确认的结余资金或超支资金,可按以下规定处理:

(一)决算投资比代建合同约定的项目投资有结余,从项目结余资金中提取不超过30%的资金奖励给代建单位,实行奖励资金最高限额:概算投资5 000万元以下的项目奖励资金最高不超过100万元;概算投资1亿元以下不超过200万元;概算投资2亿元以下不超过300万元;概算投资3亿元以下的不超过400万元;概算投资3亿元以上的不超过600万元。

(二)决算投资超出代建合同约定项目投资的超支资金,由项目代建单位自行承担,但由不可抗力因素或由批复的重大设计变更造成的除外。

第二十四条 代建单位未经批准擅自调整建设规模、内容和标准,擅自进行重大设计变更的,形成的项目结余资金全额返还委托人,出现超支的全部由项目代建单位承担,并对代建单位进行严肃处理,追究相关人员责任。

第二十五条 代建单位因管理不善致使工程未达到设计要求或者质量不合格的,须采取补救措施,直至通过验收为止,所发生的工程费用由代建单位负责处理。

第二十六条 代建合同中应当约定代建项目的交付工期及违约责任,并明确提前交工和拖延工期的奖惩措施。

第二十七条 在国家和省有关部门对代建项目进行的稽察、审计、监督检查中,发现项目代建单位存在违法、违纪行为的,除依法进行处理外,取消该代建单位的代建资格。

第二十八条 国家工作人员在代建项目管理工作中玩忽职守、滥用职权、徇私舞弊,构成犯罪的,依法追究刑事责任;尚不构成犯罪的,依据有关规定给予行政处理。

第五章 附 则

第二十九条 本办法自2014年9月1日起施行,由省水利厅负责解释。

山东省水利厅办公室2014年8月7日印发

附录六 《南水北调工程代建项目管理办法(试行)》(国调办建管〔2004〕78号)

第一条 为加强对实行代建制管理的南水北调工程项目的建设管理,规范项目建设管理行为,确保工程质量、安全、进度和投资效益,根据《南水北调工程建设管理的若干意见》和国家有关规定，结合南水北调工程的特点，制定本办法。

第二条　本办法所称代建制，是指在南水北调主体工程建设中，南水北调工程项目法人（以下简称项目法人）通过招标方式择优选择具备项目建设管理能力，具有独立法人资格的项目建设管理机构或具有独立签订合同权利的其他组织（项目管理单位），承担南水北调工程中一个或若干个单项、设计单元、单位工程项目全过程或其中部分阶段建设管理活动的建设管理模式。南水北调工程涉及省（市）边界等特殊项目需要实行代建制的，经国务院南水北调工程建设委员会办公室（以下简称国务院南水北调办）同意，项目法人可以通过直接指定的方式选定项目管理单位。

第三条　本办法适用于南水北调主体工程项目建设，配套工程项目的建设可参照执行。

第四条　项目管理单位依据国家有关规定以及与项目法人签署的委托合同，独立进行项目建设管理并承担相应责任，同时接受依法进行的行政监督及合同约定范围内项目法人的检查。

第五条　项目法人通过招标方式择优选择南水北调工程项目勘察设计单位和监理单位，其勘察设计合同和监理合同可由项目法人委托项目管理单位管理。项目管理单位通过招标方式择优选择南水北调工程项目施工单位以及重要设备供应单位。招标文件以及中标候选人需报项目法人备案。

第六条　项目法人在招标选择项目管理单位时，按本办法规定的基本条件在招标文件中明确资格条件要求，并对有投标意向的项目管理单位进行资格条件审查。项目法人应及时将通过资格条件审查的项目管理单位名单报国务院南水北调办备案。

第七条　本办法所称资格条件审查，是指项目法人对项目管理单位的人员素质及构成、技术装备配置和管理经验等综合项目管理能力进行审查确认。只有通过南水北调工程项目管理资格条件审查的项目管理单位，才可以承担相应工程项目的建设管理。

第八条　项目管理单位按基本条件分为甲类项目管理单位和乙类项目管理单位，其中甲类项目管理单位可以承担南水北调工程各类工程项目的建设管理，乙类项目管理单位可以承担南水北调工程投资规模在建安工作量 8 000 万元以下的渠（堤）、河道等技术要求一般的工程项目的建设管理。

第九条　甲类项目管理单位必须具备以下基本条件：

（一）具有独立法人资格或具有独立签订合同权利的其他组织，一般应从事过类似大型工程项目的建设管理；

（二）派驻项目现场的负责人应当主持过或参与主持过大型工程项目建设管理，经过专项培训；

（三）项目现场的技术负责人应当具有高级专业技术职称，主持过或参与主持过大中型水利工程项目建设技术管理，经过专项培训；

（四）在技术、经济、财务、招标、合同、档案管理等方面有完善的管理制度，能够满足工程项目建设管理的需要；

（五）组织机构完善，人员结构合理，能够满足南水北调工程各类项目建设管理的需要；

（六）在册建设管理人员不少于50人，其中具有高级专业技术职称或相应执业资格的人员不少于总人数的30%，具有中级专业技术职称或相应执业资格的人员不少于总人数的30%，具有各类专业技术职称或相应执业资格的人员不少于总人数的70%；

（七）工作场所固定，技术装备齐备，能满足工程建设管理的需要；

（八）注册资金800万元人民币以上；

（九）净资产1 000万元人民币以上；

（十）具有承担与代建项目建设管理相应责任的能力。

第十条　乙类项目管理单位必须具备以下基本条件：

（一）具有独立法人资格或具有独立签订合同权利的其他组织，一般应从事过类似中小型工程项目的建设管理；

（二）派驻项目现场的负责人应当主持过或参与主持过中小型工程项目建设管理，经过专项培训；

（三）项目现场的技术负责人应当具有高级专业技术职称，主持过或参与主持过中小型水利工程项目建设技术管理，经过专项培训；

（四）在技术、经济、财务、招标、合同、档案管理等方面有较完善的管理制度，能够满足工程项目建设管理的需要；

（五）组织机构完善，人员结构合理，能够满足渠（堤）、河道以及中小型水利工程项目建设管理的需要；

（六）在册建设管理人员不少于30人，其中具有高级专业技术职称或相应执业资格的人员不少于总人数的20%，具有中级专业技术职称或相应执业资格的人员不少于总人数的30%，具有各类专业技术职称或相应执业资格的人员不少于总人数的70%；

（七）工作场所固定，技术装备齐备，能满足工程建设管理的需要；

（八）注册资金400万元人民币以上；

（九）净资产500万元人民币以上；

（十）具有承担与代建项目建设管理相应责任的能力。

第十一条　项目法人与项目管理单位、项目管理单位与监理单位的有关职责划分应当遵循有利于工程项目建设管理，提高管理效率和责权利统一的原则。

第十二条　项目管理单位在合同约定范围内就工程项目建设的质量、安全、进度和投资效益对项目法人负责，并在工程设计使用年限内负质量责任。项目管理单位的具体职责范围、工作内容、权限及奖惩等，由项目法人与项目管理单位在项目建设管理委托合同中约定。项目法人应当为项目管理单位实施项目管理创造良好的条件。

第十三条　项目管理单位应当为所承担管理的工程项目派出驻工地代表处。工地代表处的机构设置和人员配置应满足工程项目现场管理的需要。项目管理单位派驻现场的人员应与投标承诺的人员结构、数量、资格相一致，派驻人员的调整需经项目法人同意。

第十四条　项目工程款的核定程序为监理单位审核，经项目管理单位复核后报项目法人审定。

第十五条　项目工程款的支付流程为项目法人拨款到项目管理单位，由项目管理单位依据合同支付给施工承包单位。

第十六条 项目法人与项目管理单位签订的有关项目建设管理委托合同(协议、责任书)应当体现奖优罚劣的原则。项目法人对在南水北调工程建设中做出突出成绩的项目管理单位及有关人员进行奖励,对违反委托合同(协议、责任书)或由于管理不善给工程造成影响及损失的,根据合同进行惩罚。

第十七条 国务院南水北调办对违反国家有关法律、法规和规章制度以及由于工作失误造成后果的项目管理单位及有关人员给予警告公示,造成严重后果的,清除出南水北调工程建设市场。

第十八条 在工程项目建设管理中,项目管理单位和有关人员因人为失误给工程建设造成重大负面影响和损失以及严重违反国家有关法律、法规和规章的,依据有关规定给予处罚;构成犯罪的,依法追究法律责任。

第十九条 本办法由国务院南水北调办负责解释。

第二十条 本办法自印发之日起施行。

国务院南水北调工程建设委员会办公室
2004 年 11 月 24 日

参 考 文 献

[1] 全国二级建造师职业资格考试用书编写委员会. 建设工程法规及相关知识(2018 版)[M]. 北京:中国建筑工业出版社,2017.

[2] 丰景春. 水利水电工程合同条件与合同管理实务[M]. 北京:中国水利水电出版社,2005.

[3] 陈津生. 建设工程合同管理与典型案例分析[M]. 北京:中国建材工业出版社,2015.

[4] 中国水利工程协会. 水利工程建设合同管理[M]. 2 版. 北京:中国水利水电出版社,2010.

[5] 中华人民共和国水利部. 水利水电工程标准施工招标文件:技术标准和要求(合同技术条款)(2009 年版)[M]. 北京:中国水利水电出版社,2010.

[6] 中华人民共和国水利部. 水利工程工程量清单计价规范:GB 50501—2007[S]. 北京:中国计划出版社,2007.

[7] 山东省水利厅. 山东省水利水电工程设计概(估)算编制办法[M]. 北京:中国水利水电出版社,2015.

[8] 曹珊. 水利水电工程设计采购施工总承包(EPC)管理讲座[R]. 黄水东调二期工程,2018.

[9] 丰景春. 关于水利水电工程若干问题的探讨讲座[R]. 南水北调中线工程,2015.